丘陵山地果园
运输系统

李善军 著

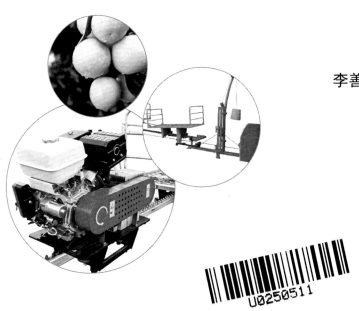

WUHAN UNIVERSITY PRESS
武汉大学出版社

图书在版编目(CIP)数据

丘陵山地果园运输系统/李善军著.—武汉:武汉大学出版社,2021.4
ISBN 978-7-307-22037-9

Ⅰ.丘… Ⅱ.李… Ⅲ.果园—运输机械 Ⅳ.S22

中国版本图书馆 CIP 数据核字(2020)第 261403 号

责任编辑:沈岑砚   责任校对:李孟潇   版式设计:马 佳

出版发行:**武汉大学出版社** (430072 武昌 珞珈山)
        (电子邮箱:cbs22@ whu.edu.cn 网址:www.wdp.com.cn)
印刷:武汉邮科印务有限公司
开本:720×1000 1/16 印张:19 字数:341 千字 插页:1
版次:2021 年 4 月第 1 版 2021 年 4 月第 1 次印刷
ISBN 978-7-307-22037-9 定价:58.00 元

致　　谢

本书出版感谢张衍林、孟亮、樊启洲、乔安国、乔安军、邓在京、凌旭平、徐久祥等老师和朋友的全力支持；感谢团队历届从事果园运输机械相关研究的研究生李敬亚、张俊峰、邢军军、张凯鑫、李学杰、汤晓磊、张利强、孟庆健、钟牧原、李家学、刘辉、侯剑锋、杨泽华等的学术贡献；感谢华中农业大学工学院水果生产机械化技术与装备科研团队成员的密切配合；感谢武汉励耕果园机械有限公司全体工作人员的协力工作。

目　录

第一章 绪 论

一、研究背景

　　水果是重要的经济作物，随着人们生活水平的提高，水果的消费量大幅升高，因而带来水果种植面积的大量增加。2000 年，中国的水果种植面积就占世界果树总面积的 21% 左右，中国的水果年总产量就占世界果品总量的 13.4%，这两项指标都已跃居世界第一。近年来，随着我国水果产业持续快速发展，2018 年我国水果种植面积达到 1100 万公顷，占世界果树种植面积的 34% 左右；水果总产量约 2.6 亿吨，占世界果品总产量的 36% 左右，均居世界首位。水果已成为继粮食、蔬菜之后的第三大农作物，水果产业在国民经济中具有重要地位。

　　在众多水果品种中，苹果、柑橘、梨、葡萄和香蕉等是大众水果，苹果、柑橘和梨的种植面积呈现逐年增长趋势，特别是柑橘增长幅度更大。这与国家保护耕地用于粮食作物种植，鼓励在山地种植果树，且柑橘、苹果和梨更适宜山地种植有关。但是，受地理和气候因素的影响，柑橘、苹果和梨等水果树主要种植在岗地和山坡上，在这些起伏不平，有的甚至呈陡坡梯田状的山地上，不可能形成较完善的交通运输网络，现有的一些机械化和半机械化小型运输机具不能得到普遍应用，种植、施肥、喷药、采摘和运输等生产过程中生产劳动强度较大，老人、妇女和小孩不能承受柑橘生产过程中的高强度劳动，且近年来农村劳动力向"非农"市场转移加快，使该地区劳动力紧缺，尤其是季节性紧缺的矛盾突出，劳动力成本也大大提高。因此，提高水果生产机械化水平迫在眉睫，水果生产机械的发展势在必行，水果生产机械化落后给水果生产带来了困难，也为水果生产机械化的发展带来了发展机遇，水果生产机械化必将得到优先发展。其次，国家对水果产业发展很重视。农业部和财政部联合于 2007 年 12 月 21 日在人民大会堂召开"现代农业产业技术体系建设试点启动大会"，明确了以产业需求为导向建设现代农业产业技术体系的基本思路，标志着国家农业科技创新体系建设取得实质性突破，柑橘和苹果均是首批启动试点的 10 大农作物之一。最后，国家近些年不断出台实施的解决"三农"问题的惠农政策，特别是最直接的农机化购机补贴的实施，极大调动了农户购置农机的积极性，也必将加快水果生产机械化的进程。特别是《中共中央关于制定国民经济和社会发展第十三个五年规划的建议》明确指出，要大力推进农业现代化，健全现代农业科技创新推广体系，提高农业机械化水平。2014 年以来，农业现代化已连续 3 年写入中央一号文件标题。2016 年中央一号文件《关于落实发展新理念加快农业现代化实现全面小康目标的若干意见》明确指出要统筹协调各类农业科技资源，建设现代农业产业科技创新中心，实施农业科技创新重点专项和工程，在农机装备、智能农业等领域关键技术上取得重点突破，加快研发高端农机装备及关键核心零部件，提升主要农作物生产全程机械化水平，健全适应现代农业发展要求的农业科技推广体系，对基层农技推广公益性与经营性服务机构提供精准支持，引导高等学校、科研院所开展农技服务，深化国家现代农业示范区、国家农业科技园区建设。

二、果园运输业

(一) 果园

根据果园的建园标准不同，果园可分为两种：一种是高标准，规模化柑橘园，这种果园建园标准高，果园主要建在坡度较小或地势平坦地区，建园之初就考虑了果园运输、果实采摘、果树修剪、灌溉、病虫害防治、杂草控制等作业环节的机械化实现方法，因而机械化程度比较高。其中果园运输环节，由于建园时已预留出运输道路，且果园坡度较小，对运输机械没有特殊要求，主要是用叉车和拖车完成运输作业。这种柑橘园主要分布在美国、巴西、意大利、西班牙和澳大利亚等国。另一种就是标准较低的柑橘园，这类橘园中，柑橘主要种植在坡地上，根据地势不同，坡地坡度可达 30°~40° 甚至更大，由于地形限制，果园机械化作业难度较大。在果园运输方面，由于日常运输机械不能在果园工作，因而需要开发专门的机械完成作业。日本和韩国研发了部分适用的机械。而我国柑橘种植在地势上属于后者，且柑橘园建园标准更低，规模小，分布零散，所以，开发适宜运输机械难度更大。

（二）果园运输机械

1. 国外的果园运输机械

日本是最早应用单轨运输机的国家之一，1966 年日本的 Nikkari 公司开发了世界上第一台用于陡坡的单轨运输机"MonoRack"。可用于陡峭的田地、果树园里的农产品收获搬运、建筑工地的物资搬运等，极具多功能性，同时也适用于娱乐设施、福利用途等。

日本大力发展一种多用途的山地果园单轨系统，该单轨系统能够在果园进行喷药、施肥和运输作业。这种单轨运输车用一台 3～4 马力发动机作为牵引动力，行驶在离地面一定高度架设的钢轨上。钢轨每隔一定距离有一台三脚架支撑，运输车的离地间隙为 20～30cm。这种运输车能装载 150kg 负荷，以 0.6m/s 的速度、在高达 45° 的陡坡上行驶。在轨道的底面装有齿条，与齿条啮合的驱动滑轮由发动机通过皮带及链轮传动驱动。在轨道的上下面，还有几个橡胶制夹持滚轮，使运输车安全地夹持在轨道上不致脱轨。运输车能前进或后退，用一根操纵杆可变换其方向。并设有止动装置，能在任何地方使车辆停止。该车结构简单，安装方便，价格适中。但山坡地用单轨运输车负载能力低，载重较小，速度较慢，工作效率较低，使用起来综合成本较高。

日本比较重视果园机械改进的效益，不断改进和研制小型、轻便、灵活的果园机械。在开发出山地单轨果园运输车之后，通过对其驱动方式的改变，改进为另外一种摩擦驱动单轨车，通过橡胶轮与轨道的摩擦力驱动单轨车运行，对轨道的磨损更小，且轨道上不需布置齿条，制造简单，安装方便，使用寿命长，成本大大降低。限于单轨车运行平稳性与驱动摩擦力之间的矛盾，较之齿轮啮合驱动式单轨车，摩擦驱动驱动力小，最大爬坡角度小，主要适用于坡度不大的果园。其技术参数为：运行速度低速 0.3m/s，高速 0.6m/s；最大载重 200kg；爬坡能力 23°。

鉴于单轨车运行稳定性与可靠性相对双轨稍低，日本又开发了双轨车，在双轨上布置钢丝绳，两端施加预紧力，将钢丝绳紧缠绕在双轨车的滚筒上，通过驱动滚筒，以钢丝绳和滚筒的摩擦力为驱动力，带动双轨车运行。上坡以汽油机带动，下坡靠双轨车重力运行，通过制动控制运行速度。这种运输车，运行平稳可靠性高，只有上坡需要汽油机驱动，运行成本低，但下坡靠重力下滑，轨道均应设有角度，且爬坡角度不能太大，否则下坡对制动系统磨损过大，影响使用寿命和运行安全性。双轨车载重 250kg，最大爬坡角度 35°，运行速度 1.2m/s。

之后日本研发出履带式运输机，承载能力为 0.5t，配有液压控制的可升降平台。平台高度可在一定范围内自由调节，以便可以很轻松地将装载的水果转移到车辆上。另外它还能作为果农在高处整枝、摘水果的工作平台。但是，履带式运输机需要在果园内铺设道路系统的情况下运行，道路系统由 1m 宽的工作道和 1.3m 宽的连接道组成。连接道是坡地主干道，多条工作道横向水平分布在连接道的两边，工作道不仅可供机具平稳行进，还可像山腰沟一样起到截水作用，从而保护土壤不受侵蚀。因道路系统的造价很高，所以履带式运输机不适合应用在坡度较大的果园中。

在韩国，单轨运输车广泛应用于农业果园、林业种子园、大型公园、滑翔机训练场和临时运输线等。

在农业果园应用方面，韩国的农户果园有较多的运输线在使用中，主要用来运输农药、化肥和果实等，单轨两端有自动停车装置，操作方便，使用简单；在林业种子园应用方面，单轨车同农业果园用途基本相同。

在大型公园应用方面，单轨运输车可以负责山上的垃圾回收运输和对病人及有困难的游客进行救护等。

在滑翔机训练场应用方面，因地势海拔较高，其他的运输机械不能满足运输需要，而单轨车因其特有的驱动方式可以实现大坡度的物资搬运和训练人员的输送。

单轨车还可作为临时运输线。在汉拿山国立公园建设时，需要安装一条木质人行上山道，可通过安装一条单轨运输线来运输木材，待道路修完后拆除单轨。

尤其要提到的是韩国的 QGC-B2 型多功能单轨车，这种单轨车采用一台 2~3kW 的汽油机驱动，汽油机通过 V 形带传动把动力传送到齿轮箱，通过齿轮箱变速后再把动力传输到下轨道悬挂啮合齿轮 4 从而驱动整个单轨车运动。单轨车与轨道上表面采用轮轨式啮合机构，与轨道下表面采用齿条和齿轮啮合的方式。齿条上的啮合齿采用厚度为 6mm 的钢板冷压造型，焊接在单轨车的轨道下表面上，轨道采用实心的正方形 T3.2 钢制造，轨道宽 $B=50mm$，每段轨道的长度 $L=3.5m$。啮合齿轮上均匀分布有 24 个圆柱形"齿"，这样单轨车与轨道下表面的啮合机构就是圆柱和面相接触，保证啮合时是线接触，从而减小了啮合的不稳定性以及啮合中的噪声和振动，进而增加单轨车运行的平稳性。行走部分采用悬挂式齿轮啮合，增加了单轨车的爬坡能力，更能适应特殊的地形。单轨车技术参数：整机总重 400kg；最大载重量 500kg；运行速度：

0.6m/s；爬坡角度35°。

多功能单轨车运行平稳，安全可靠，承载能力强，但由于轨道的材料为实心方钢，轨道铺设成本很高，整机价格高，不适合在小面积的果园中安装。且由于轨道上表面为轮轨式啮合机构，单轨车运行过程中，上啮合轮与轨道的磨损很大。

以德国为代表，欧洲果园大部分分布在坡地或丘陵地区，与我国果园地理特点相似。但是，不同于我国果园的散户自主管理，德国的果园实行小规模农场的经营管理模式，作业机械化程度较高，管理科学高效。独立式或拖拉机改装的越野式运输机在德国应用普遍，并且有些运输机械还能获取自身位置数据，通过分析与处理，进行精确的导航，使其动力强劲、复杂环境适应性好，而且可以选配多种不同的工作装置实现多种功能，适应不同的作业情况。

美国的农业机械化发展水平在某种程度可以代表世界的农机发展应用状况。由于美国从事农业的人口比例小、农场规模较大，因此会使用操作方便可靠、作业效率高的机器来完成农场的各项作业。美国果园中的运输方式主要采用轮式运输机，其中包括各种类型的载重卡车以及牵引式货车。

2. 国内果园运输机械

我国在山地果园运输方面起步较晚，20世纪70年代引进的部分国外果园机械，对我国山地果园的运输机械化发展起到了良好的促进作用，但其并不适应我国国情，且造价很高，未能在生产中发挥应有的作用，目前果园运输机械还没有大批量标准化地投入市场，市场上可应用的水果生产机械很少。同时，水果相关的机械与技术的投资不到位也是影响整个水果生产机械化生产的重要原因，与欧洲及其他地区在水果生产过程机械技术投资相比，我国明显处于落后状态。在我国大部分地区，尤其是南方地区，水果种植分散到每家每户，导致管理难度增加，而且，对传统落后生产工具习惯性依赖，不利于新技术的推广应用及更新。下面对我国现有的果园运输机械进行简单介绍。

2007年，国家现代农业（柑橘）产业技术体系启动，2009年10月，国家公益性行业（农业）科研专项资金《山地橘园省力化栽培机械与相配套栽培技术研究与示范》实施，国家现代农业（柑橘）产业技术体系机械研究室深入一线，通过大量实践研发出了自走式单轨运输机、牵引式单轨运输机、自走式双轨运输机、链式索道货运机、钢丝绳牵引货运机等一大批适用的山地果园机械。这些机械在湖北、广东、重庆、福建、浙江、湖南、安徽、江西和辽宁等地的山地果园进行过试验示范，省力效果显著，部分类型运输机被纳入农业部农机购置补贴目录，且近年来橘园机械化运输样机不断推陈出新，大部分样机已处于中试阶段，部分产品通过市场的检验，深受果农欢迎，获得了一定的市场需求。

在现代农业（柑橘）产业技术体系运输与修剪科学家岗位（CARS-26）、国家公益性行业（农业）科研专项经费项目（200903023）支持下，研发的运输机目前主要有华中农业大学研发的自走式单轨道山地果园运输机、自走式双轨道山地果园运输机、遥控双向牵引式单轨道山地果园运输机和遥控牵引式无轨道山地果园运输机；华南农业大学研发的钢丝绳牵引货运装置和山地果园链式货运机；宜昌市夷陵区农机技术推广站研发的山地果园双轨软索运输机械等。

自走式单轨道山地果园运输机，主要有传动装置、离合装置、驱动总成、制动总成、单轨轨道、运货斗车、随行轮和主机架等主要部分组成。创造性地把普通链轮的传动原理运用到机体与轨道的配置中，采用 7.5kW 柴油机作为动力，能稳定可靠地实现爬坡、转弯、前进、倒退以及随时制动的功能，运行速度为 0.7~1.2m/s，最大爬坡角度35°，上坡载重 300kg，下坡载重 1000kg，转弯半径小于 4m；该机型具有结构紧凑、占地空间小、可操作性强、建造和运行成本较低等特点；主要用于地形坡度较复杂的果园运输果实、农药、化肥等。

自走式双轨道山地果园运输机，总体上主要由运输车（运输机主机）、自适应坡度拖车、双轨轨道和驱动钢丝绳等四部分组成。创造性的采用了驱动轮对与钢丝绳配合的释放式动力传递装置实现运输机的驱动，采用 15 马力柴油机作为动力，能稳定可靠地实现爬坡、转弯、前进、倒退以及随时制动的功能，运行速度为 1.2~1.5m/s，最大爬坡角度45°，上坡载重 300kg，下坡载重 1000kg，转弯半径小于 8m。适用于坡度较大、有起伏的地势、果树密植、无电源、建设运输道路成本较高的山地果园。

遥控双向牵引式单轨道山地果园运输机，由控制系统、卷扬机、钢丝绳、拖车、轨道组成。可通过遥控或手动控制卷扬机，卷扬机带动钢丝绳，钢丝绳牵引拖车在轨道上上行，下行靠自重下滑。在坡度为30°的状况下，遥控距离为 300m，运行速度为 0.4~0.5m/s，运输机的载重量为 1000kg，运输机可按要求在任意位置停车和启动。适宜于有电源、坡度大于15°的陡峭山地果园中。目前正在改进采用柴油机作为动力，重点解决柴油的遥控问题。

遥控牵引式无轨道山地果园运输机，与遥控牵引式单轨道山地果园运输机相比，它不需要额外铺设轨道，拖车为两轮式拖斗，额定挂接两个拖斗，数量可以根据实际情况来增减，但其要求轨道垂直，此机型可以移动到不同作业道上作业，提高其利用率。

山地果园链式货运机，由驱动装置、起重链索、支架、水平托索机构、转向机构、自动张紧机构、垂直托索机构、组合托索机构和物品挂钩等组成。铁链每隔5m设一挂钩，每小时运送量达6480kg。该索道可实现上下坡、直线或转弯运行，可避免在难以修建运送道路的山地果园中劈山修路，从而减少土地的浪费和修路成本，适用于山地果园中果品、农资和物料等运送，还可搭载空气压缩机，连接气动剪可用于橘树的修剪，在水泥杆可挂杀虫灯和杀虫板等，实现索道的综合利用。

钢丝绳牵引货运机，由驱动装置、载货滑车、轨道、控制系统等组成。驱动装置采用1.5kW电动机，钢丝绳牵引货运装置采用自制的载货滑车，每次可装载300kg的货物，控制系统采用遥控方式，钢丝绳牵引货运装置的轨道为闭合线路。

山地果园双轨软索运输机械，采用双轨"["形槽钢开口相对安装，使运输车车轮在"["形槽内运动，动力由安装在顶端的卷扬机提供，该机械最大运输距离190m，跨越坡度65°，运行速度0.5m/s，可输送果品500～1000kg，但由于双轨转扬运输机上下两端的操作联络受到限制，只能纵向运输，不能横向运输，不能适应复杂的山区地貌。

国内最近研发的多种类型的果园运输机适应不同的地形条件、动力条件等，其特点比较如表1-1所示。

表1-1　　　　　　　　　　几种山地果园运输机特点比较

运输机类型	技术核心	动力要求	驾驶情况	地形适应性
自走式单轨道山地果园运输机	链轮和链条配合驱动；齿形轨道；自适应坡度货箱	柴油机驱动，不需要电	目前有人驾驶，正在研发无人驾驶	0°～35°；转弯半径大于4m的任意地形
自走式双轨道山地果园运输机	轮对和钢丝绳配合驱动；3套安全装置；钩桩和压桩	柴油机驱动，不需要电	目前有人驾驶，正在研发无人驾驶	0°～45°；适应转弯半径大于8m的任意地形

运输机类型	技术核心	动力要求	驾驶情况	地形适应性
遥控双向牵引式单轨道山地果园运输机	卷扬驱动结构；控制系统；轨道结构	需要电	遥控操作和手动操作	15°～60°；转弯半径大于4m的任意地形
遥控牵引式无轨道山地果园运输机	卷扬驱动结构；控制系统	需要电	遥控操作和手动操作	15°～60°；直线地形；成本很低
山地果园链式货运机	链式驱动方式	需要电	遥控操作和手动操作	最大坡度40°地形
钢丝绳牵引货运机	卷扬驱动结构	需要电	遥控操作和手动操作	最大坡度50°地形
山地果园双轨软索运输机械	卷扬驱动结构	需要电	手动操作	直线地形

驱动原理各不相同，其中驱动部分均是其核心技术。自走式单轨道山地果园运输机和自走式双轨道山地果园运输机采用柴油机作为动力，但单轨道山地果园运输机将链传动原理用于运输机的驱动，链轮制作成齿条，铺设在轨道上面，链制成驱动盘，既驱动又承重；自走式双轨道山地果园运输机通过双驱动轮对与钢丝绳的摩擦实现驱动，实现自走；遥控牵引式单轨道山地果园运输机、遥控牵引式无轨道山地果园运输机、钢丝绳牵引货运机和山地果园双轨软索运输机械均采用卷扬驱动结构，形式基本相同，卷扬的方式是各自研究的重点；山地果园链式货运机由马达带动铁链实现循环运动，铁链通过链轮等连接装置与固定在水泥杆或钢管龙门架上的钢丝绳连接，货篮通过挂钩挂在铁链上，达到运输的目的。

除此以外，我国其他地区也有一些果园运输机械的研究。我国台湾地区多山地且坡度大，有上千条的单轨车在坡地农园中使用，这些单轨车大部分是从日本和韩国引进的，虽然台湾地区也有制造商，但仿造的居多。我国台湾高昇机械社通过引进日本和韩国的单轨运输技术开发了齿合式单轨搬运车，该单轨运输车有以下主要特点：可无人操作，启动方式简单，安全性较好；不破坏自然环境；能随时改变线路方向和开辟新的线路；可适时地利用地形地貌设计线路；货车额定载重400kg，最大爬坡角度可达60°，最小转弯半径4.5m。

3. 国内外研究现状总结

综上所述，国内外山地果园运输机械方面的研究和应用由于诸多原因而存在的不同主要表现在以下几个方面：

国外山地果园运输机械特点：

（1）向小型、轻便、灵活和智能化方向发展，且节能环保方面已经达到相当高的水平。

（2）越来越重视运输车运行成本和使用寿命，不断研究新的驱动方法，力求运输车对轨道的磨损越来越小。

（3）将果园运输与采摘、喷雾、施肥、灌溉、抽槽等作业环节联系起来，通过果园运输车与其他作业机械的协作配合，完成山地果园内各个环节的作业任务，实现山地果园全部机械化作业。

（4）运输车轨道依照果园地形铺设，满足各种果园地形运输需要。根据果园规划布置及建园标准情况，配置不同的运输方案，适用性、实用性，推广率高。

（5）初始投资费用越来越低，运行成本较之人工作业成本大大降低，节省了大量劳动力，经济效益可观。

国内山地果园运输机械特点：

（1）国内果园运输方面起步较晚，开发机械较少，初期的机械主要是一些果农自制的半机械化农具，省力性和适应性较差。

（2）国内运输机械借鉴国外技术和经验，从基础开始做起，从无到有，从有到优，从优到精的方向发展。

（3）初始投资较大，运行成本高，能耗和磨损较大，结构复杂，动力性差，自动化程度低，完成的作业环节较少，与其他作业环节的联系较差。

（4）设备关键部件可调节性能差，适用面窄，不利于大范围推广。

（5）国内高校、科研所研究起步晚，很多研究没有应用于实际生产。

通过上面的分析可以发现，我国在山地果园运输机械化方面与发达国家之间差距甚大，特别是在小型化、轻便化、自动化、智能化、人性化和节能环保方面，我国还处于起步阶段，国外已经充分考虑果园运输机械的社会、环境影响。但由于国外的果园建园标准高，果园坡度较小，材料性能及机器的动力性更好，与我国的国情不尽相同，因而需要通过研究分析国外的技术、设备，加以消化吸收，加快对山地果园运输技术与运输机械的研究，开发出适合我国国情的实用性运输机械，加快山地果园作业的机械化进程。

第二章　自走式单轨道山地果园运输机

一、自走式单轨道山地果园运输机总体方案设计

（一）自走式单轨道山地果园运输机总体设计

1. 总体设计要求

自走式单轨道山地果园运输机应满足以下基本要求：

（1）动力要求。自走式单轨道山地果园运输机的作业，其动力消耗最大的部分是在负重最大的情况下沿最大坡度上坡运行的过程，要求在该运行条件下有足够的动力提供给驱动部件，保证自走式单轨道山地果园运输机在各种地势条件下的正常工作。

（2）可靠性要求。自走式单轨道山地果园运输机工作时，要求运行平稳，安全可靠，在最大负载情况下，各个零部件及轨道的强度、刚度等均在安全范围之内，保证自走式单轨道山地果园运输机正常工作过程。

（3）整机结构要求。由于山地果园中地形地势复杂，自走式单轨道山地果园运输机整机要求重量较轻，体积较小，减轻自重，减少因自重产生的动力消耗；同时作业过程中要求灵活方便，易于拆装，方便从一条轨道移动至另一条轨道，增加适应性，实现一机多轨，降低成本。

（4）轨道结构要求。轨道成本是自走式单轨道山地果园运输机中一次性投资较大的部分，因而在保证安全和使用要求的前提下，轨道应尽可能简单；同时为方便货物的装卸和自走式单轨道山地果园运输机的操作，轨道应尽可能低，离地高度不超过 230mm。

（5）操作要求。该自走式单轨道山地果园运输机使用对象主要是山区果农，由于现在农村劳动力大量向城市转移，导致农村的劳动力资源较为缺乏，简单操作可以节约人力，降低对操作者的要求，简单易学，安全可靠。自走式

单轨道山地果园运输机可以实现自动行驶，更降低操作难度，增加了操作者的安全保证。

（6）成本要求。该自走式单轨道山地果园运输机属于农业机械，其推广对象为广大农民朋友，若成本过高，则导致推广难度加大，不容易为农民所接受。因而，该自走式单轨道山地果园运输机的研制要对其成本进行严格的控制，保证在使用要求的前提下，成本尽可能低。

2. 主要性能指标

根据自走式单轨道山地果园运输机总体设计要求和现实中实际使用情况，并综合分析国内外已有单轨类运输机械的参数和性能等，确定自走式单轨道山地果园运输机的主要功能和各个性能参数：

（1）实现自动行驶功能，在其运动过程中可以实现沿轨道指定的任意点可靠自动停车及制动，实现转弯、前进、后退、上下坡等功能；

（2）最大爬坡角度为45°；

（3）最小转弯半径小于3.0m；

（4）载重500kg上坡，载重1000kg下坡；

（5）运行速度为0.7~0.8m/s；

（6）整机结构小巧紧凑，主机重量不超过180kg。

（二）自走式单轨道山地果园运输机整机传动系统方案设计

整机传动系统方案是整机整体结构布局的依据，是各个部分设计的基础。自走式单轨道山地果园运输机选择汽油机为动力，其中该汽油机自带一级1/2减速机构，动力输出轴额定转速为1800r/min，最大功率为7.5kW。运输机运行速度为0.7~0.8m/s，参考已有的单轨类运输机，将驱动盘直径初步选定为200mm左右，计算得出其所需最终转速约为72r/min，得出从汽油机到驱动轴的整机总传动比i_0约为25。考虑到自走式单轨道山地果园运输机有前进、后退和空挡，故设计一减速箱实现运输机的换向等功能。

动力从汽油机传递到齿轮箱，再从齿轮箱传递到链轮，由链轮带动驱动轴从而带动驱动盘驱动整机运行。

（三）自走式单轨道山地果园运输机整机结构设计

自走式单轨道山地果园运输机主要由动力装置、离合装置、传动装置、从动轮、防侧倒防脱轨装置、车头主机架、驱动装置、杠杆-四杆撞击联动离合刹车机构、拖车、单轨道等组成，结构示意图如图2-1所示：

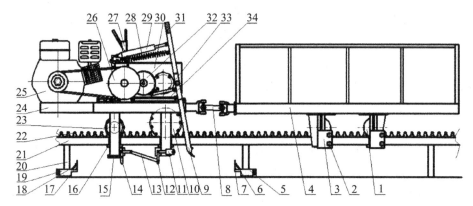

1. 拖车从动轮；2. 夹紧轮调节螺栓；3. 夹紧轮调节板；4. 拖车架；5. 可移动撞桩固定装置1；6. 单向翻板拉簧1；7. 单向翻板1；8. 连接万向节；9. 弧形勾；10. 驱动总成；11. 勾轮装置；12. 解锁撞点1；13. 连杆；14. 解锁撞点；15. 连杆机构复位拉簧；16. T形夹紧轮；17. 单向翻板2；18. 单向翻板拉簧2；19. 可移动撞桩固定装置2；20. 轨道支脚；21. 轨道；22. 齿带；23. 车头从动轮；24. 车头主机架；25. 汽油机；26. 离合器总成；27. 挡位操纵机构；28. 离合刹车拉簧；29. 缓冲气缸；30. 减速箱；31. 离合刹车操纵杆手柄；32. 刹车毂机构；33. 刹车拉杆；34. 离合拉杆

图 2-1 自走式山地果园单轨运输机整机结构示意图

（1）动力装置（25）：汽油机，该汽油机自带一级1/2减速机构，动力输出轴额定转速为1800r/min，理论额定最大功率为9.5kW，厂家推荐使用功率为8.2kW。

（2）离合装置：该装置由离合器总成（26）与离合拉杆（34）组成，离合装置完成停车制动、换挡或者启动时动力的离合功能。

（3）传动装置：该装置由皮带、减速箱（30）、传动链条、传动链轮等组成，完成汽油机动力的传递和传动比的分配。

（4）从动轮：水平方向的万向轮，可以保证主机和拖车顺利的实现转弯、上下坡功能，此轮也是承重轮，主要承担自走式单轨道山地果园运输机主机和拖车的重量。

（5）防侧倒防脱轨装置：主要由T形夹紧轮（16）及自走式单轨道山地果园运输机两侧的伸脚组成，通过T形夹紧轮侧面与轨道的配合，防止自走式单轨道山地果园运输机侧倒，通过T形夹紧轮下缘与轨道底部的配合，防止自走式单轨道山地果园运输机上跳，保证自走式单轨道山地果园运输机不会脱轨。

（6）车头主机架（24）：是自走式单轨道山地果园运输机主机部分所有零部件和系统的支撑载体，采用不同规格型材通过焊接而成。

（7）驱动装置：驱动装置主要由驱动总成（10）及链轮、链条、驱动轴等组成，完成自走式单轨道山地果园运输机的驱动。

（8）杠杆-四杆撞击联动离合刹车机构：杠杆-四杆撞击联动离合刹车机构是四杆机构和杠杆机构相互配合的联动离合刹车机构，主要由可移动撞桩固定装置1（5）、单向翻板拉簧1（6）、单向翻板1（7）、弧形勾（9）、勾轮装置（11）、解锁撞点1（12）、连杆（13）、解锁撞点2（14）、连杆机构复位拉簧（15）、单向翻板2（17）、单向翻板拉簧2（18）、可移动撞桩固定装置2（19）、离合刹车拉簧（28）、缓冲气缸（29）、刹车毂机构（32）、刹车拉杆（33）、离合拉杆（34）等构成，该机构可以实现自走式单轨道山地果园运输机的无人驾驶功能，简化自走式单轨道山地果园运输机的操作过程。

（9）拖车：拖车部分主要由拖车从动轮（1）、夹紧轮调节螺栓（2）、夹紧轮调节板（3）、拖车架（4）等部件组成，通过连接万向节（8）与主机相连接。

（10）单轨道：单轨道主要由轨道支脚（20）、轨道（21）、齿带（22）构成，支撑整个自走式单轨道山地果园运输机的运行。

运输机制作完成后，经过多轮测试和改进，确定了运输机的主要技术参数如表2-1所示：

表2-1　　　　自走式单轨道山地果园运输机主要技术参数

项目	数值
主机外形尺寸/mm	980×550×750
配套动力/kW	8.2
整机重量/kg	≤185
运行速度/（m/s）	0.7~0.8
承载重量/kg	500（上坡），1000（下坡）
最大爬坡角度/（°）	40
最小转弯半径/mm	2660

（四）自走式单轨道山地果园运输机工艺流程、工作原理及基本操作过程

自走式单轨道山地果园运输机工作原理为：运输机工作时，汽油机通过一级皮带传动减速，将动力传递至减速箱输入轴，再通过减速箱内的两级齿轮传动进行动力传递和减速，然后齿轮箱输出轴将动力传递到链轮，继续通过链传动进行动力传递和减速，最终动力通过大链轮传递到驱动轴上，驱动总成和大链轮同轴，通过大链轮带动驱动总成，驱动总成与轨道上的齿带相互啮合，最终带动自走式单轨道山地果园运输机整机运动。运输机分前进、后退和空挡三个挡位，每个挡位都有销轴对其进行可靠定位，防止运输机在启动时发生跳挡、脱挡现象。

其中驱动总成的驱动盘中心线与 T 形夹紧轮中心线在同一个平面内；从动轮的中心线与 T 形夹紧轮的中心线在同一平面内；在运输机的运动过程中，驱动总成的驱动盘与轨道上的齿带相啮合，带动整机运动。自走式单轨道山地果园运输机在运行时，T 形夹紧轮的侧边与轨道的侧面相配合，防止自走式单轨道山地果园运输机的左右摆动和侧倒，T 形夹紧轮的下凸缘与轨道的底部相配合，防止自走式单轨道山地果园运输机因为驱动盘与齿带啮合时产生的上跳力而上跳脱轨，从而可以保证自走式单轨道山地果园运输机顺利的实现前进、后退、上下坡等。自走式单轨道山地果园运输机转弯时，因为从动轮为水平方向内的万向轮，从动轮的走向会随着轨道上齿带的走向的改变而改变，从而顺利实现自走式单轨道山地果园运输机的转弯。

自走式单轨道山地果园运输机运行至沿轨道指定的任意一点时，杠杆-四杆撞击联动离合刹车装置，会配合离合器与刹车毂一起联动，实现自走式单轨道山地果园运输机的自动离合刹车制动功能，从而可以实现自走式单轨道山地果园运输机的无人驾驶功能，只需要将撞桩沿轨道安装在指定的位置。

自走式单轨道山地果园运输机基本操作过程为，在弧形勾与勾轮装置相互脱开的情况下，通过离合刹车拉簧的左右拉力，离合器处于分离状态，刹车鼓机构处于抱死状态，这时通过手拉启动汽油机，再挂到所需挡位，然后顺时针方向拉动离合刹车操纵杆，使弧形勾与勾轮装置勾在一起，这时离合器闭合，刹车鼓机构松开，自走式单轨道山地果园运输机开始运动，运动至可移动撞桩固定装置的位置时，解锁撞点触碰到可移动撞桩固定装置的单向翻板上，解锁撞点通过连杆作用带动勾轮装置向下运动，当勾轮装置运动到一定位置时，弧形勾会在离合刹车拉簧的作用下自动与勾轮装置脱开，接着离合器会自动脱

开，在离合器完全脱开以后刹车连杆的空行程走完，刹车机构开始起作用，最终将自走式单轨道山地果园运输机可靠的制动。四杆-杠杆撞击联动离合刹车机构的设计和应用，简化了自走式单轨道山地果园运输机的操作过程，提高了其自动行驶功能的可靠性。

二、自走式单轨道山地果园运输机的主要参数计算

（一）动力能耗计算及动力选择

风冷汽油机具有体积小、重量轻、操作方便、震动小、噪声相对较小等一系列优点，目前在农业领域的应用越来越广泛，在伐木机械、割草机械、树枝粉碎机械等得到大量的应用；目前通用的汽油机系列中，188F-L 系列应用较多，该种型号的汽油机采用高效率的 OHV 进排气系统，燃烧效率高；并且配备机油警告系统，可以有效地保护发动机受损；运用 1/2 减速机构使输出扭矩增大一倍，适用于大扭矩的环境，其输出轴额定转速仅为 1800r/min。同时，因自走式单轨道山地果园运输机需要具备较强的爬坡能力，驱动部件为低转速大扭矩，而 188F-L 型号的汽油机刚好可以满足这一需求。

根据设计目标，自走式单轨道山地果园运输机自重 180kg，拖车自重 100kg，自重总重量为 280kg；上坡载重量 500kg，合计总重量 780kg，取总重量为 $M \approx 800\text{kg}$；以 $V \approx 0.75\text{m/s} \sim 0.8\text{m/s}$ 的速度爬上最大坡度为 $\alpha \approx 45°$ 的坡地；取驱动部件、从动轮以及 T 形夹紧轮与轨道之间的综合摩擦系数 $f = 0.2 \sim 0.3$，各级传动的综合效率取为 $\mu_0 = 0.8 \sim 0.85$。

最大牵引力 F 及最大功耗 P 估算大小为：

$$F = G\sin\alpha + f_0 G\cos\alpha \tag{2-1}$$

$$G = Mg \tag{2-2}$$

$$P = FV/\mu_0 \tag{2-3}$$

式中：F 为最大牵引力，N；P 为最大功耗，kW；G 为运输机及负载总重力，N；α 为最大爬坡角度，°；M 为运输机及负载总重量，kg；μ_0 为整机综合传动效率。

代入数据得出：

$$F \approx 7353\text{N}; \ P \approx 7.0\text{kW}$$

所选汽油机理论最大额定功率为 9.5kW，生产厂家推荐实际使用功率为 8.2kW，满足最大消耗功率 $P \approx 7.0\text{kW}$ 的需求；同时额定输出转速为

1800r/min，低于普通柴油机 2400r/min 的转速，利于传动减速。

（二）运行速度及各传动比的选定

参考国内外已有的各种山地果园轨道运输机械，可以发现，国内目前的山地轨道运输机械运行速度基本稳定在 1.3~1.5m/s，日本引进的山地轨道运输机械基本稳定在 0.3~0.4m/s；较高的运行速度运输效率较高，但是运行的稳定性及平稳性较差，较低的运行速度运行的稳定性及平稳性较高，但是运行效率较低。最终根据满足运行可靠平稳性和保证运输效率的原则，将运输机的设计目标确定为运行速度 V 控制在 0.7~0.8m/s。

该自走式单轨道山地果园运输机共采用带传动、齿轮传动、链传动 3 种传动方式，前进上坡挡位时共有 4 级减速，后退下坡挡位时共有 5 级减速，其中后退下坡挡位有 1 级为等齿轮传动，传动比为 1:1，其余各级传动减速比分别为 i_1、i_2、i_3、i_4，传递效率分别为 μ_1、μ_2、μ_3、μ_4、μ_5，汽油机输出轴转速 $n_0 = 1800$r/min，驱动盘有效直径为 $D = 195$mm，驱动盘转速为 r_5，自走式单轨道山地果园运输机运行速度为 V，总传动比为 i_0，则有：

$$r_5 = n_0 / i_0 \tag{2-4}$$
$$i_0 = i_1 i_2 i_3 i_4 \tag{2-5}$$
$$V = \pi D r_5 / 60000 \tag{2-6}$$
$$\mu_0 = \mu_1 \mu_2 \mu_3 \mu_4 \mu_5 \tag{2-7}$$

式中：μ_1、μ_2、μ_3、μ_4、μ_5 为各级传动效率；μ_0 为综合传动效率；i_1、i_2、i_3、i_4 为各级减速比；i_0 为总减速比；r_5 为驱动盘转速，r/min；D 为驱动盘直径，mm；V 为自走式单轨道山地果园运输机运动速度，m/s。

取 $V = 0.75$m/s；已知 $\mu_1 = 0.95$，$\mu_2 = 0.97$，$\mu_3 = 0.97$，$\mu_4 = 0.97$，$\mu_5 = 0.94$；代入式（3-5），得出 $r_5 = 73.5$r/min，$i_0 = 24.5$，$\mu_0 = 0.82$；即运输机总传动比 $i_0 = 24.5$，将其分为 4 级，其中 i_1 为带传动减速比，i_2、i_3 为两级齿轮传动减速比，i_4 为链减速比，根据自走式单轨道山地果园运输机传动系统方案设计的要求，并且考虑整机传动比的协调分配及各级传动比适应原则，将各级传动比选定为 $i_1 = 2.5$，$i_2 = 2.6$，$i_3 = 2.7$，$i_4 = 1.4$。

在运输机试制完成后，理论计算数据与实际的运行速度等数据基本相符合，运行速度始终基本一致，运输效率较高，可靠性和稳定性较好。

（三）最大爬坡角度

根据运输机设计目标的要求，运输机最大爬坡角度为 45°以上。在此，由于单轨运输机拖车行走部分与主机行走部分相同，可以将两者简化为同一整体进行受力分析。当运输机载重 500kg，总重量 $M_{max} = 800$kg 上坡时，运输机的最大爬坡角度为 α_{max}，此时所需的最大牵引力为 F_{max}，最大功耗为 P_{max}，则计算有：

$$F_{max} = G_{max} \sin \alpha_{max} + G_{max} f_0 \cos \alpha_{max} \qquad (2\text{-}8)$$

$$G_{max} = M_{max} \cdot g \qquad (2\text{-}9)$$

式中：f_0 为自走式单轨道山地果园运输机与轨道综合摩擦系数；α_{max} 为最大爬坡角度，°；G_{max} 为自走式单轨道山地果园运输机及负载最大重力，N；M_{max} 为最大总重量，kg；F_{max} 为最大牵引力，N。

已知：$f_0 = 0.3$；则当 $\alpha_{max} = 73.3° > 45°$ 时，$F_{max} = 8352$N，根据式（2-3）有 $P_{max} = 7.65$kW < 8.2kW。发动机推荐使用功率为 8.2kW，满足 $P_{max} = 7.65$kW 的使用要求，运输机最大爬坡角度理论值为 73.3°，满足实际使用当中 45° 坡度的使用要求。

因此，对自走式单轨道山地果园运输机的动力性能、运载能力、爬坡角度等主要性能参数做了理论上的计算及验证，当选用功率为 9.5kW 时，厂家推荐使用功率为 8.2kW 的汽油机，满足载重 500kg 在 45° 的坡地上运输的需求，理论计算的实际运行速度为 0.75m/s，与样机实际值相符合。运输机理论最大爬坡角度为 73.3°，但是综合考虑安全性等实际问题，使用中轨道的架设不会超过 45°，因此规定自走式单轨道山地果园运输机仅适用于小于等于 45° 的坡地上运行。

三、自走式单轨道山地果园运输机关键部件设计及研究

（一）传动系统研究

根据整机传动系统方案设计要求及运行速度及各传动比的选定要求，确定了各级传动的传动比，再根据各级传动比要求，对各级传动分别进行设计计算，确定各级传动的最终型号、参数等。

1. 带传动的选择与计算

（1）带型选择

根据对传动系统的设计要求和计算，自走式单轨道山地果园运输机采用的带传动承担的传动比为 $i_1 = 2.5$，汽油机输出轴转速 $n_0 = 1800$r/min，理论额

定最大功率为 9.5 kW，推荐使用功率 8.2 kW，根据动力能耗的计算可得自走式单轨道山地果园运输机最大功耗 $P = 7.0$ kW 不会超过汽油机的推荐使用功率 $P_0 = 8.2$ kW，故可按照最大功耗进行带传动的设计，查《机械设计手册》表 13-1-17，选取工矿系数为 $K_A = 1.0$；则由计算功率 $P_{ca} = K_A P$，可知 $P_{ca} = 7.3$ kW。根据 P_{ca}、n_0，查《机械设计手册》（化学工业出版社，第五版）表 13-1-1 选取带型为 B 型 V 带。

离合器固定在减速箱的输入端，同时为减速大带轮，其中选用的离合器为农用机械常用三槽离合器总成，对应的皮带型号为 B 型 V 带。

（2）确定带轮基准直径

三槽离合器大带轮基准直径为 $d_{d2} = 225$ mm，$i_1 = 2.5$，有：

$$i_1 = d_{d2} / d_{d1} \tag{2-10}$$

可得小带轮基准直径：$d_{d1} = 90$ mm

（3）V 形带基准长度、中心距离、小带轮包角

查《机械设计手册》表 13-1-16，根据中心距选取原则有：

$$0.7(d_{d1} + d_{d2}) < a_0 < 2(d_{d1} + d_{d2}) \tag{2-11}$$

初定中心距为 $a_0 = 310$ mm；则 V 带基准长度为：

$$L'_d = 2 a_0 + \pi/2(d_{d1} + d_{d2}) + (d_{d2} - d_{d1})^2/4 a_0 \tag{2-12}$$

得 $L'_d = 1077$ mm。

查《机械设计手册》表 13-1-5 选带的基准长度 $L_d = 1100$ mm，可得大小带轮的实际中心距 a：

$$a \approx a_0 + (L_d - L'_d)/2 \tag{2-13}$$

得 $a \approx 321.5$ mm，将其圆整为 322 mm，即 $a = 322$ mm。

此时小带轮上的包角 α_1 有：

$$\alpha_1 = 180 - 57.5(d_{d2} - d_{d1})/a \tag{2-14}$$

得 $\alpha_1 \approx 156° > 120°$，故小带轮的包角合适。

（4）确定皮带根数

有下式：

$$Z = P_{ca}/(P_1 + \Delta P_1) K_\alpha K_L \tag{2-15}$$

查《机械设计手册》表 13-1-19，$P_1 \approx 2.5$ kW，$\Delta P_1 \approx 0.6$ kW，$K_\alpha = 0.95$，$K_L = 0.9$，代入得：$Z \approx 2.75$，故取 V 带根数为 $Z = 3$。

2. 减速箱设计

减速箱是传动系统中的核心部件之一，由于在整机传动系统中，带传动虽能对震动起到缓冲作用，但是带传动承载能力非常有限，一般只能布置在传递的扭矩较小转速较高的高速级传动中；由于带传动存在打滑现象，传动比不稳定，而且带传动的传动比值不能太大，否则会导致传动机构的结构尺寸过大。齿轮箱结构紧凑，传动比大，传递扭矩大，而且通过齿轮箱齿轮位置的移动可以实现齿轮箱的换向作用，实现自走式单轨道山地果园运输机的前进、后退空挡等功能。同时齿轮箱内可以通过选择合适的润滑方式，在齿轮箱工作时，使其始终处于润滑状态。

（1）齿轮箱基本设计要求

根据自走式单轨道山地果园运输机的使用要求及整机结构，齿轮箱能满足以下几点基本要求：

①传动比达到 7.0 左右。

②实现自走式单轨道山地果园运输机的换挡功能，需设有前进、后退、空挡三个挡位；同时挡位操作要方便灵活，对换挡齿轮进行特殊加工，使换挡操作更容易。

③离合器总成安装在离合器的输入轴端，用于分离或者传递动力；驱动轴通过链传动与离合器的输出轴连接，用于驱动整机运动；刹车鼓安装在减速箱的中间轴上，中间轴转速和扭矩适中，方便刹车操作。

④选择合适的润滑方式，使减速箱在整个运行过程中始终处于合适的润滑状态。

⑤结构简单，重量较轻，各个零部件性能稳定可靠，运行过程中震动小，噪声低。

（2）齿轮形式选择

根据自走式单轨道山地果园运输机总体方案设计要求及上述减速箱换挡方式要求，减速箱内选用压力角 $\alpha = 20°$ 的标准直齿圆柱齿轮，完成两级减速。自走式单轨运输机为一般工作机械，速度较低，故齿轮选用 8 级精度（GB10095-88）。

（3）齿轮箱整体结构设计

减速箱采用通过拨叉拨动输入轴上的花键齿轮，使花键齿轮在输入轴的花键上左右滑动，与不同的齿轮啮合或悬空，实现运输机的前进、后退、空挡等换挡操作。减速箱的结构示意图如图 2-2 所示：

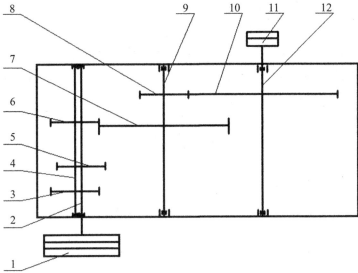

1. 皮带盘；2. 花键轴；3. 小齿轮1；4. 轴1；5. 花键齿轮；6. 小齿轮2；7. 齿轮3；
8. 小齿轮3；9. 轴3；10. 齿轮4；11. 小链路；12. 轴4

图 2-2　齿轮箱结构示意图

汽油机输出轴输出的动力通过带轮与齿轮箱皮带盘输入减速箱，经过两级齿轮减速后通过轴 4 输出动力，再通过轴 4 上的小链轮带动驱动轴转动，从而带动驱动盘驱动整机运动。花键齿轮 5 通过在花键轴上的滑动，分别实现花键轴与小齿轮 1 和齿轮 3 的啮合，从而实现轴 4 转向的改变，实现换向功能，当花键齿轮 5 在花键轴上悬空不与花键齿轮 5 和齿轮 3 中的任何一个齿轮啮合时，自走式单轨道山地果园运输机处于空挡状态。

（4）齿轮箱具体几何参数

根据上述要求，齿轮箱总的传动比应为 7.0 左右，两级齿轮的传动比均选取为 2.7 左右，查《机械设计手册》表 14-1-116，选择齿轮材料为 45 号钢，齿轮经过调质淬火处理，在两级传动中，分别取小齿轮硬度为 45HRC，大齿轮硬度为 240HBS，硬度差距大于 50HBS；低速级跟高速级小齿轮齿数均选取为 17，高速级大齿轮齿数选取为 46，低速机齿轮齿数选取为 44，则有两级传动比为 $i_2 = 46/17 \approx 2.71$、$i_3 = 44/17 \approx 2.59$，则齿轮箱总传动比 $i_z = i_2 i_3 \approx$

7；此时齿轮箱输出轴转速 $r_4 = n_0 / i_1 i_2 i_3$，计算得 $r_4 = 103 \text{r/min}$。

经过设计计算得到齿轮箱的两级减速参数如表 2-2、表 2-3 所示：

表 2-2 高速级减速齿轮传动的几何参数

齿轮名称	模数选择	齿轮齿数	分度圆直径（mm）	齿顶高（mm）	齿根高（mm）	齿间距（mm）	齿轮宽度（mm）
符号	m	z	D	h_a	h_f	p	b
主动齿轮	4	17	68	4	5	12.56	20
从动齿轮	4	46	184	4	5	12.56	42

表 2-3 低速级减速齿轮传动的几何参数

齿轮名称	模数选择	齿轮齿数	分度圆直径（mm）	齿顶高（mm）	齿根高（mm）	齿间距（mm）	齿轮宽（mm）
符号	m	z	D	h_a	h_f	p	b
主动齿轮	4	17	68	4	5	12.56	20
从动齿轮	4	44	176	4	5	12.56	20

通过动力传递计算，得出汽油机输出轴、齿轮箱各级动力传递轴、驱动轴的动力参数如表 2-4 所示：

表 2-4 各传动轴的最大动力传递参数

名称	功率/kW	扭矩/N·m	转速/r·min^{-1}
汽油机输出轴推荐功率	8.20	43.5	1800
花键轴	7.79	103.3	720
轴 3	7.56	271.4	266
轴 4	7.33	679.6	103
驱动轴 7.0	915.8	73	

3. 链传动的设计计算

链传动无弹性滑动并且能保持准确的平均传动比，传动效率较高，主要用在两轴相距较远，低速重载，工作环境恶劣，及其他不适宜采用齿轮传动的地方；在同样的传动要求下，链传动的整体尺寸较小，结构较为紧凑。

自走式单轨道山地果园运输机的链传动用于传动系统的最后一级传动，为低速重载传动，根据传动系统方案设计的要求及前述各级传动比的具体分配情况，确定链传动的传动比 $i_4 = 1.4$；其中小链轮固定于齿轮箱的输出轴4上，大链轮固定于驱动轴上。

（1）链传动型号及传动比的选择

根据表2-4中的参数可知，小链轮转速即为轴4转速为 $n_4 = 103\mathrm{r/min}$，传递功率 $P_4 = 7.33\mathrm{kW}$，查《机械设计手册》图13-2-2，选取链轮链条型号为16A，单排链，链条节距 $p = 25.4\mathrm{mm}$，抗拉极限载荷 $Q = 55.6\mathrm{kN}$；为使链传动的结构尺寸尽可能小巧，根据链传动的传动比 $i_4 = 1.4$，及控制传动机构尺寸原则，灵活选取小链轮齿数 $Z_1 = 10$，大链轮齿数 $Z_2 = 14$。

（2）确定链长 L 和中心距 a

根据运输机整机结构需求，初定大小链轮中心距为 $a_0 = 267\mathrm{mm}$，查《机械设计手册》表13-2-2得一系列计算公式如下：

$$L_p = 2a_0/p + (Z_1 + Z_2)/2 + f_3 p/a_0 \tag{2-16}$$

$$f_3 = \left[(Z_2 - Z_1)/2\pi\right]^2 \tag{2-17}$$

得链条节数 $L_p \approx 33.1$，圆整为 $L_p = 33$；

由下式：

$$L = pL_p \tag{2-18}$$

得链条实际长度 $L = 838.2\mathrm{mm}$；

由下式：

$$a_c = p(2L_p - Z_1 - Z_2)f_4 \tag{2-19}$$

查《机械设计手册》表13-2-5得 $f_4 = 0.2495$；

代入得 $a_c = 266.2\mathrm{mm}$，将其圆整为 $a_c = 265\mathrm{mm}$；

查《机械设计手册》表13-2-2，当传动比 $i < 4$ 时，最小中心距 $a_{0\mathrm{min}} = 0.2Z_1(i+1)p = 122 < a_c = 265\mathrm{mm}$，故中心距选择合适。

（3）链条速度 V_0 及有效圆周力 F_t

查《机械设计手册》表13-2-2，链条速度 V_0 计算公式如下：

$$V_0 = Z_1 n_4 p/60000 \tag{2-20}$$

得 $V_0 = 0.436\mathrm{m/s}$；

查《机械设计手册》表13-2-2，链传动有效圆周力 F_t 计算公式如下：

$$F_t = 1000 P_4/V \tag{2-21}$$

得 $F_t = 16812N$；

（4）验算小链轮包角

查《机械设计手册》表 13-2-2，小链轮包角 α 计算如下：

$$\alpha = 180° - 57.3°(Z_2 - Z_1)p/\pi a \tag{2-22}$$

得 $\alpha = 173° > 120°$，满足要求；

（5）链的静强度计算

在低速（$V \leqslant 0.6\text{m/s}$）重载链传动中，链条的静强度占主要地位。如果仍用典型承载能力图进行计算，结果不经济，因为承载能力图上的安全系数远比静强度安全系数大（《机械设计手册》）。自走式单轨道山地果园运输机的链传动中链条的线速度 $V_0 = 0.436\text{m/s} < 0.6\text{m/s}$，为低速链传动，因而只需要验证其静强度满足要求。

查《机械设计手册》计算公式 13-2-1，得链条静强度计算式：

$$n = Q/(f_1 F_t + F_c + F_f) \geqslant n_p \tag{2-23}$$

式中：n 为静强度安全系数；Q 为链条极限拉伸载荷（抗拉载荷），N，见《机械设计手册》表 13-2-1；f_1 为工况系数，见《机械设计手册》表 13-2-3；F_t 为有效圆周力，N；F_c 为离心力引起的拉力，N，$F_c = q V^2$；q 为链条质量，kg/m，见《机械设计手册》表 13-2-6；v 为链条速度；m/s；F_f 为悬挂拉力，N，在 F_f' 和 F_f'' 二者中取最大值，

$$F_f' = K_f qa/100 \tag{2-24}$$
$$F_f'' = (K_f + \sin\theta) qa/100 \tag{2-25}$$

式中：K_f 为系数，见《机械设计手册》图 13-2-4；a 为链传动中心距，mm；θ 为两轮中心连线对水平面倾角；n_p 为许用安全系数，$n_p = 3 \sim 6$。

代入得 $n = 3.01 \approx 3$。

当速度较低，从动系统惯性较小，作用力的确定性比较准确时，n_p 可取较小值。因而 $n = 3$ 满足要求，即链条的静强度满足要求，链传动设计合理并且满足要求。

（二）驱动系统设计研究

1. 驱动形式的选择

参考目前国内外已有的轨道运输类机械驱动形式，可知目前轨道运输类机械的驱动形式主要有钢丝绳电牵引式、齿轮齿条啮合式、摩擦式、链轮链条啮合式。

　　链轮链条啮合式驱动可以将链轮链条的结构进行巧妙的运用，按照链条传动的节距要求，将链轮圆整到驱动盘上作为驱动总成，将轨道等同于直径无限大的链轮，其上布置按照节距和啮合要求用10mm×5mm钢带压制而成的齿带，该种啮合形式的驱动方式与齿轮齿条式驱动相比，驱动力同样满足要求，但齿带加工简单，齿带与轨道的焊接较简便，因而成本较低。该种驱动方式在华中农业大学张衍林团队所研制的非自走式单轨道山地果园运输机中得到应用，其效果非常理想，可靠性、稳定性均满足要求。

　　综上所述，经过对比分析各种驱动形式，结合自走式单轨道山地果园运输机的设计要求和实用性要求，采取链轮链条式驱动方式作为自走式单轨道山地果园运输机的驱动方式。

2. 驱动机构参数设计

　　根据设计目标要求，自走式单轨道山地果园运输机自重总重量为280kg；上坡载重量500kg，合计总重量780kg，取为800kg；坡度为40度。根据自走式单轨道山地果园运输机的主要参数计算知，自走式单轨道山地果园运输机的下滑力$F = 7353$N，驱动盘转速$r_5 = 73$r/min，驱动轴上扭矩$T = 951$N·m。查《机械设计手册》表13-2-1，选取28A链作为驱动机构的驱动方式，节距$p_5 = 44.45$mm，滚子外径$d_5 = 25.4$mm。由本章设计要求，自走式单轨道山地果园运输机运行速度为0.7 ~ 0.8m/s，有公式：

$$V = r_5 \pi D/60 \times 1000 \tag{2-26}$$

　　式中：V为驱动轮线速度，取0.75m/s；r_5为柴油机输出转速，r/min；D为驱动轮直径，mm。

　　代入得$D = 196$mm；

　　根据实际需要，应用代入法，取链节数为11节，则驱动盘上11节链所环绕成的11链节圆直径D_1为：

$$D_1 = 11 \cdot p_5/\pi \tag{2-27}$$

　　式中：D_1为11链节圆直径，mm；p_5为28A链节距，mm；
得$D_1 = 155.7$mm，根据实际情况将其调整为157mm；

　　由图4-2，可知驱动轮直径为：

$$D = D_1 + d_5 + 2h \tag{2-28}$$

$$h = h_1 + h_2 \tag{2-29}$$

　　式中：D_1为11链节圆直径，mm；d_5为28A链滚子外径，mm；h_1为齿条高度，mm；h_2为齿条与滚子间隙，mm；

其中，取 $h_1 = 5mm$，$h_2 = 5mm$ 代入得 $D = 194.4mm$，将其圆整为 195mm，即 $D = 195mm$。此时运输机实际理论计算速度为 $V = 0.75m/s$。

最终确定驱动轮最大外径为 195mm，两侧板厚度为 12mm，两侧板间距离为 26mm，总体宽度与轨道宽度相同，为 50mm，与之啮合的齿带厚度为 5mm，宽 10mm，通过键与驱动轴相连接，作为驱动总成驱动整机运动；该驱动机构结构较简单，结构尺寸适中，加工难度小，成本低。

（三）制动系统设计

1. 制动系统设计要求

制动系统是单轨运输机安全运行的关键，是运输机运行可靠性的保障。需满足以下要求：

（1）制动系统应有足够的制动力，保证刹车时单轨运输机实时制动，且所需制动操作力不大，方便制动操作的顺利完成。

（2）制动系统应有常用制动和紧急制动两套装置，常用制动用于单轨运输机的短时停动，紧急制动用于运输机的长时间停动，运输机熄火后的制动以及紧急情况下的制动。

（3）制动系统结构上简单，各部分强度和刚度满足要求，设计及安装上人性化，操作简单，方便舒适。

2. 杠杆-四杆撞击联动离合刹车机构设计及研究

（1）杠杆-四杆撞击联动离合刹车机构整体设计及工作原理

目前车辆上用于制动的有碟刹系统、带刹系统、盘式制动器及鼓式制动器。碟刹系统结构比较简单，占用空间小，使用方便，但制动力较小，主要用于摩托车等小型机动车的制动；盘式和鼓式制动器，制动力大，但占用空间位置较大，操作时要配备助力系统，在汽车上得到普遍应用；带刹系统，则比较灵活，可根据实际需要选择刹车毂及刹车带的尺寸，使制动装置的尺寸及制动力满足要求。综合各种制动系统的特点，选择带刹系统作为单轨运输机的制动方案。

为实现自走式单轨道山地果园运输机的自走功能，即自动行驶功能，设计了杠杆-四杆撞击联动离合刹车机构，该机构同时运用了杠杆原理和四杆机构，通过与沿轨道设置的左右撞点相配合，实现自走式单轨道山地果园运输机在沿轨道任意点自动离合刹车的功能。该机构结构简单，同时大大地简化了自走式单轨道山地果园运输机的操作过程，操作简单，可靠性高。因无人驾驶功能的实现，自走式单轨道山地果园运输机的安全性能大大提高。该机构整体结构示意图如图 2-3 所示。

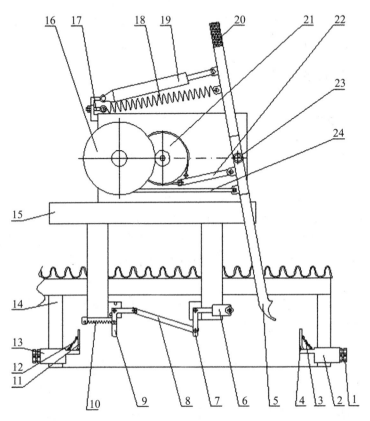

1. 固定螺栓；2. 可移动撞桩固定装置1；3. 单向翻板拉簧1；4. 单向翻板1；5. 弧形勾；6. 勾轮装置；7. 解锁撞点1；8. 连杆；9. 解锁撞点2；10. 连杆机构复位拉簧；11. 单向翻板2；12. 单向翻板拉簧2；13. 可移动撞桩固定装置2；14. 轨道支脚；15. 主机架；16. 离合器总成；17. 离合刹车拉簧调节螺栓；18. 离合刹车拉簧；19. 缓冲气缸；20. 离合刹车操纵杆手柄；21. 刹车毂机构；22. 刹车拉杆；23. 转销；24. 离合拉杆

图 2-3　杠杆-四杆撞击联动离合刹车装置结构示意图

　　四杆-杠杆撞击联动离合刹车机构的工作原理为：离合刹车拉簧（18）通过杠杆原理为离合刹车机构提供拉力，在该拉力的左右下，自走式单轨道山地果园运输机在实现离合器分离的同时进行刹车制动。弧形勾（5）与勾轮装置

（6）相配合，当顺时针拉动离合刹车操纵手柄（19）时，弧形勾（5）的左侧面与勾轮装置（6）的右侧面接触，并将勾轮装置（6）往下压，当勾轮装置（6）运动至弧形勾（5）的最低点时继续拉动离合刹车操纵手柄（20），勾轮装置（6）会在连杆机构复位拉簧（10）的拉力作用下迅速复位至弧形勾的凹槽内将弧形勾（5）勾住；此时松开离合刹车操纵手柄（20），离合器处于结合状态，刹车鼓处于松开状态，自走式单轨道山地果园运输机开始沿轨道运行。当自走式单轨道山地果园运输机往左运行至轨道支脚（14）的位置时，左解锁撞点（9）会撞到左单向翻板（11）上；在左单项翻板（11）的阻碍下，左解锁撞点（9）会逆时针方向往上旋转，通过连杆（8）带动勾轮装置（6）顺时针方向往下旋转，直至与弧形勾（5）完全脱开；在惯性的作用下运输机会继续向前运行一小段距离，解锁撞点（9）会顺利通过左单向翻板（11），勾轮装置（6）会在连杆机构复位拉簧（10）的影响下迅速复位；同时离合刹车拉簧（18）开始作用，运输机离合器分离，刹车实现抱死制动。换挡后运输机往右运动，运行过程中左解锁撞点（9）将左单向翻板（11）下压，使左单向翻板（11）顺时针翻转，当左解锁撞点（9）通过左单向翻板（11）后，左单向翻板（11）会在左单向翻板拉簧（12）的拉力作用下迅速复位。自走式单轨道山地果园运输机往右运动时，右解锁撞点（7）与右单向翻板（4）相配合，其中，离合刹车原理与往左运行时相同。

左右可移动固定装置（2，13）可以沿轨道选择任意一个轨道支脚固定，其上左右单向翻板（11，4）的中心线与轨道中心线的距离不等，左右解锁撞点（9，7）的中心线与左右单向翻板的中心线为相互对应，因而左右的解锁撞点与左右的单向翻板在运行过程中不会发生相互干涉。

在解锁的瞬间，离合刹车拉簧（18）会对整个杠杆-四杆撞击联动离合刹车机构产生瞬间冲击力，瞬间冲击力过大会对机构的使用寿命及可靠性造成危害，因而需要加装缓冲装置，缓冲气缸（19）可以起到很好的缓冲作用，解锁的瞬间，离合刹车拉簧（18）所释放的弹簧力会被缓冲气缸（19）转化为压力，通过调节缓冲气缸（19）出气口的大小可以调节气体压力释放的快慢，当气缸压力降低至大气压时气缸的阻尼作用消失，对离合刹车拉簧（18）的反作用力消失，不会对弹簧力的大小造成损失。

通过四杆-杠杆撞击联动离合刹车机构的巧妙应用，运输机实现了的自动行驶功能。运输机操作简单，运行平稳，安全可靠，因不需要专业人员驾驶，大大节约了劳动力成本。对运输机的四杆-杠杆撞击联动离合刹车装置进行机构设计和原理介绍，并对该机构进行动作原理介绍和分析，确定其大大简化操作的同时能满足可靠制动的要求。

(2) 杠杆-四杆撞击联动离合刹车机构受力分析

自走式单轨道山地果园运输机整机和拖车总自重 280kg，载重 500Kg，在 40°坡道上，若运输机在这种情况下可以可靠的实现制动停车，那么当运输机在小于 40°的坡道或者水平轨道上运行时，均可以可靠的实现制动停车。

要实现自走式单轨道山地果园运输机在 40°坡道上可靠的制动停车，则需要满足：

$$f_1 R_1 PSN > (G\sin\theta - F) R_2 \qquad (2-30)$$

$$F = f_3 G\cos\theta \qquad (2-31)$$

$$S = 2\pi R_1 LK \qquad (2-32)$$

$$N = n_3 n_4 \qquad (2-33)$$

式中：f_1 为刹车带橡胶与刹车毂摩擦系数；R_1 为刹车毂半径，m；G 为运输机及负载总重量，kg；N 为传动比系数；P 为刹车带所承受的压强，Pa；θ 为坡道的最大坡度，°；R_2 为运输机承重轮半径，m；F 为自走式单轨道山地果园运输机与轨道之间的摩擦力，N；f_3 为运输机与轨道之间的摩擦系数；L 为刹车带宽度，m；S 为刹车带受力面积，m^2；K 为刹车带与刹车毂包角系数；n_3 为齿轮传动比；n_4 为链传动比。

已知：$f_1 = 0.8$、$R_1 = 0.07m$、$G = 7644N$、$\theta = 40°$、$R_2 = 0.065m$、$f_3 = 0.12$、$L = 0.035m$、$K = 0.9$、$n_3 = 2.59$、$n_4 = 1.4$。代入式（2-31）、式（2-32）、式（2-33）中得 $N = 3.63$、$F = 384N$、$S = 0.0154\ m^2$。代入式（2-30）中得出 $P > 0.084MPa$。因而当刹车带与刹车毂之间的压强 $P > 0.084MPa$ 时，自走式单轨道山地果园运输机可以实现可靠的制动停车。

选取合适的离合刹车拉簧，当自走式单轨道山地果园运输机离合器处于分离状态，刹车处于抱死状态时，离合刹车拉簧的拉力经过测量实际为 $F_1 = 220N$，离合器分离需要的拉力 $F_2 = 80N$，转销两侧的离合刹车拉簧的力臂长度 $L_1 = 260mm$，刹车拉杆的力臂长度 $L_2 = 20mm$，离合拉杆的力臂长度为 $L_3 = 40N$，P_0 为当刹车毂抱死时刹车带与刹车毂的实际承受压力，则有：

$$P_0 = (F_1 L_1 - F_2 L_3)/S L_2 \qquad (2-34)$$

式中：S 为刹车带受力面积，m^2；F_1 为刹车拉簧拉力，N；L_1 为拉簧力臂，mm；F_2 为离合器分离拉力，N；L_2 为刹车拉杆力臂长，N；L_3 为离合拉杆力臂长，mm；

已知：$S = 0.0154\ m^2$、$F_1 = 220N$、$L_1 = 260mm$、$F_2 = 80N$；$L_2 = 20mm$；$L_3 = 40mm$。代入式（2-34）中得出 $P_0 = 0.175MPa \gg 0.084MPa$。

因此，当自走式单轨道山地果园运输机负载 500kg 在最大坡度 40° 位置停车时，可以实现可靠制动停车，因而自走式单轨道山地果园运输机在水平及其他行驶过程中也可以实现顺利停车制动。

(四) 防止跳脱轨及侧倒装置、轨道末端防出轨装置设计

1. 防止跳脱轨及侧倒装置设计及功能

将 T 形轮下端凸缘与轨道底部配合，克服自走式单轨道山地果园运输机驱动盘与齿带啮合时所产生的上跳力，防止自走式单轨道山地果园运输机上跳导致脱轨；T 形夹紧轮侧面与轨道侧面相互作用，克服自走式单轨道山地果园运输机因重心偏移引起的侧倒力矩；T 形轮内部两端轴承为下端圆锥滚子轴承上端圆柱滚子轴承，使自走式单轨道山地果园运输机在克服侧倒力矩的同时可以保证沿轨道方向上的运转平稳。改两夹紧轮之间间隙设计为间隙可调形式，通过调节夹紧轮间隙调节螺栓 5 来调节两夹紧轮之间的间隙，使两夹紧轮之间始终保持恒定的间隙，防止在磨损产生后两夹紧轮与轨道间的间隙过大而导致自走式单轨道山地果园运输机左右摆动过大，从而可以始终保证其运行的稳定性。

2. 轨道末端防出轨装置设计及功能

为防止在自走式单轨道山地果园运输机在运行过程中，因出现意外状况而无法自动停车时从轨道末端脱轨，在轨道的末端加装防出轨装置。

该装置的主要功能是防止自走式单轨道山地果园运输机因意外无法自动停车，运动至轨道末端时出现脱轨现象，其主要原理为，将轨道上的齿带从 B 点开始移除，用导向带 8 代替，导向带 8 为 5mm×10mm 钢带，平铺焊接在轨道中心线上，用来为水平方向的从动轮起导向作用，防止万向从动轮跑偏与 T 形夹紧轮相撞击；当自走式单轨道山地果园运输机驱动轮运动至轨道上 B 点时，主机伸脚 4 与缓冲弹簧在 A 点相碰，缓冲弹簧对自走式单轨道山地果园运输机的冲击力起到缓冲作用，此时驱动盘失去与齿带的啮合而发生空转打滑现象，此时自走式单轨道山地果园运输机的驱动力为驱动盘侧板与轨道的滑动摩擦力。该摩擦力的大小为：

$$F_0 = Mg f_0 \tag{2-35}$$

$$P_0 = FV \tag{2-36}$$

式中：F_0 为摩擦力大小，N；M 为驱动轮承担的主机重量，kg；f_0 为驱动轮

与轨道间滑动摩擦系数；V 为自走式单轨道山地果园运输机驱动盘线速度，m/s；P_0 为摩擦力功耗，W。

已知：$M \approx 200\text{kg}$；$f_0 = 0.2$；$V = 0.75\text{m/s}$；代入得 $F = 300\text{N}$，$P_0 = 300\text{W} \ll P = 8.2\text{kW}$（汽油机推荐使用功率），通过理论计算可知，此时汽油机不会熄火，自走式单轨道山地果园运输机也不会脱轨，驱动盘会处于打滑空转状态；但是该状态会对驱动轮侧板产生磨损，该种运动状态不适宜长时间运行，仅在无法自动停车的意外发生时进行短时间的运行，以防止自走式单轨道山地果园运输机从轨道末端脱出发生意外。

（五）轨道结构设计、轨道稳定性受力分析及齿条齿形设计

1. 轨道结构设计

单轨车技术起源于 1824 年，英国伦敦码头铺设了世界上第一条单轨轨道，轨道为木制轨道，由马匹牵引。随着单轨技术的成熟，单轨车在各个领域得到应用，其中单轨交通在国外一些城市得到了较快的发展。截止到 2005 年，世界各国共建成单轨轨道交通线路 75 条，目前仍有 33 条在运营，运营线路总长约 207km。

单轨车种类繁多，根据轨道形式及车辆重心在轨道的位置不同，目前能得以应用且稳定性较好的有跨座式和悬挂式两种。

跨座式单轨车由于其轨道铺设方便，车辆重心低，运行平稳安全，应用最为广泛。随着科技进步，跨座式单轨车已演化为各种形式，涉及各个领域。其中主要应用于坡地或公园的轻便型单轨车，其轨道形式主要有两种：其一是在地脚上连接一条主轨，驱动装置，安全稳定装置均放置在主轨上，这种轨道对主轨要求高，地脚受力大，必须安装稳定桩；其二是在主轨下布置一条辅助轨，主轨用于承重和驱动，辅助轨用于机架稳定，这种轨道稳定性较好，安全可靠性高，轨道比前一种稍复杂。基于单轨运输机设计要求及安全稳定性考虑，选取第二种轨道形式。

根据自走式单轨道山地果园运输机轨道设计要求，自走式单轨道山地果园运输机轨道为单轨道，参考国内外各种山地轨道运输类机械，选取自走式单轨道山地果园运输机的轨道为 50mm×50mm×5mm 无缝方钢管；其上中心线位置布置齿带，齿带由 5mm×10mm 钢带压制而成，按照设计要求，轨道底面离地高度不超过 230mm，轨道支脚采取 50mm×30mm×4mm 无缝扁钢管，轨道两个支脚间距离为 2000mm。

2. 轨道稳定性受力分析

自走式单轨道山地果园运输机在运行过程中，会有各种运动形式，有上下坡、左右转弯、直行等，为简化受力分析过程，将轨道的基本受力分析进行简化，因为自走式单轨道山地果园运输机的运动速度较低，只有 0.75m/s 且运行较稳定，振动较小，上下坡及转弯过程中离心力较小，可以忽略不计，因而只分析直行时最大受力部位的稳定性，并同时赋予一定的安全系数，以确保自走式单轨道山地果园运输机在其他运动情况下轨道的稳定性。

当轨道承受重力作用时，主要由单轨道和轨道支脚完成，单轨道为 50mm×50mm×5mm 无缝方钢管（截面积 $A = 900 \text{ mm}^2$），轨道支脚为 50mm×30mm×4mm 无缝扁钢管（截面积 $A = 576 \text{ mm}^2$），因而受力分析只需要取强度较小的轨道支脚进行，若轨道支脚满足强度及稳定性要求，则单轨道亦同时满足。

在自走式单轨道山地果园运输机运行过程中，单轨上上下方向主要承受自走式单轨道山地果园运输机自重 G_1、载重及负载的总重力 G_2，水平方向主要承受 T 形夹紧轮克服自走式单轨道山地果园运输机侧倒所产生的作用力 F_1、F_2，及因为重心发生偏移所产生的弯矩 M，其中轨道竖直方向所承受的重力示意图如图 2-4 所示。

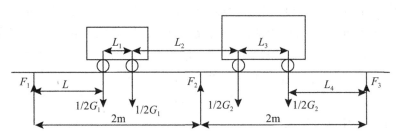

G_1 为主机自重，N；G_2 为拖车及负载重量，N；F_1 为左侧地脚所承受的压力，N；F_2 为中间地脚所承受的压力，N；F_3 为右侧地脚所承受的压力，N；L 为主机前轮距左侧地脚的距离，m；L_1 为主机两轮中心距，m；L_2 为主机后轮与拖车前轮的距离，m；L_3 为拖车两轮中心距，m；L_4 为拖车后轮距右侧地脚的距离，m。

图 2-4　轨道正压力图

根据试制完成的运输机的实际尺寸可知，运输机最前轮与最后轮间中心距大小为 2.22m，轨道两个支脚间距离为 2m；根据该实际尺寸可知，运输机主要由三个支脚支撑，忽略左右两侧地脚以外其他地脚对运输机的支撑作用，可知各个地脚所受的正压力为：

$$F_1 = 1/2[1/2\,G_1(2 - L) + 1/2\,G_1(2 - L_1 - L)] \tag{2-37}$$

$$F_2 = G_1 + G_2 - F_1 - F_3 \tag{2-38}$$

$$F_3 = 1/2[1/2\,G_2(2 - L_4) + 1/2\,G_2(2 - L_3 - L_4)] \tag{2-39}$$

$$L_4 = 4 - L - (L_1 + L_2 + L_3) \tag{2-40}$$

根据运输机的实际尺寸参数，可知：$L_1 = 0.35\mathrm{m}$，$L_2 = 1.28\mathrm{m}$，$L_3 = 0.59\mathrm{m}$；又由自走式单轨道山地果园运输机主机自重200kg，拖车自重及负载总重量600kg，可知：$G_1 = 2000\mathrm{N}$，$G_2 = 6000\mathrm{N}$。将已知条件代入可得：

$$F_1 = 1825 - 1000L \tag{2-41}$$

$$F_2 = 6287.5 - 500L \tag{2-42}$$

$$F_3 = 1500L - 112.5 \tag{2-43}$$

根据实际尺寸参数，不难得出 L 的范围为 $0 \leqslant L \leqslant 1.78$，将 L 的取值范围分别代入式（2-41）、式（2-42）、式（2-43）中不难得出三个地脚所承受的最大正压力分别为：

当 $L = 0$ 时，$F_{1max} = 1825\mathrm{N}$，$F_{2max} = 6287.5\mathrm{N}$；

当 $L = 1.78$ 时，$F_{3max} = 2670\mathrm{N}$；

因而当 $L = 0$ 时，中间地脚承受最大正压力，正压力大小为 $F_{2max} = 6287.5\mathrm{N}$；自走式单轨道山地果园运输机在运动过程中，为保证自走式单轨道山地果园运输机的顺利转弯动作的完成，两T形夹紧轮与轨道间的间隙调整为1mm，因而自走式单轨道山地果园运输机会在水平方向内有轻微晃动，此时两T形夹紧轮会对轨道施加一个弯矩的作用，通过计算可以得出当中间地脚承受最大正压力 $F_{2max} = 6287.5\mathrm{N}$ 的时候该弯矩力为最大值。为保证轨道稳定性的要求，将中间地脚受到最大正压力的时候同时施加该最大弯矩力的最大值，并同时赋予一定的安全系数，如果满足要求，则轨道就是安全的，从而运行稳定性得到保证。

当拖车从动轮中心线位于左侧地脚正上方时有 $L = 0$，此时中间地脚承受的最大正压力为 $F_{2max} = 6287.5\mathrm{N}$，因而，可取 $F_{2max} = 6287.5\mathrm{N}$；可知，当 $a_{max} = 1\mathrm{mm}$ 时，运输机拖车产生最大偏移量 L_{max}。

分析地脚受力，可归结为分析 AB 段的受拉受压分析，可将 AB 等同为一压杆。压杆按细长比可以细分为短粗杆、中长杆、细长杆等，各种形式的杆件临界应力总图如图2-5所示，使用范围如表2-5所示。

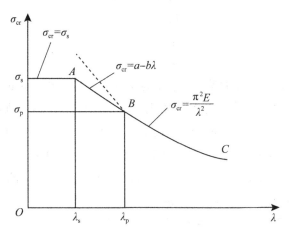

图 2-5　各形式杆件临界应力总图

表 2-5　　　　　　　　　　　　　压杆区别使用范围

压杆类型	适用范围	计算公式	计算公式
短粗杆	$\lambda \leqslant \lambda_5$	$\sigma_{cr} = \sigma_S$	$\lambda_s = (a - \sigma_s)/b$
中长杆	$\lambda_s \leqslant \lambda \leqslant \lambda_p$	$\sigma_{cr} = a - b\lambda$	$\lambda_p = \sqrt{\pi^2 E/\sigma_p}$
细长杆	$\lambda \geqslant \lambda_p$	$\sigma_{cr} = \pi^2 E/\lambda^2$	$\lambda = \mu l/i$

$$i = \sqrt{\dfrac{I}{A}} \qquad\qquad (2\text{-}44)$$

其中：i 为压杆横截面的惯性半径，mm；I 为压杆惯性矩，mm^4；μ 为压杆长度系数；l 为压杆长度，mm；λ_p 为压杆弹性极限比例值；λ_s 为压杆屈服极限比例值；A 为压杆横截面面积，mm^2；λ 为压杆长细比；σ_p 为比例极限应力，MPa；σ_s 为屈服极限应力，MPa；σ_{cr} 为临界应力，MPa；a、b 为与材料有关的常数；E 为压杆弹性模量，GPa。

根据 AB 段轨道支脚的实际尺寸，参考表格通过分析可知 AB 杆为粗短杆，则有 $\sigma_{cr} = \sigma_s$，在理论计算状态下可简化为 A 端铰支，B 段固定，有：

$$\sin\gamma \approx a_{max}/h \qquad\qquad (2\text{-}45)$$

$$L_{max} = H \cdot \sin\gamma \qquad\qquad (2\text{-}46)$$

$$M = G \cdot L_{max} \qquad\qquad (2\text{-}47)$$

$$F_1 L_1 + F_2 L_2 = M \tag{2-48}$$

$$L_1 + L_2 \approx h \tag{2-49}$$

$$\sigma_A = M/W \tag{2-50}$$

$$\sigma_{AB} = G/A \tag{2-51}$$

式中：γ 为运输机最大偏角，°；h 为 T 形夹紧轮长度，mm；M 为轨道承受弯矩，N·m；F_1、F_2 为夹紧轮对轨道的作用力，N；A 为轨道支脚界面节，mm^2；H 为拖车重心高，mm；σ_A 为轨道支脚 A 端弯曲应力，Pa；W 为轨道支脚截面系数，$11.9/mm^3$；σ_{AB} 为轨道支脚 A 端正应力，Pa。

已知：$a_{max} = 1mm$，$G = F_{2max} = 6287.5N$，$H = 300mm$，$F_1 = F_2$，$L_1 + L_2 = 45mm$，$W = 11.9/cm^3$，$A = 576\ mm^2$。

代入式（1-7）中得出 $\gamma = 1.27°$，$F_1 = F_2 = 932N$，$L_{max} \approx 6.66mm$，$M \approx 41.9N·m$，$\sigma_A = 3.52MPa$，$\sigma_{AB} = 10.92MPa$。

则有弯矩和正应力共同作用的最大应力约为：

$$\sigma_{max} = \sigma_{AB} + \sigma_A \tag{2-52}$$

代入已知数据有 $\sigma_{max} = 14.44MPa$。

为防止运输机在运动过程中个别情况下冲击力对轨道的损伤，同时防止在轨道发生磨损或者锈蚀以后安全系数不足，以及应付转弯上下坡等，取 AB 杆安全系数为 $n = 10.0$；轨道支脚材质为 Q235 钢，查《机械设计手册》表 3-1-6 有支脚屈服强度 $[\tau] = 235MPa > \sigma_{max} · n = 144.4MPa$，因而 AB 杆安全，轨道安全性较高，对其他运动状态下的轨道受力状况不再做重复计算分析。

3. 不同轨道齿条齿形设计

（1）圆弧齿形的设计

圆弧齿轮传动具有诸多优点，除了传动效率高外，圆弧齿轮沿齿高方向磨损均匀，容易跑合且无根切现象产生。但圆弧齿轮对中心距、切齿深度的误差敏感性很大，这两项误差对承载能力影响较大，故圆弧齿轮对制造和安装精度要求较高。现有的圆弧齿形齿条在单轨道山地果园运输机使用过程中出现因齿距误差累积造成的运输车运行抖动、卡齿等问题。

圆弧齿形齿条由 5mm×10mm 钢带压制而成，结构紧凑，且制造成本低、耗材小、占用空间小。圆弧齿形采用原设计，齿条厚度、齿条节距、滚子直径、滚子数等参数如表 2-6 所示。

表2-6   **圆弧齿条齿形参数表**

序号	名称	参数
1	齿条厚度	10mm
2	齿条节距	44.88mm
3	驱动轮节圆直径	158mm
4	滚子直径	25.4mm
5	滚子数	11

（2）链轮齿形的设计

链传动具有诸多优点，除了对齿形制造精度要求不高外，其对安装精度和中心距的要求也相对较低，传动效率高且链轮齿受力小、磨损轻、强度高，可在泥沙、油污、高温等恶劣的工作环境中使用。当适当减小传统链传动的作用角，增大链轮的直径至无穷大时，就产生了齿条型链轮传动。国外早已将该传动应用于实际生产中，比如在输送、传动等领域得到了推广，其相关标准也比较成熟（比如德国标准 DIN868、美国 EMERSON、日本椿本公司标准）。我国目前没有相关标准，只是在从发达国家购买的饮料灌装和制药生产线中见到了齿条型链轮传动的应用。

本章设计的链轮齿形采用三圆弧一直线齿形，齿廓由齿沟段 $\overset{\frown}{aa}$、工作段 $\overset{\frown}{ab}$、齿顶段 $\overset{\frown}{cd}$ 三段圆弧和 $\overline{bc}$ 一段直线组成，基本参数计算表如表2-7所示。

表2-7   **GB1244-85 链轮参数表**

名称	单位	计算公式
齿沟半角 $\alpha/2$	(°)	$\dfrac{\alpha}{2} = 55° - \dfrac{60°}{z}$
齿沟圆弧半径 r_i	mm	$r_i = 0.5025\,d_1 + 0.05$
工作段圆弧中心 O_2 的坐标	mm	$M = 0.8\,d_1(\sin\alpha/2)$
工作段圆弧中心 O_2 的坐标	mm	$T = 0.8\,d_1(\cos\alpha/2)$
工作段圆弧半径 r_2	mm	$r_2 = 1.3025\,d_1 + 0.05$
工作段圆弧中心角 β	(°)	$\beta = 18° - \dfrac{56°}{z}$

续表

名称	单位	计算公式
齿顶圆弧中心 O_3 的坐标	mm	$W = 1.3\,d_1(\cos 180°/z)$
齿顶圆弧中心 O_3 的坐标	mm	$V = 1.3\,d_1(\sin 180°/z)$
齿形半角 $\gamma/2$	(°)	$\dfrac{\gamma}{2} = 17° - \dfrac{64°}{z}$
齿顶圆弧半径 r_3	mm	$r_3 = d_1\left(1.3\cos\dfrac{\gamma}{2} + 0.8\cos\beta - 1.3025\right) - 0.05$
工作段直线部分长度 bc	mm	$\overline{bc} = d_1\left(1.3\sin\dfrac{\gamma}{2} - 0.8\sin\beta\right)$

根据驱动盘的实际尺寸计算链轮齿形齿条的相关参数，已知驱动盘节圆直径 D 为 158mm，滚子数为 11，计算链轮齿形齿条的节距：

$$D = NP/\pi \tag{2-53}$$

其中，D 为驱动盘节圆直径，mm；N 为滚子数，mm；P 为链轮齿形齿条节距，mm。

得 $P = 45.1247$mm。又由：

$$h_a = 0.27P \tag{2-54}$$

得到链轮齿形齿条齿高 h_a 为 12.18mm。

又已知滚子直径 d_1 为 25.4mm，将相关数据代入表 2-7，并在 Pro/E 软件中作出链轮齿形，如图 2-6 所示。

图 2-6　链轮齿形

（3）销齿齿形的设计

销齿传动属于齿轮传动的一种特殊形式，一般分为内啮合、外啮合、齿条啮合三种类型，具有造价低、结构简单、拆修方便等优点。销齿传动适用于低速重载的机械传动中，能够较好适应粉尘多、润滑条件差等恶劣的工作环境，较广泛地应用于起重运输、冶金、化工、矿山行业中。

根据销齿传动的工作原理，设 1、2 两轮的节圆外切于节点 P。当轮 1 转过 θ_1 角而轮 2 相应地转过 θ_2 角时，B 点到达 B′ 处。将 B 点视作轮 2 上的一个点齿（直径等于 0），把外摆线 bb′ 视作轮 1 上的一个齿廓，就形成了一对理论上的销齿传动。在齿廓上取一系列的点分别作圆心，以销齿的半径为半径作一圆簇，然后做出此圆簇的包络线即得到实际的齿形齿廓。当轮 1 的半径 $r_1 \to \infty$ 时，就演变成销齿齿条传动。本章设计的销齿齿形齿条基本参数计算表如表 2-8 所示。

表 2-8   销齿传动参数表

参数	计算公式
齿根圆弧半径/ρ_f	$\rho_f = (0.515 \sim 0.52) d_p$
齿根圆弧半径中心至节圆距离/c	$c = (0.04 \sim 0.05) d_p$
齿顶高/h_a	$h_a = (0.8 \sim 0.9) d_p$
工作齿廓曲线的平均曲率/ρ_m	$\rho_m = 1.5 d_p$
齿廓过渡圆弧半径/R	$R = (0.3 \sim 0.4) d_p$

已知滚子直径 dp（销齿直径）为 25.4mm，取 $c = 1.1$，$\rho_f = 13.1$，$R = 8$，$h_a = 21$，并将 d_p 值代入表 2-8，在 Pro/E 软件中作出销齿齿形，如图 2-7 所示。

图 2-7　销齿齿形

（4）摆线齿形的设计

摆线滚轮齿条传动由滚轮和摆线齿条组成，通过滚轮上的滚柱和齿条的啮合使滚轮在直线方向上移动。该传动方式在自动化生产线、精密工业机器人等领域应用较多。摆线滚轮齿条传动具有无回差传动、高精度、低噪音低振动、低磨损等诸多方面的优点。

图 2-8（a）为摆线齿条的齿廓形成原理，发生圆（半径为 R）在定直线 nn 上做纯滚动，摆线理论齿形为发生圆上的等距点 M_1，M_2，$\cdots$，M_z 的轨迹；图 2-18（b）为摆线实际齿形，是以摆线理论齿形上各点为圆心，以 d_f 为直径

所做的一系列圆簇的内侧包络线。以定直线 nn 为 x 轴，以直线 nn 的初始滚动点和发生圆 O_c 为原点 O，建立直角坐标系 O_{xy}，如图2-9所示。

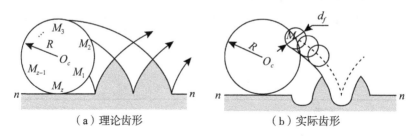

（a）理论齿形　　　　　　　　　（b）实际齿形

图2-8　摆线齿廓的形成原理

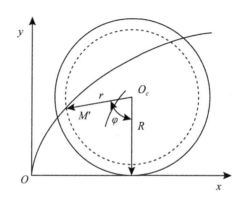

图2-9　摆线齿形的形成原理

按照摆线齿廓及齿形的形成原理可知，当发生圆旋转角为 ϕ 时，滚动点 M' 的轨迹坐标为：

$$\begin{cases} x = r(\phi - \sin\phi) \\ y = r(1 - \cos\phi) \end{cases} \tag{2-55}$$

$$r = \frac{mz}{2} \tag{2-56}$$

将式（2-55）代入式（2-56）可得摆线理论齿形方程为：

$$\begin{cases} x = \dfrac{mz}{2}\phi - \dfrac{mz}{2}\sin\phi \\ y = \dfrac{mz}{2} - \dfrac{mz}{2}\cos\phi \end{cases} \tag{2-57}$$

由于实际齿廓线为理论齿形的等距包络线，可得摆线实际齿形方程为：

$$\begin{cases} x = \dfrac{mz}{2}\phi - \dfrac{mz}{2}\sin\phi + \dfrac{mC_f\cos\dfrac{\phi}{2}}{2} \\ \\ y = \dfrac{mz}{2} - \dfrac{mz}{2}\cos\phi - \dfrac{mC_f\sin\dfrac{\phi}{2}}{2} \end{cases} \qquad (2\text{-}58)$$

$$C_f = \dfrac{d_f}{m} \qquad (2\text{-}59)$$

已知滚子直径 d_f 为 25.4mm，将式（2-59）代入式（2-58）得到摆线轨道齿廓参数方程：

$$\begin{cases} x = 79t - 79\sin t + \dfrac{12.7\sin t}{\sqrt{2 - \cos t}} \\ \\ y = 79t - 79\cos t + \dfrac{12.7 - 12.7\cos t}{\sqrt{2 - \cos t}} \end{cases} \qquad (2\text{-}60)$$

在 Pro/E 软件中利用曲线方程作出摆线齿形，如图 2-10 所示。综上，此 4 种齿条相关特性参数对比如表 2-9 所示，结构对比图如图 2-11 所示。

图 2-10　摆线齿形

表 2-9　　　　　　　　　　　齿条相关特性参数

参数	圆弧齿形	链轮齿形	销齿齿形	摆线齿形
节距 P/mm	44.88	45.12	45.12	45.12
齿根圆弧半径（$d_f/2$）	12.70	12.81	13.10	12.7
齿顶圆弧半径（$d_a/2$）	5.42	17.77	3.85	—
齿条齿顶高	21.14	12.18	21	21

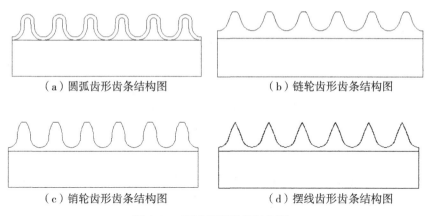

（a）圆弧齿形齿条结构图　　　　　　　（b）链轮齿形齿条结构图

（c）销轮齿形齿条结构图　　　　　　　（d）摆线齿形齿条结构图

图 2-11　不同齿形齿条结构图

四、驱动部件、齿带、齿条及轨道模拟仿真分析

（一）驱动轴应力分析

驱动部件中驱动轴为传递扭矩最大的部位，其安全性是保证自走式单轨道山地果园运输机运行稳定的重要标准，在驱动轴的设计过程中，利用软件对设计的驱动轴进行有限元静力分析，根据有限元静力分析结果，对驱动轴进行优化设计，对驱动轴的危险部位进行重点优化设计，以更好的保证驱动轴的设计参数能够充分满足自走式单轨道山地果园运输机的安全性要求。

1. ANSYS 静力分析的一般过程

静力分析用于计算由那些不包括惯性和阻尼效应的载荷作用于结构或部件上的位移、应力、应变和力等。一般假定载荷和响应是固定不变的，即假定载荷和结构的响应随时间的变化非常缓慢。静力分析所施加的载荷主要包括：外部施加的作用力和压力、稳态的惯性力、位移载荷、温度载荷等。

2. 驱动轴静力仿真及结果分析

（1）建模及参数选定：按照驱动轴实际尺寸，在 PROE 中建立驱动轴模型，将模型导入 ANSYS 中；设定其弹性模量 $E=211\mathrm{GPa}$，泊松比 $\mu=0.27$，密

度 $\rho = 7.9 \times 10^3 \, \text{kg/m}^3$；Relevance Center（中心相关）设置为 Fine（良好），Smoothing（顺滑度）设置为 Medium（中等），Minimum Edge Length（最小单元尺寸）设置为 2.0mm 驱动轴共计划分的单元数为 383472，节点数为 534665，划分所得的网格图如图 2-27 所示：

（2）施加约束及载荷：在轴两端轴承位圆周面位置施加约束，将链轮键槽圆周面位置固定，在驱动轮键槽圆周上施加扭矩载荷，由表 2-4 可知，驱动轴传递最大扭矩为 951N·m。

（3）求解：求解输出结果后，得出运输机驱动轴的等效应力、总变形和等效应变分布图。

（4）结果分析：通过仿真分析，得出如下定性结论。

变形最严重的部分为与驱动轮相配合的圆周面中间截面到左侧轴承座圆周面之间的部分，其主要原因是因为该处位置轴向距离较长，固定位需要轴肩较大，且没有其他物体分担载荷，故该段区域较容易变形甚至折断，该部位在驱动轴设计过程当中应当注意径向尺寸的选定和轴向尺寸的分布。

等效应力最集中的部位为与驱动盘相配合的圆周面的最右侧轴肩位置，该位置的应力集中最为严重，在轴的设计过程中，应当注意该处轴肩尺寸的控制，以防止过大的应力集中出现。

等效应变最大的部位出现在等效应力最为集中的部位，因而，该部位最容易出现裂痕，因此在该处位置的设计过程中应当采取适当措施缓解应力集中现象，特别是对最大载荷的承受能力一定要在合理的范围之内，不能超过轴所能承受的载荷的极限。

（二）齿带的受力仿真及结果分析

齿带是与驱动轮相配合用于驱动整机运动的关键部件，若齿带或者驱动轮齿强度不能满足最大驱动力要求，在运输机负载上坡过程中，齿带易发生切齿现象，因而齿带与驱动轮相配合部分的受力状态极为重要；通过对驱动轮与齿带的静力学仿真，可以找出其中最薄弱的环节，通过对该位置的强度进行一定程度的加强，满足自走式单轨道山地果园运输机可靠稳定运行的需要。

1. 齿带受力仿真

（1）模型的建立、载荷等参数确定：自走式单轨道山地果园运输机的齿带为按照链轮节距尺寸和外形采用 5mm×10mm 的 45#冷拉钢压制而成，采用焊接形式布置在轨道的上表面中心线上，焊接部位均匀铺焊，加强齿带底部的强度。按照齿带和轨道的实际尺寸，截取其中一段，在 PROE 中建立模型。因为在驱动盘运动过程中，驱动盘上的驱动销轴与齿带的啮合齿数为 $1 \leqslant i \leqslant 2$，所以当 $i = 1$ 时，啮合齿数最少，此时齿带只有 1 个齿承受载荷，受力及变形最大；因此如果此时齿带受力及形变满足要求，则齿带在任意时刻其强度均满足要求；据此，将驱动盘简化为销轴，在 PROE 中建模并导入 ANSYS 中，根据驱动轴传递扭矩 $T \approx 915\mathrm{Nm}$，圆周力半径 $R \approx 80\mathrm{mm}$，可得圆周力 $F_0 \approx 11400\mathrm{N}$；当啮合齿数为 1 时，即图 2-12 中 $L_1 \geqslant 0$ 时，最底部单个销轴对齿带施加的作用力 $F = 11400\mathrm{N}$。

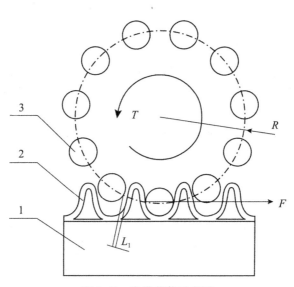

图 2-12　齿带载荷示意图

设定齿带弹性模量 $E = 211\mathrm{GPa}$，泊松比 $\mu = 0.27$，密度 $\rho = 7.9 \times 10^3\mathrm{kg/m^3}$；Relevance Center（中心相关）设置为 Fine（良好），Smoothing（顺滑度）设置为 Medium（中等），Minimum Edge Length（最小单元尺寸）设置为 4.0mm 驱动轴共计划分的单元数为 40829，节点数为 69207。

（2）求解及结果分析：求解输出结果后，得出自走式单轨道山地果园运输机齿带在啮合齿数为 1 时的等效应力、总变形和等效应变分布情况，得出如下结论。

齿带上的最大变形为 0.06mm 左右，变形量较小，满足最大载荷状态下的使用要求；其中齿带的中间高位置变形最大，因而在齿带的加工及与轨道的焊接过程中，应注意该位置的强化，以确保自走式单轨道山地果园运输机的运行稳定；齿带上等效应力最集中部位的值为 384MPa，小于齿带 450MPa 的许用应力，同样满足使用要求；在等效应力作用下的等效应变均较小，其最大应变位置同样位于齿带的中间高位置，在齿带的设计中，可以从其他方面考虑消除该处的最大应力。

（三）驱动轮与不同齿形齿条啮合受力分析与模拟仿真

1. 驱动轮受力分析

以自走式单轨道山地果园运输机主车为研究对象，对主车上驱动轮与齿条啮合过程进行受力分析。驱动轮力学性能计算所用的基本参数为：主车载重为 400kg，驱动轮个数为 1 个，导向轮个数为 1 个，夹紧轮个数为 4 个。运输机在运行过程中，驱动轮与齿条啮合时产生阻力扭矩 T_e，导向轮受到垂向作用力 W_1 及摩擦阻力 f_1，驱动轮受到垂向作用力 W_2 及摩擦阻力 f_2，4 个夹紧轮分别受摩擦阻力，运输机运行所需要提供的驱动力矩应不小于各工况下最大阻力扭矩。驱动轮、导向轮及夹紧轮受力如图 2-13 所示。

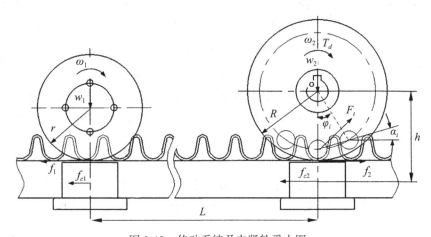

图 2-13　传动系统及夹紧轮受力图

若将作用在运输机上各力对驱动轮中心 O 点取力矩，根据受力平衡有：

$$T_d = T_e - f_1 R - 2f_{c1} h + w_1 L + f_2 R - 2f_{c2} h$$
$$= T_e - f_1 R + f_2 R - 2(f_{c1} + f_{c2}) h + w_1 L \tag{2-61}$$

其中，T_d 为运输机运行时所需提供的驱动扭矩，N·m；T_e 为驱动轮与齿条啮合时产生阻力扭矩，$N \cdot m$；f_{c1} 为导向轮处夹紧轮（2个）所受摩擦力，N；f_1 为导向轮轮缘所受摩擦力，N；f_2 为驱动轮两侧驱动盘轮缘所受摩擦力，N；f_{c2} 为驱动轮处夹紧轮（2个）所受摩擦力，N；R 为驱动轮半径，m；h 为夹紧轮中心到驱动轮圆心的垂直距离，m；L 为运输机轴距，m。

在运输机稳定运行情况下，导向轮轮缘所受摩擦力 f_1 在驱动轮中心产生的力矩 $f_1 R$、夹紧轮产生的摩擦力矩 $f_{c1}h$、$f_{c2}hf_{c1}h$、$f_{c2}h$ 及导向轮处 w_1 在驱动轮中心产生的矩 $w_1 L$ 为均定值，故可将（2-61）式简化为：

$$T_d = T_m - \Delta \tag{2-62}$$

$$T_m = T_e + f_2 R \tag{2-63}$$

$$\Delta = f_1 R + 2(f_{c1} + f_{c2})h - w_1 L \tag{2-64}$$

Δ 为定值。为减小运输机能耗、提高运输效率及成本，需要对驱动轮与齿条啮合时产生的阻力扭矩 T_m 进行试验分析。由于运输机本身结构限制，T_m 不便于直接测量，而驱动轮与齿条啮合时所需提供的驱动扭矩 T_d 的变化趋势又与 T_m 的变化趋势相同，故认为 T_d 的变化趋势能够表征 T_m 的变化趋势。在运输机运行过程中，驱动轮与齿条啮合时产生的阻力扭矩 T_m 越小，表明运输机在运行过程中能耗越小，有利于提高运输机的运输效率及降低运输成本。

又由驱动轮与齿条的啮合原理可知，在传动过程中始终有 2~3 个滚子与齿条处于接触状态，并有 1~2 个滚子与齿条处于啮合传力状态，可知：

$$l_i = \begin{cases} R\cos \alpha_i & (0 \leq \varphi_i \leq \pi/2) \\ 0 & (\pi/2 \leq \varphi_i \leq \pi) \end{cases} \tag{2-65}$$

式中，α_i 为齿与滚子啮合时的齿廓压力角，$°$。设齿条对滚子 i 的作用力为 $F_i(i = 1, 2, \cdots, n)$，N；n 为传动瞬时的啮合齿数；φ_i 为滚子 i 对应的驱动轮转角，$°$。

在 F_i 的作用下，啮合点处产生接触变形，从而使得驱动轮产生变形转角 $\Delta\varphi$，各滚子中心在啮合点的公法线方向上产生变形 δ_i。又假定啮合力 F_0，F_1，$\cdots$，F_{n-1} 和相应变形 δ_0，δ_1，$\cdots$，δ_{n-1} 呈线性关系，由此可得：

$$\delta_i = l_i \Delta\varphi \tag{2-66}$$

$$F_i = k\delta_i \tag{2-67}$$

其中，L_i 为第 i 个啮合点的公法线到滚子中心的距离，m；δ_i 为各处啮合副的接触变形，m；k 为滚子与齿条的啮合刚度，$N \cdot m$。又由驱动轮的力矩平衡条件得：

$$T_e = \sum_{i=1}^{i=n} F_i l_i \tag{2-68}$$

联立式（2-63）和式（2-68）可得：

$$T_m = \sum_{i=1}^{i=n} F_i l_i + f_2 R \tag{2-69}$$

2. 基于 ADAMS/View 的驱动轮力学性能仿真分析

近些年来，国内外学者对山地果园运输机进行了大量研究，形成了多种多样的农用运输机械，但传统的农业机械研发主要依靠设计人员的经验，并通过样机试验、反馈优化等烦琐过程，故设计周期长、消耗成本大。其中，果园运输机性能评估的主要依据是理论计算以及样机试制后的试验等，而试验易受到现场条件的限制和影响，比如运输机的力学性能与振动性能等。

目前，应用虚拟样机技术对机械系统进行虚拟设计和仿真分析已经取得一定的成果。蒲明辉等对不同齿形链轮及与它们配套的传统滚子传动系统进行了多刚体动力学分析，王振乾、魏升、刘元林等基于 ADAMS 对不同齿形的采煤机行走轮进行了运动学分析及齿根断裂特性分析。周旭辉等基于 ADAMS 对小齿轮齿条传动进行动力学仿真分析及刚柔耦合啮合分析，许立新等以步进链传动系统为研究对象，构建了步进链传动系统虚拟样机模型，分析了该类系统采用不同步进运动规律及在不同预紧力状态下动力学特性的变化规律。本节以单轨道山地果园运输机为研究对象，基于动力学理论及 Hertz 理论的 Impact 函数模型，构建 ADAMS/View 软件下的仿真模型，进行不同齿形条件下的单轨道山地果园运输机扭矩仿真试验，以期为单轨道山地果园运输机的力学性能评估及轨道结构的优化设计提供参考。

由美国 MSC 公司开发设计的 ADAMS 软件具有强大的建模功能和后处理分析能力，可创建比较复杂的机械系统虚拟样机。其中 View 模块和 Postprocess 模块是最基本的模块，用这两个模块可以对常见的机械系统进行仿真分析。ADAMS 用刚体 i 的广义欧拉角和质心笛卡尔坐标作为广义坐标，即 $q_i = [x, y, z, \psi, \theta, \phi]_i^T$，$q = [q_1^T, q_2^T, \cdots, q_n^T]^T$。采用拉格朗日乘子法建立系统运动方程：

$$\frac{\mathrm{d}}{\mathrm{d}t}\left(\frac{\partial T}{\partial \dot{q}}\right)^T - \left(\frac{\partial T}{\partial q}\right)^T + f_q^T \rho + g_q^T \cdot \mu = Q \tag{2-70}$$

完整约束方程时，$f(q, t) = 0$；非完整约束方程时，$f(q, \dot{q}, t) = 0$。

式中：T 为系统动能；ρ 为对应于完整约束的拉氏乘子列阵；q 为系统广义坐标列阵；$\dot{q}$ 为系统广义速度列阵；μ 为对应于非完整约束的拉氏乘子列阵；Q 为广义力列阵。

此方程的一般形式为：

$$F(q, u, \dot{u}, \lambda, t) = 0 \tag{2-71}$$

$$G(u, \dot{q}) = u - \dot{q} = 0 \tag{2-72}$$

$$\phi(q, t) = 0 \tag{2-73}$$

式中：q 为广义速度列阵；G 为描述广义速度的代数方程列阵；λ 为约束反力及作用力列阵；ϕ 为描述约束的代数方程列阵。

（1）驱动轮与不同齿形齿条啮合的虚拟样机模型创建

①三维模型的创建

由于自走式单轨道山地果园运输机主车整车模型较为复杂，考虑到建模及仿真运行耗时长等问题，对仿真模型做了简化：略去机架及 4 个夹紧轮，将主车简化为驱动轮和轨道齿条；在驱动轮轴上加载相应的转速。在三维建模软件 Pro/E 中建立驱动轮及各轨道齿条三维实体模型，并对驱动轮和轨道齿条进行虚拟约束装配。

②虚拟样机模型的创建

将在 Pro/E 软件中完成的三维模型其保存为 Parasolid 格式，导入 ADAMS/View 软件中进行虚拟样机模型的创建。

A. 添加材料属性：在 ADAMS/View 材料库中将驱动轮轮盘、各滚子、轨道材料属性设置为 . steel。

B. 添加运动副：轨道齿条与大地之间采用固定副连接，驱动轮与轨道齿条之间采用旋转副连接，各滚子与驱动轮轮盘之间采用旋转副连接。

C. 添加驱动：根据实际工况，将驱动轮旋转角速度分别设置为 ±88. 08 rad/s，±132. 12 rad/s，±220. 2rad/s。

D. 施加载荷：主车载重 400 kg，导向轮和驱动轮共同承受垂直方向的力，为了模拟运输机在实际工况下的运动，在驱动轮上施加一个基于空间的力以模拟驱动轮受到的垂向作用力 W2，大小为 1960N，方向为 Moving with body。

另外，在驱动轮与轨道之间、各滚子与驱动轮轮盘之间选取 ADAMS/View 环境下冲击函数法（Impact）定义碰撞力，其接触算法采用基于 Hertz 理论的 Impact 函数模型，其计算表达式为：

$$F = \begin{cases} \max\{K(x_1 - x)^{\xi} - \text{Step}(x, x_1 - d, C_{\max}, \dot{x_1}, 0)\, \dot{x}, 0\} & (x \leqslant x_1) \\ 0 \end{cases}$$

$$\tag{2-74}$$

式中：K 为接触刚度系数，N·m；x_1 为位移开关量，m；x 为接触物体之间的实测位移，m；d 为阻尼最大时两接触物体的穿深度，m；$\dot{x}$ 为穿透深度，

m；ξ 为非线性弹簧力指数；C_{max} 为最大接触阻尼，$N \cdot s/m$。

由于驱动轮、滚子、齿条均为刚体模型，故 Contact Type 选择 Solid to Solid；又在驱动轮与齿条间添加摩擦力。驱动轮与齿条的碰撞参数、摩擦参数参考值如表 2-10 所示。

由于驱动轮与齿条啮合时不仅 11 个滚子与齿条会产生摩擦与碰撞，驱动轮两侧驱动盘轮缘与轨道也会产生滚动摩擦力，因此在驱动轮两侧驱动盘轮缘和轨道之间添加摩擦力 f_2，故虚拟仿真得到的扭矩值 T_m 不仅包括啮合产生的阻力扭矩 T_e，还包括驱动轮两侧驱动盘轮缘产生的摩擦力矩 f_2R。驱动轮与齿条的摩擦因数参考值如表 2-10 所示。

表 2-10 　　　　　　　　**仿真碰撞参数及摩擦因数参数**

项目	参数
刚度系数	1.0E+005
力指数	1.5
阻尼系数	50
静摩擦系数	0.3
动摩擦系数	0.25

（2）驱动轮与不同齿形齿条啮合虚拟正交试验分析

①虚拟正交试验设计

为研究在不同齿条齿形、工作参数下，驱动轮与齿条啮合产生的阻力扭矩 T_m 的变化趋势。本章选取齿条齿形、轨道坡度（工作参数）、驱动轮转速（工作参数）作为试验因素，选取作用在驱动轮上的阻力扭矩 T_m 为评价指标，采用正交试验设计方法进行仿真试验。对齿条齿形因素取四水平，对轨道坡度、驱动轮转速两个因素取三水平，进行仿真试验，因素水平如表 2-11 所示。

表 2-11 　　　　　　　　　　　　　**试验因素及水平**

水平	齿形	轨道坡度	转速
1	圆弧齿形	+ 0^0	+88.08
2	链轮齿形	+ 6^0	+132.12
3	销轮齿形	+ 12^0	+220.2

续表

水平	齿形	轨道坡度	转速
4	摆线齿形		
1′		-0^0	-88.08
2′		-6^0	-132.12
3′		-12^0	-220.2

注：$+0°$代表在轨道水平情况下运输机前进（后驱），$-0°$代表在轨道水平情况下运输机后退（前驱）。

②虚拟正交试验结果与分析

根据以上虚拟试验设计方案在 ADAMS/View 软件中设置好驱动、约束和载荷后分别设置驱动轮旋转角速度为±88.08rad/s、±132.12rad/s、±220.2rad/s，轨道坡度分别设置为±0°、±6°、±12°开展仿真试验。在虚拟样机试验完成后，从 Postprocess 模块调取仿真数据，进行极差分析和方差分析，分析结果如下：

A. 极差分析

虚拟样机仿真试验安排及驱动轮与齿条啮合产生的阻力扭矩 T_m 均值如表 2-12，表 2-13 所示。表 2-12 为运输机上坡前进（后驱）时的试验结果，表 2-14 为运输机下坡后退（前驱）时的试验结果。

表 2-12　　　　　运输机上坡前进（后驱）正交试验表及结果

试验号	齿形	轨道坡度	转速	扭矩 T_d
1	1	1	1	39.79
2	1	2	2	53.15
3	1	3	3	118.2
4	2	1	2	20.98
5	2	2	3	25.33
6	2	3	1	76.82
7	3	1	3	103.76
8	3	2	1	125.47

试验号	齿形	轨道坡度	转速	扭矩 T_d
9	3	3	2	158.39
10	4	1	2	27.14
11	4	2	1	41.53
12	4	3	3	76.64
K_1	211.14	191.67	283.61	
K_2	123.13	245.48	259.66	
K_3	387.62	430.05	323.93	
K_4	145.31			
R	264.49	238.38	64.27	

由表 2-12 可得：a. 齿形对 T_m 的极差 R 最大，表明齿形对阻力扭矩的影响最大，即对功耗的影响最大；b. 驱动轮转速对 T_m 的极差 R 最小，表明转速对阻力扭矩的影响最小，即对功耗的影响最小；c. 运输机上坡时，随着轨道坡度的增加，阻力扭矩增加，功耗增加；d. 各因素对阻力扭矩的影响大小的顺序为齿形>坡度>转速。

由表 2-13 可得：a. 齿形对 T_m 的极差 R 最大，表明齿形对阻力扭矩的影响最大，即对功耗的影响最大；b. 驱动轮转速对 T_m 的极差 R 最小，表明转速对阻力扭矩的影响最小，即对功耗的影响最小，但影响效果不明显；c. 运输机下坡时，随着轨道坡度的增加，阻力扭矩减小，功耗减小；d. 各因素对驱动扭矩的影响大小的顺序为齿形>坡度>转速。

表 2-13　　　　运输机下坡后退（前驱）正交试验表及结果

试验号	齿形	轨道坡度	转速	扭矩 T_d
1	1	1′	1′	−60.52
2	1	2′	2′	−54.99
3	1	3′	3′	−47.68
4	2	1′	2′	−45.90
5	2	2′	3′	−43.46

续表

试验号	齿形	轨道坡度	转速	扭矩 T_d
6	2	3′	1′	−34.72
7	3	1′	3′	−130.15
8	3	2′	1′	−118.76
9	3	3′	2′	−109.21
10	4	1′	2′	−47.21
11	4	2′	1′	−43.05
12	4	3′	3′	−39.26
K_1'	−163.19	−283.78	−257.05	
K_2'	−124.08	−260.26	−257.31	
K_3'	−358.12	−230.87	−260.55	
K_4'	−129.52			
R'	234.04	52.91	3.5	

B. 方差分析

为进一步判断各因素水平对 T_m 影响的显著性，对虚拟正交试验的数据进行方差分析，方差分析计算表如表 2-14 所示。表 2-14 为运输机上坡前进（后驱）时的试验结果方差分析，表 2-15 为运输机下坡后退（前驱）时的试验结果方差分析。

表 2-14　　　　　　　　运输机上坡前进（后驱）方差分析

变异来源	偏差平方和	自由度	均方和	F	临界值 F_α	显著性
齿形	14365.47	3	4788.49	238.77	$F_{0.01}$ (3, 4) = 16.69	**
轨道坡度	7815.55	2	3907.78	194.85	$F_{0.01}$ (2, 4) = 18	**
转速	527.49	2	263.75	13.15	$F_{0.05}$ (2, 4) = 6.94	*
误差	80.22	4	20.06			
总和	22788.73	11				

注：** 表示影响极显著（p<0.01），* 表示影响显著（p<0.05）。

表2-15　　　　　　　　　运输机下坡后退（前驱）方差分析

变异来源	偏差平方和	自由度	均方和	F	临界值 F_α	显著性
齿形	12310.27	3	4103.42	1151.09	F0.01 (3, 4) = 16.69	**
轨道坡度	351.37	2	175.68	49.28	F0.01 (2, 4) = 18	**
转速	1.90	2	0.95	0.27	F0.05 (2, 4) = 6.94	
误差	14.26	4	3.56			
总和	12677.80	11				

注：** 表示影响极显著（$p<0.01$），* 表示影响显著（$p<0.05$）。

通过方差分析，由表2-14可知，运输机上坡前进（后驱）时，齿条齿形、轨道坡度对 T_m 的影响极显著，驱动轮转速对 T_m 的影响显著，各因素对 T_m 影响大小的顺序为齿条齿形>轨道坡度>驱动轮转速；由表2-15可知，运输机下坡后退（前驱）时，齿条齿形、轨道坡度对 T_m 的影响极显著，两因素对 T_m 影响大小的顺序为齿条齿形>轨道坡度，驱动轮转速对 T_m 影响不显著，与极差分析相吻合。

（3）驱动轮与不同齿形齿条啮合过程仿真分析

利用 ADAMS/View 软件对驱动轮与齿条在不同转速、坡度下的啮合过程进行仿真研究，旨在模拟求解 T_m 的变化趋势。设定驱动轮转速为 +88.08 rad/s，可得轨道坡度分别为+0°、+6°、+12°时，2s 内驱动轮与四种齿形的轨道齿条啮合时产生的阻力扭矩 T_m 变化趋势。

可知：a. 轨道齿条齿形对 T_m 影响较大，T_m 大致呈现周期性变化，周期为 0.37s；b. 驱动轮与销齿齿形齿条、圆弧齿形齿条啮合时产生的 T_m 波动幅度较大，与链轮齿形齿条、摆线齿形齿条啮合时产生的 T_m 波动幅度较小；驱动轮与圆弧齿形齿条啮合时，T_m 呈现稍增大的趋势，这是由于齿距误差累积造成的。每个周期内的动态响应总体趋势基本一致，但由于动态响应会受到每个周期初始条件的影响，故每个周期的动态响应其实是不同。运输机在实际工作中，滚子与齿条啮合产生碰撞后也会自适应调整位置，因此 T_m 不会呈现无限增大的趋势。由于圆弧齿形对齿距误差敏感性较大，因此对制造和安装精度要求较高。由上可知，四种齿形齿条中，链轮齿形齿条和摆线齿形齿条平稳性能较优。

单独分析驱动轮与链轮齿形齿条、摆线齿形齿条在驱动轮转速为

+88.08rad/s，轨道坡度分别为+0°、+6°、+12°时产生的 T_m，可得图 2-14（a）、（b）、（c）。

由图 2-14 可知，在 0~2s 内，三种轨道坡度下驱动轮与摆线齿形齿条啮合时产生的 T_m 整体上较驱动轮与链轮齿形齿条啮合时产生的 T_m 波动幅度大，且大约每隔 0.37s 会有一次相对较大的波动。且随着轨道坡度的增大，T_m 波动幅度增大，由此可知链轮齿形齿条较摆线齿形齿条平稳性能更优。

提取驱动轮旋转角速度为+88.08rad/s，轨道坡度为+0°时驱动轮与四种齿形齿条啮合时的 T_m 值，得到驱动轮与圆弧齿形齿条、链轮齿形齿条、销轮齿形齿条、摆线齿形齿条啮合时产生的阻力扭矩 T_m 的均值依次为 39.79N·m、29.75N·m、128.52N·m、43.11N·m。由于驱动轮与链轮齿形齿条啮合平稳，且产生的阻力扭矩 T_m 最小，认为链轮齿形齿条较其他齿形齿条综合性能最优。

用上述同样的方法，在 ADAMS/View 中模拟驱动轮转速分别为 ±132.12rad/s、±220.2rad/s，轨道坡度分别为-12°、-6°、±0°、+6°、+12°时驱动轮与齿条啮合时产生的 T_m，均为驱动轮与链轮齿形齿条啮合时产生的阻力扭矩 T_m 最小。

通过虚拟正交试验对运输机与不同齿形齿条啮合过程进行仿真分析，以齿条齿形、轨道坡度、驱动轮转速作为考察因素，以作用在驱动轮上的总驱动扭矩 T_d 为评价指标，探究齿形对运输机力学性能的影响。通过极差分析及方差分析，得到各因素对 T_d 影响大小的顺序为齿条齿形>轨道坡度>驱动轮转速。驱动轮与链轮齿形齿条啮合时产生的阻力扭矩（功耗）最小且波动幅度最小，驱动轮与销齿齿形齿条啮合时产生的阻力扭矩（功耗）最大且波动幅度最大。

3. 驱动轮与不同齿形齿条啮合力学性能试验及分析

根据单轨道山地果园运输机主车尺寸及试验条件进行了样机试制及试验台架试制，并按照齿条相关特性参数用等离子切割机将齿条割成型，点焊在轨道上。轨道由 50mm×50mm 的方钢焊接而成，轨道下端焊有支脚，能与试验台架上的套筒相配合以固定轨道。当在试验台架上完成一种齿形试验后，拆卸该轨道，更换另一种齿形的轨道进行试验。试验于 2017 年 7 月 10—22 日在华中农业大学机电工程实训中心进行。

（1）试验仪器与设备

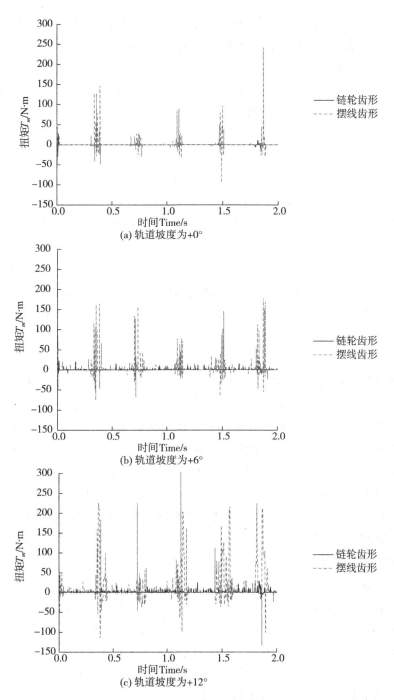

图 2-14　链轮齿形齿条与摆线齿形齿条 T_m 曲线对比图

试验仪器与设备包括运输机（主车载重为 400kg）、CYT-302 型动态扭矩传感器（北京天宇恒创传感技术有限公司，精度±0.25%，量程 0-200 N·m，每秒采集数据 4 次）、扭矩传感器扭矩转速功率测试仪（转速脉冲输入 0.3Hz-20KHz，扭矩脉冲输入 5KHz-15KHz，仪表内部测量分辨率可达 1/1000000）、M400 数据采集管理系统、电控箱、坡度尺等。

（2）试验设计

为研究运输机驱动轮与不同齿形齿条啮合时产生的能耗大小，需要对驱动轮与齿条啮合时产生的阻力扭矩 T_e 进行试验分析。由于运输机本身结构限制，T_e 不便于直接测量，而驱动轮与齿条啮合时所需提供的驱动扭矩 T_d 的变化趋势又与 T_e 的变化趋势相同，故认为 T_d 的变化趋势能够表征 T_e 的变化趋势。在运输机运行过程中，驱动轮与齿条啮合时产生的阻力扭矩 T_e 越小，表明运输机在运行过程中产生的能耗越小，运输机正常运行所需提供的驱动扭矩越小，越有利于提高运输机的运输效率及降低运输成本。因此，本书选取齿条齿形、轨道坡度（工作参数）、驱动轮转速（工作参数）作为考察因素，选取运输机正常运行所需提供的驱动扭矩 T_d 作为评价指标设计试验。

四种齿形的轨道长度均为 12m，轨道两端各取 3m 作为准备区，中间 4m 作为数据采集区。试验时，人为调节电控箱来控制运输机运行速度。当调节电控箱使运输机驱动轮逆时针旋转时，运输机后驱前进；当调节电控箱使运输机驱动轮顺时针旋转时，运输机前驱后退。当运输机在轨道上运行至轨道两端时触碰行程开关，液压制动器工作，抱死驱动轴，运输机停止运行。

轨道安装在可旋转调节坡度平台上，可人为调控轨道坡度，试验台架可旋转调节角度最大为 15°。通过由 CYT-302 型动态扭矩传感器、扭矩转速功率测试仪、M400 数据采集管理系统组成的测试系统对实验数据进行采集和计算，每组试验重复 3 次并取平均值。

（3）试验结果与分析

提取运输机运行测试段内 15s 内的扭矩信号，得到驱动轮在运行过程中所需提供的驱动扭矩 T_d 值，如表 2-16 所示。又提取驱动轮旋转角速度为 +88.08rad/s，轨道坡度为 +0°、+6°、+12° 时驱动轮与四种齿形齿条啮合时的 T_d 值来研究齿形对 T_d 的影响，如图 2-15 所示。其余工况下驱动轮与四种齿形啮合时的 T_d 值变化趋势与图 2-15 相同。

表 2-16   不同工况下各 T_d 均值

齿形	转速	轨道坡度			转速	轨道坡度		
		+0°	+6°	+12°		−0°	−6°	−12°
圆弧齿形	+88.08	44.95	55.15	96.80	−88.08	−55.70	−44.05	−32.63
	+132.12	49.60	58.23	110.43	−132.12	−58.35	−47.46	−34.76
	+220.2	54.60	62.70	124.38	−220.2	−64.10	−50.29	−37.64
链轮齿形	+88.08	29.75	36.70	75.90	−88.08	−35.90	−32.05	−22.70
	+132.12	30.15	37.50	80.70	−132.12	−36.20	−33.36	−23.96
	+220.2	33.35	38.90	81.13	−220.2	−37.63	−34.52	−24.89
销齿齿形	+88.08	116.30	124.23	158.40	−88.08	−118.15	−107.20	−92.13
	+132.12	123.89	130.46	161.63	−132.12	−125.16	−109.71	−94.23
	+220.2	132.65	142.96	164.50	−220.2	−134.34	−112.60	−96.86
摆线齿形	+88.08	35.60	46.73	82.23	−88.08	−36.32	−33.43	−29.20
	+132.12	40.73	48.76	83.66	−132.12	−41.92	−34.85	−29.96
	+220.2	45.95	50.23	84.90	−220.2	−46.45	−35.99	−30.66

注：+0°代表在轨道水平情况下运输机前进（后驱），−0°代表在轨道水平情况下运输机后退（前驱）。

由图 2-15 可得：①齿条齿形对驱动轮与齿条啮合时所需提供的驱动扭矩 T_d 影响较大，即对阻力扭矩 T_e 及能耗影响较大。②驱动轮以相同转速上坡时，坡度越大，驱动轮与齿条啮合时的 T_d 越大，且波动幅度越大。③在相同坡度下，驱动轮转速越大，驱动轮与齿条啮合产生的 T_d 越大，能耗越大。④驱动轮与销齿齿形齿条啮合时的 T_d 最大，即驱动轮与销轮齿形齿条啮合时产生的阻力扭矩 T_e 最大，且波动幅度最大。⑤驱动轮与圆弧齿形齿条啮合时的 T_d 较大，且 15s 内 T_d 前期较平稳，后突然减小，再突然增加，最后又趋于平稳。这是圆弧齿形轨道对中心距、齿距的误差敏感性很大造成的。⑥驱动轮与摆线齿形齿条啮合时的 T_d 较小，即驱动轮与摆线齿形齿条啮合时产生的阻力扭矩 T_e 较小，且波动幅度明显小于销轮齿形和圆弧齿形。⑦驱动轮与链轮齿形齿条啮合时的 T_d 最小，即驱动轮与链轮齿形齿条啮合时产生的阻力扭矩 T_e 最小，且波动幅度最小，故认为驱动轮与链轮齿形齿条啮合时产生的能耗最小。

又对图 2-15（a）工况下的 T_d 进行方差分析，结果如表 2-17 所示。取 $\delta =$

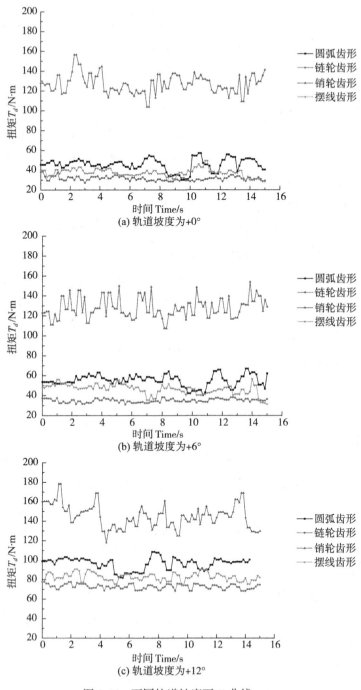

图 2-15　不同轨道坡度下 T_d 曲线

0.05，$F=2962.31$，$p<0.0001$，表明齿形对 T_d 有极其显著的影响。且在此条件下，可得各 T_d 的方差分别为 64.14、20.62、251.02、41.20，表明 T_d 波动幅度从小到大依次是驱动轮与链轮齿形齿条、摆线齿形齿条、圆弧齿形齿条、销轮齿形齿条啮合时产生的。对其他工况下的 T_d 进行方差分析，均可得到相同结论。

由该工况下的 T_d 值可得，台架试验值略高于仿真试验值，这是由于在仿真过程中简化模型忽略了夹紧轮、导向轮及导向轮处载重产生的影响。驱动轮与链轮齿形齿条啮合时的虚拟样机值和台架试验值分别为 29.75N·m、25.64 N·m，误差为 13.82%，表明仿真模型具有一定的参考价值。

表 2-17 T_d 方差分析（转速为 88.08 rad·s⁻¹，坡度为+0°）

来源	自由度	平方和	均方	F 值	P 值	F 临界值
因素	3	438215.4	146071.8	1 549.888	$P<0.0001$	3.83
误差	448	42222.51	94.24667			
总和	451	480437.9				

综上可知：

（1）驱动轮以相同转速上坡时，坡度越大，驱动轮与齿条啮合产生的阻力扭矩越大，能耗越大；以相同转速下坡时，坡度越大，驱动轮与齿条啮合产生的阻力扭矩越小，能耗越小。

（2）在相同坡度下，驱动轮转速越大，驱动轮与齿条啮合产生的阻力扭矩越大，能耗越大。

（3）分析驱动轮旋转角速度为+88.08rad/s、轨道坡度为+0°时，15s 内驱动轮与四种齿形的轨道齿带啮合时产生的 T_d 均值，得到驱动轮与链条齿形齿条、摆线齿形齿条啮合时产生的 T_d 均值较圆弧齿形齿条分别减少 33.82%、20.80%；驱动轮与销轮齿形齿条啮合时产生的 T_d 均值较驱动轮与圆弧齿形齿条啮合时产生的 T_d 均值增加 158.73%。

（4）在驱动轮旋转角速度为+88.08rad/s、轨道坡度分别为+0°、+6°、+12°时，驱动轮与链轮齿形齿条啮合时产生的 T_d 均值较驱动轮与圆弧齿形齿条啮合时产生的 T_d 均值分别减小 33.82%，33.45%，21.59%；在驱动轮旋转角速度为-88.08rad/s、轨道坡度分别为-0°、-6°、-12°时，驱动轮与链轮齿形齿条啮合时产生的 T_d 均值较驱动轮与圆弧齿形齿条啮合产生的 T_d 均值分别减小 35.55%，27.24%，30.43%。

在轨道坡度为 +0°、+6°、+12° 时，当驱动轮转速为 +132.12rad/s，驱动轮与链轮齿形齿条啮合时所需提供的扭矩较圆弧齿形齿条分别减少 39.21%、35.60%、26.92%；当驱动轮转速为 +220.2rad/s，驱动轮与链轮齿形齿条啮合时所需提供的扭矩较圆弧齿形齿条分别减少 38.92%、37.96%、34.77%。

（5）分别分析驱动轮在不同转速，轨道在不同坡度下产生的 T_d，均能得到驱动轮与销轮齿形齿条啮合时产生的阻力扭矩最大，能耗最大，且波动幅度最大；与链轮齿形齿条啮合时产生的阻力扭矩最小，能耗最小，且波动幅度最小。

开展驱动轮与不同齿形齿条啮合力学性能试验，得到齿条齿形对单轨道山地果园运输机力学性能影响较大，链轮齿形齿条综合性能最优，其次分别为摆线齿形齿条、圆弧齿形齿条、销轮齿形齿条。驱动轮与销轮齿形齿条啮合时产生的阻力扭矩最大，能耗最大，且波动幅度最大；与链轮齿形齿条啮合时产生的阻力扭矩最小，能耗最小，且波动幅度最小。故在相同条件下，认为链轮齿形齿条最优，其次分别为摆线齿形齿条、圆弧齿形齿条、销轮齿形齿条。因此，链轮齿形齿条较圆弧齿形齿条更适宜用于单轨道果园运输机的轨道运输中。

（五）驱动轮与不同齿形齿条啮合振动平顺性分析

运输机振动平顺性是评价运输机性能的重要指标，运输机的振动不仅影响运输果品的质量，而且能够降低轨道车辆的使用寿命以及轨道的使用年限。考虑到提高运输机效率、减小因振动引起的果品损伤率、提高运输机及轨道齿条的使用寿命，驱动轮与不同齿形齿条啮合的振动平顺性研究对提高单轨道山地果园运输机运行平稳性及安全性能，延长运输机及轨道齿条使用寿命具有重要的研究意义。

1. 运输机振动平顺性理论分析

本节主要介绍了单轨道山地果园运输机振动平顺性研究的相关理论及分析方法等。如果机构的振动预测模型很复杂，且模型的构建对本章振动平顺性测试的意义不大，构建振动预测模型将会增大工作量，因此取消对振动预测模型的构建。

（1）运输机振动激励来源

振动对轨道运输起着不可忽视的影响。振动的强弱可以用系统的加速度、速度及位移来表达。单轨道山地果园运输机是一个多自由度的振动系统，作用于该系统的各种激扰力使其产生复杂的振动过程。引起单轨道山地果园运输机振动平顺性的激励来源由三部分组成：第一部分，运输机驱动轮与齿条啮合过程中产生振动激励；第二部分，发动机动力系统运转时传递到车身的振动激励；第三部分，传动系统运转时传递到车身的振动激励。由于运输机与不同齿形齿条啮合时第二部分和第三部分基本相同，故本章主要考虑运输机驱动轮与齿条啮合过程中产生振动激励，以探究齿形对运输机振动平顺性的影响。

（2）运输机振动平顺性理论研究

山地果园运输机的振动平顺性通常是指运输机在正常行驶过程中尽量减少振动和冲击，保证果品完好无损的性能。目前振动平顺性的评价主要分为主观评价法和客观评价法。

主观评价法通常指根据有经验的人员对车辆振动情况的主观直接感受来进行统计分析。这种方法最直接，但只能模糊描述而不能合理定量的评价车辆平顺性。此外，不同观察人员的主观差异性对评价结果也具有一定的影响。汽车平顺性客观评价法主要依据实测的振动加速度的大小来判断，评价指标一般为振动加速度的均方根值。平顺性客观评价方法常用车身振动的固有频率和振动加速度作为评价指标。

（3）轨道振动信号分析方法

①时域分析

振动信号的处理方法是近年来的研究热点，对设备故障诊断和振动检测都至关重要。时域分析指控制系统在一定的输入下，根据输出量的时域表达式，分析系统的瞬态和稳态性能的分析方法，具有直观准确的优点。系统输出量的时域表示不仅可由传递函数得到，还可以由微分方程推导得到。对轨道列车进行时域分析以得到车辆振动实测数据，并综合考虑非线性振动问题在车辆-轨道耦合系统随机振动的分析中被广泛采用。

②频域分析

频域分析是以输入信号的频率为变量，对系统的性能进行研究的一种方法。频率特性不仅可以由传递函数和微分方程得到，还可以通过试验测试得到。频域分析法能方便地显示出系统参数对系统性能的影响，得到振动的频率分量组成以及各频率分量所占的比例，排除或减小有害振动。频域分析方法简单直观，但仅适用于线性定常系统，只能采用线性化的轮轨接触关系来分析车辆–轨道耦合系统的随机振动，并且运算时间较长。

③时-频分析

利用时-频域分析除了能得到振动信号在不同时间段内包含的各种频率分量，还能得到频率与时间关系。能量密度分布还能够分析出在一定的频率与时间段内的能量百分率及某一特征时间频率的密度、各部分的各阶矩阵等。

2. 运输机振动平顺性试验及分析

（1）试验仪器与设备

试验仪器与设备包括运输机（主车载重为 400kg）、ICP 三轴加速度传感器（美国 PCB 公司，356A16 型，采样频率设为 640Hz）、COCO-80 动态信号分析仪（美国晶钻公司）、EDM 工程数据管理软件（美国晶钻公司）、电控箱、坡度尺等。

（2）试验设计

将 PCB 三轴加速度传感器安装在靠近驱动轮的车架上。试验时，将运输机在轨道上运行 5 分钟，预热动力系统、传动系统及其他部件。调整 COCO80 手持式动态信号分析仪的灵敏度、采样率、分析参数等各项参数。调节电控箱以控制驱动轮转速，设定轨道坡度，使运输机在轨道上正常运行。当振动仪的显示屏显示各轴向的振动幅度趋于平稳时，采集各测点的振动数据，其时间历程均为 9s。

（3）振动信号数据后处理

采用 EDM 软件对驱动轮与不同齿形齿条啮合时的振动时域信号进行 FFT 快速傅里叶变换，计算振动信号的频谱。采用振动加速度均方根值作为振动强度指标，来表征测试点振动的大小。其定义为：

$$a_{rms} = \sqrt{a^2(t)} = \int_0^t \frac{a^2(t)\,dt}{T} \qquad (2\text{-}75)$$

式中：a_{rms} 为加速度有效值均方根，m/s^2；$a(t)$ 为加速度时程，m/s^2；T 为加速度持续时间，s。

3. 齿条齿形对运输机振动平顺性的影响

（1）运输机在水平轨道行驶振动平顺性分析

鉴于驱动轮与不同齿形齿条啮合产生的振动数据分析处理方法相同，故本文以驱动轮与圆弧齿形齿条啮合时的振动信号为例，对轨道坡度为+0°，驱动轮旋转角速度为+88.08rad/s工况下的振动信号进行后处理与分析。驱动轮与圆弧齿形齿条啮合时在 x 轴（前进方向）、y 轴（左右方向）、z 轴（上下方向）三个方向上的时域信号波形图如图 2-16 所示。其中，x 轴方向对应的检测通道为 ch1，y 轴方向对应的检测通道为 ch2，z 轴方向对应的检测通道为 ch3。

图中 $P_1 \sim P_5$ 为前 5 个波峰值，$V_1 \sim V_5$ 为前 5 个波谷值。由图 2-16 可知，驱动轮旋转角速度为+88.08rad/s，轨道坡度为+0°工况下，在 9.253s 时，运输机在+x 轴方向的振动加速度 a_x 达到最大，为 10.998m/s^2；在 4.794s 时，运输机在-x 轴方向的振动加速度 $-a_x$ 达到最大，为 -12.048m/s^2。在 9.250s 时，运输机在+y 轴方向的振动加速度 a_y 达到最大，为 32.606m/s^2；在 9.252s 时，运输机在-y 轴方向的振动加速度 $-a_y$ 达到最大，为 -32.595m/s^2。在 9.248s 时，运输机在+z 轴方向的振动加速度 a_z 达到最大，为 7.543m/s^2；在 9.250s 时，运输机在-z 轴方向的振动加速度 $-a_z$ 达到最大，为 -9.788m/s^2。

由此可知，在圆弧齿形条件下，运输机在 y 轴方向的振动较 x 轴方向、z 轴方向的振动更为突出，整体表现为运输机左右跳动，且振动幅度较大。采用 EDM 软件对以上振动时域信号进行 FFT 快速傅里叶变换，得到振动信号的频谱图，如图 2-17 所示。

由图 2-17 可知，x 轴方向的振动频率主要为 2.5Hz、181.25Hz、208.75Hz、193.125Hz、191.875Hz 频段，对应的振动加速度均方根值分别为 0.215 m/s^2、0.116 m/s^2、0.104m/s^2、0.102 m/s^2、0.090 m/s^2。

y 轴方向的振动频率主要为 281.25Hz、219.375Hz、245Hz、270 Hz、246.25Hz 频段，对应的振动加速度均方根值分别为 0.438m/s^2、0.407 m/s^2、0.328 m/s^2、0.312 m/s^2、0.307 m/s^2。

z 轴方向的振动频率主要为 60Hz、16.25Hz、180Hz、160Hz、281.25Hz 频段，对应的振动加速度均方根值分别为 0.123 m/s^2、0.109 m/s^2、0.104 m/s^2、0.102 m/s^2、0.085 m/s^2。

综上可知，在该工况下，y 轴方向的振动加速度最大，范围为 0.3~0.4 m/s^2，整体表现为运输机左右跳动。

用相同的方法对驱动轮与链轮齿形齿条、销轮齿形齿条、摆线齿形齿条啮合时产生的振动信号进行数据处理及分析，得到测试点各峰值点对应的频率与

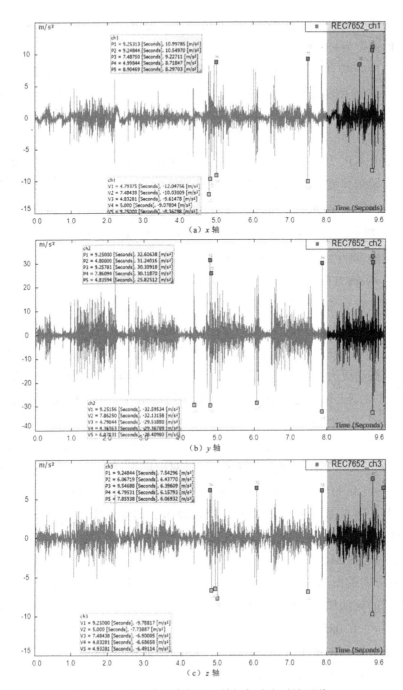

图 2-16　圆弧齿形条件下运输机加速度时域图谱

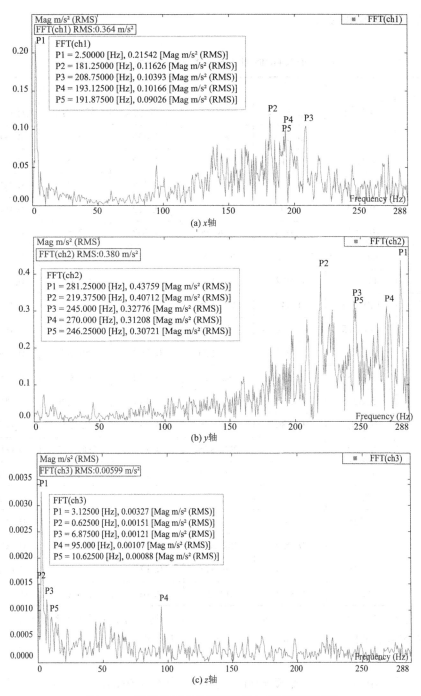

图 2-17 圆弧齿形条件下运输机加速度频域图谱

幅值，如表2-18所示。

表2-18　　　　轨道坡度为+0°时测试点各峰值点对应的频率与幅值

峰值点	X方向		Y方向		Z方向	
	频率/Hz	幅值/m/s²	频率/Hz	幅值/m/s²	频率/Hz	幅值/m/s²
P₁	2.5	0.215	281.25	0.438	60	0.0030
P₂	181.25	0.116	219.375	0.407	175	0.0015
P₃	208.75	0.104	245	0.328	214.375	0.0012
P₄	193.125	0.102	270	0.312	15.625	0.0011
P₅	191.875	0.090	246.25	0.307	225	0.0009
U₁	94.375	0.058	266.875	0.091	6.875	0.0025
U₂	178.75	0.057	225.625	0.070	13.125	0.0019
U₃	140.625	0.047	271.875	0.067	172.5	0.0018
U₄	149.375	0.044	193.125	0.065	94.375	0.0010
U₅	210.625	0.043	280.625	0.062	159.375	0.0008
V₁	3.125	1.231	285.625	0.172	16.875	0.0037
V₂	5.625	0.562	255.625	0.144	14.375	0.0034
V₃	16.875	0.136	224.375	0.142	8.125	0.0020
V₄	8.750	0.107	209.375	0.136	206.875	0.0012
V₅	11.25	0.073	236.875	0.133	20	0.0010
W₁	2.5	0.136	12.5	0.270	13.75	0.0032
W₂	5.625	0.103	281.875	0.225	16.25	0.0026
W₃	12.5	0.090	251.875	0.203	5.625	0.0018
W₄	11.25	0.074	279.375	0.172	8.75	0.0014
W₅	16.25	0.070	211.25	0.168	3.125	0.003

　　注：$P_1 \sim P_5$为圆弧齿形条件下的峰值点，$U_1 \sim U_5$为链轮齿形条件下的峰值点，$V_1 \sim V_5$为销齿齿形条件下的峰值点，$W_1 \sim W_5$为摆线齿形条件下的峰值点。

　　由表2-19可知，在驱动轮旋转角速度为+88.08rad/s，轨道坡度为+0°时，+x轴方向的振动加速度均方根值从小到大依次为驱动轮与链轮齿形齿条、摆线齿形齿条、圆弧齿形齿条、销齿齿形齿条啮合产生的，即运输机在+x 轴方向振动平顺性最好的是驱动轮与链轮齿形齿条啮合产生的，在+x 轴方向振动平顺性最差的是驱动轮与销齿齿形齿条啮合产生的。

+y 轴方向的振动加速度均方根值从小到大依次为驱动轮与链轮齿形齿条、销齿齿形齿条、摆线齿形齿条、圆弧齿形齿条啮合产生的，即运输机在+y 轴方向振动平顺性最好的是驱动轮与链轮齿形齿条啮合产生的，在+y 轴方向振动平顺性最差的是驱动轮与圆弧齿形齿条啮合产生的。

+z 轴方向的振动加速度均方根值从小到大依次为驱动轮与链轮齿形齿条、圆弧齿形齿条、摆线齿形齿条、销齿齿形齿条啮合产生的，即运输机在+z 轴方向振动平顺性最好的是驱动轮与链轮齿形齿条啮合产生的，在+z 轴方向振动平顺性最差的是驱动轮与销齿齿形齿条啮合产生的。

综上，在轨道坡度为+0°时，驱动轮与链轮齿形齿条啮合时在三个方向上同时具有较好的平顺性，而驱动轮与销齿齿形齿条啮合时前后跳动、上下跳动最大，驱动轮与圆弧齿形齿条啮合时左右跳动最大。

（2）运输机上坡振动平顺性分析

用相同的方法对在驱动轮旋转角速度为+88.08rad/s，轨道坡度为+6°、+12°工况下，驱动轮与链轮齿形齿条、销轮齿形齿条、摆线齿形齿条啮合时产生的振动时域信号进行数据处理及分析，得到测试点各峰值点对应的频率与幅值，如表2-19所示。

表2-19　　　　轨道坡度为+6°时测试点各峰值点对应的频率与幅值

峰值点	X 方向		Y 方向		Z 方向	
	频率/Hz	幅值/m/s^2	频率/Hz	幅值/m/s^2	频率/Hz	幅值/m/s^2
P_1	146.25	0.3728	234.375	1.410	272.5	0.122
P_2	175.625	0.308	272.5	1.321	266.875	0.109
P_3	211.875	0.297	236.25	1.209	259.375	0.104
P_4	221.875	0.272	267.5	1.164	175.625	0.102
P_5	229.375	0.249	241.875	1.111	200.625	0.085
U_1	2.5	0.193	251.875	0.267	10	0.072
U_2	136.875	0.088	248.75	0.117	15.625	0.063
U_3	203.125	0.082	260	0.114	157.5	0.062

续表

峰值点	X 方向		Y 方向		Z 方向	
	频率/Hz	幅值/(m/s²)	频率/Hz	幅值/(m/s²)	频率/Hz	幅值/(m/s²)
U_4	3.75	0.080	254.375	0.111	210.625	0.053
U_5	139.375	0.078	194.375	0.107	14.375	0.051
V_1	3.75	0.917	9.375	0.23	9.375	0.360
V_2	2.5	0.617	261.875	0.213	16.25	0.267
V_3	6.875	0.207	273.125	0.176	176.25	0.172
V_4	176.25	0.114	225.625	0.172	7.5	0.123
V_5	8.75	0.100	256.25	0.158	11.25	0.099
W_1	3.125	0.265	230.625	0.294	9.375	0.254
W_2	6.25	0.236	238.125	0.284	201.875	0.220
W_3	177.5	0.107	248.125	0.280	5.625	0.190
W_4	180	0.099	251.25	0.250	13.75	0.175
W_5	184.375	0.090	280	0.235	60	0.092

注：$P_1 \sim P_5$ 为圆弧齿形条件下的峰值点，$U_1 \sim U_5$ 为链轮齿形条件下的峰值点，$V_1 \sim V_5$ 为销齿齿形条件下的峰值点，$W_1 \sim W_5$ 为摆线齿形条件下的峰值点。

表 2-20　　　　轨道坡度为 +12° 时测试点各峰值点对应的频率与幅值

峰值点	X 方向		Y 方向		Z 方向	
	频率/Hz	幅值/(m/s²)	频率/Hz	幅值/(m/s²)	频率/Hz	幅值/(m/s²)
P_1	3.75	0.380	260	1.582	3.75	0.227
P_2	150	0.311	263.75	1.512	9.375	0.106
P_3	183.125	0.301	286.25	1.358	44.375	0.104
P_4	195	0.270	275	1.097	6.875	0.103
P_5	138.125	0.262	251.875	0.987	60.625	0.102
U_1	2.5	0.229	7.5	0.206	2.5	0.124
U_2	5	0.1539	178.125	0.196	4.375	0.078
U_3	216.875	0.111	203.75	0.190	0.625	0.066

峰值点	X 方向		Y 方向		Z 方向	
	频率/Hz	幅值/m·s²	频率/Hz	幅值/m·s²	频率/Hz	幅值/m·s²
U_4	205.625	0.106	165	0.179	94.375	0.060
U_5	215	0.100	281.875	0.169	44.375	0.060
V_1	3.125	0.991	268.75	0.268	3.125	0.302
V_2	5.625	0.739	261.875	0.251	5.625	0.269
V_3	4.375	0.397	253.75	0.205	0.625	0.190
V_4	12.5	0.108	276.875	0.204	17.5	0.187
V_5	196.25	0.078	250.625	0.203	15	0.178
W_1	6.25	0.332	281.875	0.326	3.75	0.289
W_2	3.75	0.256	285	0.297	5.625	0.180
W_3	240.625	0.128	235	0.291	0.625	0.115
W_4	138.125	0.113	218.75	0.290	15.625	0.111
W_5	236.25	0.101	246.25	0.280	43.125	0.106

注：$P_1 \sim P_5$ 为圆弧齿形条件下的峰值点，$U_1 \sim U_5$ 为链轮齿形条件下的峰值点，$V_1 \sim V_5$ 为销齿齿形条件下的峰值点，$W_1 \sim W_5$ 为摆线齿形条件下的峰值点。

由表 2-19、表 2-20 可知，在驱动轮转速为 +88.08rad/s、轨道坡度为 +6° 和 +12° 时，运输机在三个方向上的振动平顺性均和驱动轮转速为 +88.08rad/s，轨道坡度为 +0° 时运输机的振动平顺性相同，即运输机在 +x 轴方向振动平顺性最好的是驱动轮与链轮齿形齿条啮合产生的，在 +x 轴方向振动平顺性最差的是驱动轮与销齿齿形齿条啮合产生的；运输机在 +y 轴方向振动平顺性最好的是驱动轮与链轮齿形齿条啮合产生的，在 +y 轴方向振动平顺性最差的是驱动轮与圆弧齿形齿条啮合产生的；运输机在 +z 轴方向振动平顺性最好的是驱动轮与链轮齿形齿条啮合产生的，在 +z 轴方向振动平顺性最差的是驱动轮与销齿齿形齿条啮合产生的。

此外，随着轨道坡度的增加，驱动轮与各齿条啮合时产生的振动加速度增大，即运输机的振动平顺性变差。

综上，运输机上坡时，驱动轮与链轮齿形齿条啮合时在三个方向上同时具有较好的平顺性，而驱动轮与销齿齿形齿条啮合时前后跳动、上下跳动最大，驱动轮与圆弧齿形齿条啮合时左右跳动最大。

（3）运输机下坡振动平顺性分析

用相同的方法对在驱动轮旋转角速度为-88.08rad/s，轨道坡度为-0°、-6°、-12°的工况下，驱动轮与链轮齿形齿条、销轮齿形齿条、摆线齿形齿条啮合时产生的振动时域信号进行数据处理及分析，得到测试点各峰值点对应的频率与幅值，如表2-21、表2-22、表2-23所示。

表2-21　　　　轨道坡度为-0°时测试点各峰值点对应的频率与幅值

峰值点	X 方向		Y 方向		Z 方向	
	频率/Hz	幅值/m/s²	频率/Hz	幅值/m/s²	频率/Hz	幅值/m/s²
P_1	3.125	0.1177	231.25	0.5836	60	0.003
P_2	135.625	0.1176	235	0.3565	16.25	0.0015
P_3	138.75	0.1113	228.75	0.3374	180	0.0013
P_4	133.125	0.0722	237.5	0.3360	160	0.0012
P_5	140.625	0.0577	273.125	0.2521	281.25	0.0011
U_1	3.125	0.0822	276.25	0.1184	95.625	0.0067
U_2	95.625	0.0641	218.75	0.1175	55	0.0017
U_3	134.375	0.0588	208.125	0.1128	15.625	0.0010
U_4	97.5	0.0566	236.25	0.1109	150.625	0.0009
U_5	94.375	0.0562	273.125	0.1106	57.5	0.0008
V_1	3.125	1.3213	128.125	0.1524	10	0.0135
V_2	6.25	0.1045	6.875	0.1380	14.375	0.0058
V_3	9.375	0.0912	122.5	0.1364	6.875	0.0055
V_4	220	0.0890	225.625	0.1343	220	0.0053
V_5	11.875	0.0805	1.875	0.1306	12.5	0.0045
W_1	3.125	0.1017	223.125	0.2844	6.25	0.0049
W_2	130	0.0803	220.625	0.2183	15	0.0019
W_3	127.5	0.0782	226.25	0.2143	16.875	0.0013
W_4	95.625	0.0674	218.125	0.2123	130	0.0012

峰值点	X 方向		Y 方向		Z 方向	
	频率/Hz	幅值/m·s²	频率/Hz	幅值/m·s²	频率/Hz	幅值/m·s²
W₅	6.25	0.0627	215.625	0.1866	18.75	0.0010

注：$P_1 \sim P_5$ 为圆弧齿形条件下的峰值点，$U_1 \sim U_5$ 为链轮齿形条件下的峰值点，$V_1 \sim V_5$ 为销齿齿形条件下的峰值点，$W_1 \sim W_5$ 为摆线齿形条件下的峰值点。

由表 2-21 可知，在驱动轮旋转角速度为 −88.08rad/s，轨道坡度为 −0°时，$+x$ 轴方向的振动加速度均方根值从小到大依次为驱动轮与链轮齿形齿条、摆线齿形齿条、圆弧齿形齿条、销齿齿形齿条啮合产生的，即运输机在 $-x$ 轴方向振动平顺性最好的是驱动轮与链轮齿形齿条啮合产生的，在 $-x$ 轴方向振动平顺性最差的是驱动轮与销齿齿形齿条啮合产生的。

$-y$ 轴方向的振动加速度均方根值从小到大依次为驱动轮与链轮齿形齿条、销齿齿形齿条、摆线齿形齿条、圆弧齿形齿条啮合产生的，即运输机在 $-y$ 轴方向振动平顺性最好的是驱动轮与链轮齿形齿条啮合产生的，在 $-y$ 轴方向振动平顺性最差的是驱动轮与圆弧齿形齿条啮合产生的。

$-z$ 轴方向的振动加速度均方根值从小到大依次为驱动轮与链轮齿形齿条、圆弧齿形齿条、摆线齿形齿条、销齿齿形齿条啮合产生的，即运输机在 $-z$ 轴方向振动平顺性最好的是驱动轮与链轮齿形齿条啮合产生的，在 $-z$ 轴方向振动平顺性最差的是驱动轮与销齿齿形齿条啮合产生的。

由表 2-22，表 2-23 可知，在驱动轮转速为 −88.08rad/s、轨道坡度为 −6°和 −12°时，运输机在三个方向上的振动平顺性均和驱动轮转速为 −88.08rad/s，轨道坡度为 −0°时运输机的振动平顺性相同，即运输机在 $-x$ 轴方向振动平顺性最好的是驱动轮与链轮齿形齿条啮合产生的，在 $-x$ 轴方向振动平顺性最差的是驱动轮与销齿齿形齿条啮合产生的；运输机在 $-y$ 轴方向振动平顺性最好的是驱动轮与链轮齿形齿条啮合产生的，在 $-y$ 轴方向振动平顺性最差的是驱动轮与圆弧齿形齿条啮合产生的；运输机在 $-z$ 轴方向振动平顺性最好的是驱动轮与链轮齿形齿条啮合产生的，在 $-z$ 轴方向振动平顺性最差的是驱动轮与销齿齿形齿条啮合产生的。此外，随着轨道坡度的增加，驱动轮与各齿条啮合时产生的振动加速度增大，即运输机的振动平顺性变差。

综上，在运输机下坡时，驱动轮与链轮齿形齿条啮合时在三个方向上同时具有较好的平顺性，而驱动轮与销齿齿形齿条啮合时前后跳动、上下跳动最大，驱动轮与圆弧齿形齿条啮合时左右跳动最大。

表 2-22 轨道坡度为-6°时测试点各峰值点对应的频率与幅值

峰值点	X 方向		Y 方向		Z 方向	
	频率/Hz	幅值/m/s²	频率/Hz	幅值/m/s²	频率/Hz	幅值/m/s²
P_1	140	0.1913	284.375	0.4309	56.25	0.1313
P_2	135.625	0.6591	286.25	0.3673	14.375	0.1088
P_3	143.125	0.3002	282.5	0.3668	6.875	0.0868
P_4	190	0.1631	270	0.3507	13.125	0.0658
P_5	145	0.1521	278.75	0.3400	53.125	0.0620
U_1	3.125	0.1936	11.25	0.2017	60.625	0.0716
U_2	130	0.0774	273.75	0.1609	12.5	0.0584
U_3	1.25	0.0612	281.875	0.1527	11.25	0.0568
U_4	96.25	0.0565	1.875	0.1257	55.625	0.0552
U_5	131.875	0.0518	256.875	0.1185	211.25	0.0453
V_1	1.875	0.4693	8.75	0.2212	5.625	0.6639
V_2	3.125	0.4238	13.125	0.1809	14.375	0.3693
V_3	4.375	0.3169	228.125	0.1594	11.875	0.2868
V_4	6.875	0.1657	5.625	0.1573	7.5	0.2536
V_5	8.75	0.1333	226.25	0.1362	9.375	0.2030
W_1	3.125	0.2069	213.125	0.3081	8.75	0.1391
W_2	131.875	0.1149	195.625	0.2975	14.375	0.1179
W_3	129.375	0.0875	271.875	0.2939	64.375	0.0912
W_4	136.875	0.0820	192.5	0.2915	66.25	0.0879
W_5	1.25	0.0696	261.875	0.1820	129.375	0.0785

注：$P_1 \sim P_5$ 为圆弧齿形条件下的峰值点，$U_1 \sim U_5$ 为链轮齿形条件下的峰值点，$V_1 \sim V_5$ 为销齿齿形条件下的峰值点，$W_1 \sim W_5$ 为摆线齿形条件下的峰值点。

表 2-23   轨道坡度为 −12° 时测试点各峰值点对应的频率与幅值

峰值点	X 方向		Y 方向		Z 方向	
	频率/Hz	幅值/m·s²	频率/Hz	幅值/m·s²	频率/Hz	幅值/m·s²
P_1	3.125	0.4031	282.5	0.4802	3.125	0.0915
P_2	7.5	0.0997	280	0.4288	0.625	0.0807
P_3	14.375	0.0881	205.625	0.3704	6.875	0.0649
P_4	9.375	0.0856	271.25	0.3342	95	0.0641
P_5	95	0.0818	225.625	0.3259	10.625	0.0638
U_1	2.5	0.2007	253.125	0.2214	3.125	0.0658
U_2	5.625	0.0874	8.125	0.1746	13.75	0.0566
U_3	8.125	0.0800	170.625	0.1704	34.375	0.0524
U_4	96.875	0.0777	10	0.1678	55	0.0515
U_5	137.5	0.0753	285.625	0.1673	51.875	0.0485
V_1	1.875	0.8300	11.875	0.2470	2.5	0.5790
V_2	3.75	0.4570	248.125	0.2051	11.25	0.4315
V_3	8.125	0.4525	253.125	0.1969	8.75	0.3538
V_4	132.5	0.1520	13.125	0.1919	13.75	0.2077
V_5	16.25	0.1490	255	0.1900	5.625	0.1974
W_1	1.875	0.3659	263.125	0.3571	1.875	0.1623
W_2	13.125	0.0966	220	0.3287	13.125	0.1516
W_3	148.75	0.0878	200.625	0.3066	10	0.1038
W_4	6.875	0.0847	260	0.2554	16.25	0.0843
W_5	16.25	0.0794	280	0.2530	6.25	0.0784

注：$P_1 \sim P_5$ 为圆弧齿形条件下的峰值点，$U_1 \sim U_5$ 为链轮齿形条件下的峰值点，$V_1 \sim V_5$ 为销齿齿形条件下的峰值点，$W_1 \sim W_5$ 为摆线齿形条件下的峰值点。

（4）运输机以不同速度行驶振动平顺性分析

为深入分析行驶速度对运输机振动平顺性的影响，需要对以不同行驶速度在轨道齿条上行驶的运输机进行振动测试。以驱动轮与圆弧齿形齿轮啮合时的振动信号为例，对轨道坡度为 +0°，驱动轮旋转角速度分别为 +88.08rad/s、+132.12 rad/s、+220.2 rad/s 工况下的振动信号进行后处理与分析。驱动轮与圆弧齿形齿条啮合时在 x 轴（前进方向）、y 轴（左右方向）、z 轴（上下方向）三个方向上的振动加速度均方根值如表 2-24 所示。

表 2-24   不同转速条件下测试点各峰值点对应的频率与幅值

转速	峰值点	X 方向		Y 方向		Z 方向	
		频率/Hz	幅值/m/s²	频率/Hz	幅值/m/s²	频率/Hz	幅值/m/s²
+88.08	P_1	2.5	0.215	281.25	0.438	60	0.003
	P_2	181.25	0.116	219.375	0.407	16.25	0.0015
	P_3	208.75	0.104	245	0.328	180	0.0013
	P_4	193.125	0.102	270	0.312	160	0.0012
	P_5	191.875	0.090	246.25	0.307	281.25	0.0011
+132.12	P_1	143.75	0.373	255.625	1.455	274.375	0.005
	P_2	204.375	0.332	261.25	1.372	255.625	0.0017
	P_3	220.625	0.296	274.375	1.286	280	0.0015
	P_4	169.375	0.287	250	1.223	260	0.0011
	P_5	218.75	0.282	284.375	1.203	277.5	0.0009
+220.20	P_1	2.5	0.733	233.125	1.555	188.75	0.007
	P_2	202.5	0.286	244.375	1.411	158.125	0.002
	P_3	170.625	0.278	286.25	1.112	170.625	0.0018
	P_4	180	0.260	251.25	1.013	186.875	0.0015
	P_5	147.5	0.249	242.5	0.997	202.5	0.0012

由表 2-24 可知，在轨道坡度为 +0°、运输机以不同速度行驶时，驱动轮旋转角速度越大，运输机在 +x 轴方向、+y 轴方向、+z 轴方向的振动加速度均方根值均越大，运输机振动平顺性越差。

五、自走式单轨道山地果园运输机稳定性研究与分析

自走式单轨道山地果园运输机运行时，爬坡、转弯及平直轨道运行三种状态下的轨道及运输机受力不同，由于负载装载方式不同，在拖车上的重心位置不同，也导致运输机在以上三种状态下运行时轨道和运输机的受力不同，因而

对自走式单轨道山地果园运输机进行稳定性分析是对运输机的运行可靠性的保证。

（一）运输机停放在轨道上时轨道受力分析

因为运输机夹紧轮与轨道间有间隙，所以运输机在轨道上时，会有一定的偏移，因而可以将运输机重心分两部分来处理，对轨道地脚的正压力和对地脚的扭矩。轨道地脚所受正压力如图2-18。

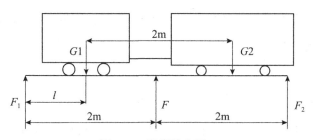

图2-18　地脚受力图1

图中：$G1$为主机重量，N；$G2$为拖车重量，N；F_1为左侧地脚受力，N；F为中间地脚受力，N；F_2为右侧地脚受力，N；l为主机重心距左侧地脚的距离，m。

单轨运输机由三根地脚支撑，各地脚所受正压力分别为：

$$F_1 = \frac{(2-l)}{2}G_1 \qquad\qquad (2-76)$$

$$F_2 = \frac{l}{2}G_2 \qquad\qquad (2-77)$$

$$F = \frac{(G_1 - G_2)l}{2} + G_2 \qquad\qquad (2-78)$$

由单轨运输机及轨道的尺寸知，$0.25\text{m} < l < 1.65\text{m}$。比较三地脚受力，中间地脚受力最大。已知 $G_1 = 1862\text{N}$，$G_2 = 980\text{N}$，则 $F_{\max} = 1707.65\text{N}$。

由轨道地脚所受正压力分析知，中间地脚受力最大，而自走式单轨道山地果园运输机在轨道上的偏移根据主机与拖车偏移方向是否一致，有两种情况：一是主机与拖车同侧偏移，此时轨道所受扭矩最大；二是异侧偏移，即主机与拖车朝不同方向侧偏。只要主机与拖车同侧偏移情况下地脚受力满足要求，异侧偏移就能满足要求，因而只需对同侧偏移进行分析，此时主机与拖车可看作一个整体。

当夹紧轮与轨道间隙为 1mm，轨道偏移量最大，设最大量为 a_{max}，轨道上扭矩为 M，则有：

$$\frac{a_{max}}{1} = \frac{b}{l} \tag{2-79}$$

$$M = Ga_{max} \tag{2-80}$$

已知 $b = 150mm$，$l = 302mm$，$G = 2842N$，带入公式解得：$M = 701.56N \cdot mm$。

综合以上分析可知，运输机停在轨道上时，中间地脚受力最大，承受 1707.65N 的正压力和 701.56N·mm 的扭矩，正压力方向向下，扭矩的方向可能是顺时针方向也可能是逆时针方向。

（二）运输机负载运行时轨道的稳定性分析

研究轨道可靠性，只要运输机最大负载下，轨道强度和弯矩满足要求，空载时就能满足要求，因而只对运输机最大负载下轨道的受力进行分析。根据经验，钢筋混凝土地桩完全能满足单轨运输机的运行要求，因而不对地桩受力进行分析。为了铺设方便和单轨运输机运行稳定，轨道铺设的原则是：上坡处不转弯，转弯处不上坡。所以，运输机的负载运行分为三种状态：平直轨道运行、水平轨道转弯和直轨道爬坡。则分别对三种状态下轨道受力进行分析。

1. 运输机平直轨道负载运行

运输机在轨道上运行时，轨道主轨和辅助轨下端的地脚杆受正压力和弯矩最大，也是整个轨道的危险部分，保证地脚杆的稳定性，即可保证轨道安全可靠。所以，将主轨和辅助轨及其连接部分看做一个整体，对运输机运行时地脚杆的稳定性进行分析。轨道简化后的结构如图 2-19 所示。

由图 2-19 可知，分析地脚杆受力，可以归结为三段杆 AB、BC 和 BD 的受拉受压分析。则运输机对轨道的正压力为 $F = P_1 + P_2$，弯矩为 $M' = M + P_2l$。

压杆按细长比可以分为细长杆、中长杆和短粗杆，其临界应力总图如图 2-20，使用范围如表 2-25 所示。

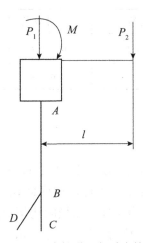

图 2-19 平直轨道运行受力简图

图中，P_1 为运输机对轨道正压力，N；P_2 为运输机负载重，N；M 为轨道上的弯矩，N·mm；l 为负载重心距轨道中心的距离，m。

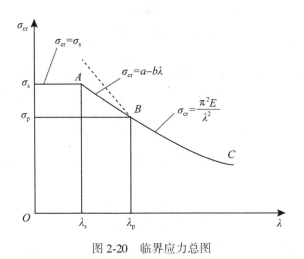

图 2-20 临界应力总图

表 2-25 压杆使用范围

压杆类型	适用范围	计算公式	计算公式
细长杆	$\lambda \geqslant \lambda_p$	$\sigma_{cr} = \pi^2 E / \lambda^2$	$\lambda = \mu l / i$

压杆类型	适用范围	计算公式	计算公式
中长杆	$\lambda_s \leqslant \lambda \leqslant \lambda_p$	$\sigma_{cr} = a - b\lambda$	$\lambda_p = \sqrt{\pi^2 E / \sigma_p}$
短粗杆	$\lambda \leqslant \lambda_s$	$\sigma_{cr} = \sigma_s$	$\lambda_s = (a - \sigma_s)/b$

$$i = \sqrt{\frac{I}{A}} \qquad (2\text{-}81)$$

其中：μ 为压杆长度系数；l 为压杆长度，mm；i 为压杆横截面的惯性半径，mm；I 为压杆惯性矩，mm^4；A 为压杆横截面面积，mm^2；λ 为压杆长细比；λ_p 为压杆弹性极限比例值；λ_s 为压杆屈服极限比例值；σ_{cr} 为临界应力，MPa；σ_p 为比例极限应力，MPa；σ_s 为屈服极限应力，MPa；E 为压杆弹性模量，GPa；a、b 为与材料有关的常数。

已知压杆材料为 Q235 钢，其参数为 $E = 206GPa$，$\sigma_p = 200MPa$，$\sigma_s = 235MPa$，$a = 304MPa$，$b = 1.12MPa$，则可得到：

$$\lambda_p = \sqrt{\frac{\pi^2 E}{\sigma_p}} = \sqrt{\frac{3.14^2 \times 206 \times 10^9}{200 \times 10^6}} = 100.774$$

$$\lambda_s = \frac{a - \sigma_s}{b} = \frac{304 - 235}{1.12} = 61.607$$

压杆横截面为（$50mm \times 30mm \times 4mm$）矩形管截面，惯性矩 $I = 251904mm^4$，横截面面积 $A = 576mm^2$，弯曲截面模量 $W = 41120mm^3$，则

$$i = \sqrt{\frac{I}{A}} = 20.913mm$$

对于 AB 杆，简化为 A 端铰支，B 端固定，$\mu = 0.7$，$l_{AB} = 100mm$，$\lambda_{AB} = 3.347 < \lambda_s$，则有：

$$\sigma_{AB} = \frac{F}{A} = \frac{P_1 + P_2}{A} \qquad (2\text{-}82)$$

已知 $P_1 = 1707.65N$，$P_2 = 2940N$，对于实际压杆非理想直杆，综合各种因素，取安全系数 $n = 5.5$，则 $\sigma_{AB} = 8.069MPa$。由弯矩 M' 引起的正应力为

$$\sigma'_{AB} = \frac{M'}{W} = \frac{M + P_2 l}{W} \quad (l \leqslant 350mm) \qquad (2\text{-}83)$$

取 $l = 350mm$，可得由弯矩和正压力共同作用的最大正应力：

$$\sigma_{max} = \sigma_{AB} + \sigma'_{AB} = 33.11MPa < \sigma_s / n$$

故 AB 杆安全。

同理，BC 杆可看作一端铰支一端固定，$\mu = 0.7$，$\lambda_{BC} = 1.674 < \lambda$，$\sigma_{BC} = 8.069\text{MPa}$，$\sigma_{max} = \sigma_{BC} + \sigma'_{BC} = 33.11\text{MPa} < \sigma_s/n$，则 BC 杆安全。

BD 杆可简化为两端铰支，$\mu = 1$，$\lambda_{BD} = 3.381 < \lambda_s$，$\sigma_{BD} = 8.069\text{MPa}$，$\sigma_{max} = \sigma_{BD} + \sigma'_{BD} = 33.11\text{MPa} < \sigma_s/n$，故 BD 杆安全。

由公式（2-78）知，当取 $\sigma_{max} = \sigma_s/n$，可得到在压杆强度允许范围内，负载重心偏离轨道中心的最大距离，代入数据解得，$l_{max} = 484.506\text{mm}$。即当负载重心偏离轨道距离大于 484.506mm 时，视其为不安全。

2. 运输机水平轨道转弯负载运行

单轨运输机负载转弯时，轨道除受到运输机和负载的正压力和弯矩外，还受到运输机转弯引起的离心力 P_3。

$$P_3 = (m + m')\frac{v^2}{r} \tag{2-84}$$

式中：m 为单轨运输机质量，kg；m' 为单轨运输机负载质量，kg；r 为轨道半径，m；v 为运输机运行速度，m/s。

设压杆的长度为 h，则离心力产生的弯矩和应力分别为：

$$M'' = P_3 h \tag{2-85}$$

$$\sigma'' = \frac{M''}{W} = \frac{P_3 h}{W} \tag{2-86}$$

三压杆长度最大值 $h_{max} = l_{AB} = 100\text{mm}$，所以 AB 杆满足要求，BC、BD 杆就能满足要求。已知 $m = 590\text{kg}$，$r = 4\text{m}$，$v = 1.2\text{m/s}$，代入公式得，$P_3 = 212.4\text{N}$，$M'' = 21240\text{N}\cdot\text{mm}$，$\sigma''_{AB} = 0.517\text{MPa}$。则

$$\sigma_{max} = \sigma_{AB} + \sigma'_{AB} + \sigma''_{AB} = 8.069 + 25.041 + 0.517 = 33.627\text{MPa} < \sigma_s/n$$

满足要求。

取 $\sigma_{max} = \sigma_s/n$，可得单轨运输机速度与载荷重心距轨道中心最大距离的关系如图 2-21 所示。

$$l = 484.506 - 5.017v^2 \tag{2-87}$$

由图可见，随着运输机运行速度增大，载荷重心距轨道中心允许的最大距离越来越小，但在一定速度的范围内（$v < 2\text{m/s}$），l 变化不大，均大于350mm。

3. 运输机直轨道负载爬坡

单轨运输机负载下，在坡度轨道上运行，轨道的受力与运输机负载在平

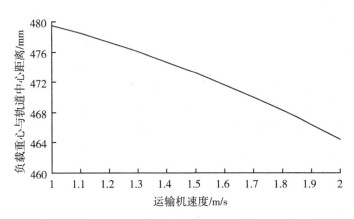

图 2-21 运行速度与负载重心距轨道中心距离的关系

直轨道上运行时轨道压杆受力是一样的。所不同的是，运输机爬坡需克服自身与轨道的摩擦力及运输机与负载重力沿轨道方向分力，所以需要较大的驱动力，坡度越大，所需驱动力也就越大。实际运行中，运输机以较小的速度运行，获得较大的驱动力。轨道受力不再作分析，坡度与驱动力的关系稍后再作研究。

(三) 运输机负载运行下其自身的稳定性研究

保证自走式单轨道山地果园运输机负载运行时的稳定性，即可保证其空载下的稳定性。研究运输机负载运行的稳定性，亦分为三种运行状态：负载平直轨道运行、负载转弯运行和负载爬坡运行。

1. 运输机负载平直轨道运行

单轨运输机在平直轨道上负载运行，由于夹紧轮与轨道之间有间隙，运输机自身会有一个倾斜，重心会有一个偏移量，而负载由于在拖车上装载位置的不同其重心也会产生一个偏移量，将运输机与负载看做一个整体，可以将运输机重心的偏移量和负载重心的偏移量转化为运输机整体偏移量 L。

$$(m + m')gL = mgb + m'gl \tag{2-88}$$

由 $l_{max} = 484.506\text{mm}$，可得 $L_{max} = 246.603\text{mm}$。所以，平直轨道上运行时，运输机整体重心偏离轨道中心的距离小于 246.603mm 的情况下，运输机运行安全。

2. 运输机负载转弯

单轨运输机在弯轨道上负载运行，除受到运输机自身重力，负载重量和弯轨道运行产生的离心力导致运输机整体重心偏移外，还会由于运输机行走轮之间为直线，导致重心偏离轨道。

根据运输机主机及拖斗外形尺寸，其重心偏离轨道距离最大位置为 E 点，设重心偏移的最大距离为 x，则有：

$$x = r - \sqrt{r^2 - \mathrm{EF}^2} \tag{2-89}$$

已知 $r = 4\mathrm{m}$，$\mathrm{EF} = 0.7\mathrm{m}$，计算的 $x = 0.0617\mathrm{m}$。

由单轨运输机负载转弯时轨道受力分析知，当 $\sigma_{max} = \sigma_s / n$，可以得到保障运输机安全运行的负载重心距轨道中心的最大距离，此时：

$$l = 484.506 - \frac{28.898}{r} \tag{2-90}$$

对于运输机，由于转弯时自身重心的偏移，所以负载重心距轨道最大距离还要减去偏移量 x。

$$l = 484.506 - \frac{28.898}{r} - x = 484.506 - \left(\frac{28.898}{r} + r - \sqrt{r^2 - 0.49} \right) \tag{2-91}$$

轨道半径与负载重心距轨道中心距离的关系如图 2-22，由图可见，当 $r > 4\mathrm{m}$ 时，随着轨道半径增大，所允许的负载重心距轨道中心的距离也在增大，但变化量不大。

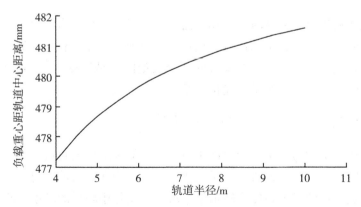

图 2-22　轨道半径与负载重心距轨道中心距离的关系

由前面的分析，可以知道运输机整体重心距轨道中心的距离与负载重心距轨道重心距离的关系为 $(m + m')gL = mgb + m'gl$，代入数据可得：

$$L = 0.244 + 0.508l \qquad (2\text{-}92)$$

负载重心距轨道中心的距离与运输机整体重心距轨道中心距离的关系如图2-23所示。由图可见，负载重心距轨道中心距离与整体重心距轨道中心距离为线性关系，单轨运输机运行时，受运行速度、轨道半径、负载重量和负重重心位置的影响，只要保证负载重心的位置距轨道中心的距离在允许的范围之内，则运输机运行安全可靠。

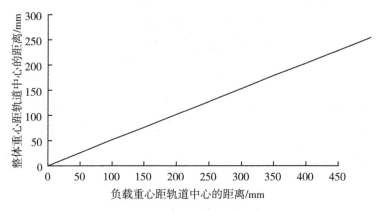

图2-23 负载重心距轨道中心距离与整体重心距轨道中心距离的关系

3. 运输机负载爬坡

单轨运输机负载爬坡时，驱动力需克服自身及负载重力沿轨道分力及运输机与轨道间的摩擦力，带动运输机运行，只要保证运输机有足够的驱动力，则可以完成爬坡。而影响运输机爬坡的两个关键因素是运输机载重和轨道坡度，研究二者的相关性对于衡量运输机爬坡能力十分重要。

（四）运输机载重与轨道坡度的关系

由于运输机动力一定，则其载重越大，所能爬上坡度轨道的最大坡度则越小，由于实际生活中运输机载重量变化较大，因为在轨道铺设时，取运输机满载时能完成爬坡的最大角度为轨道最大坡度，实际中轨道的坡度要小于等于这个角度。因而计算载重与角度的关系，均在载重为满载的前提下进行的。

则有：

$$G = m_1 g \tag{2-93}$$

$$T = G\sin\varepsilon = m_1 g\sin\varepsilon \tag{2-94}$$

$$N = G\cos\varepsilon = m_1 g\cos\varepsilon \tag{2-95}$$

式中：m_1 为主机质量，kg。

图 2-24 为运输机爬坡时主机受力，因为运输机可能向左侧或者右侧倾斜，此处分析运输机向右侧倾斜的主机受力情况。图中 F_1 和 F_2，F_1' 和 F_2' 分别为左侧两 T 形夹紧轮受力，F_3 为直夹紧轮受力，F_4 和 S，F_4' 和 S' 分别为两行走轮的受力，各力方向如图，α 为如图所示角度，N_1 和 N_2 为重力分力 N 的两分力。以轨道上表面中心线与主机重心所在平面的交点为原点，建立三维坐标系，在各个平面内建立平衡方程。

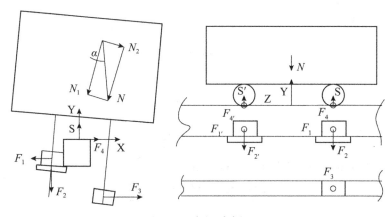

图 2-24　主机受力图

在 XY 平面内：

$$F_1 + F_1' = F_3 + F_4 + F_4' \tag{2-96}$$

$$F_2 + F_2' + N = S + S' \tag{2-97}$$

$$(F_1 + F_1')l_1 + Nl\sin\alpha = (F_2 + F_2')l_2 + F_3 l_3 \tag{2-98}$$

式中：l_1 为 XY 平面上，力 F_1 和 F_1' 的力臂，mm；l 为重心距原点距离，mm；l_2 为 XY 平面上，力 F_2 和 F_2' 的力臂，mm；l_3 为 XY 平面上，力 F_3 的力臂，mm。

在 YZ 平面内：

$$F_2 + F_2' + N = S + S' \tag{2-99}$$

$$F_2 l_2' + Nl' = Sl_s \tag{2-100}$$

$$F_2' l_2' + Nl' = S'l_s \tag{2-101}$$

式中：l_2' 为 YZ 平面上，前、后 T 形夹紧轮中心线间的距离，mm；l' 为 YZ 平面上，重力分力 N 到行走轮与轨道接触点的距离，mm；l_s 为 YZ 平面上，前、后行走轮与轨道接触点的距离，mm。

在 XZ 平面内：

$$F_1 + F_1' = F_3 + F_4 + F_4' \tag{2-102}$$

$$F_1 l_1' = F_4 l_4 + F_3 l_3' \tag{2-103}$$

$$F_1' l_1' = F_4' l_4' \tag{2-104}$$

式中：l_1' 为 XZ 平面上，力 F_1 和 F_1' 到原点距离，mm；l_4 为 XZ 平面上，力 F_4 到原点距离，mm；l_3' 为 XZ 平面上，力 F_3 到原点距离，mm；l_4' 为 XZ 平面上，前、后行走轮中心线间距离，mm。

又有公式：

$$\sin\alpha = \frac{b}{l_3} \tag{2-105}$$

$$S = S' = \frac{N}{2} \tag{2-106}$$

$$F4 = F4' = \frac{N\tan\alpha}{2} \tag{2-107}$$

联立式（2-109）到式（2-113），解得：

$$F_1 = \frac{2Nl\sin\alpha + Nl_3\tan\alpha + Nl_1\tan\alpha}{l_3 - l_1} \tag{2-108}$$

$$F_1' = F_4' = \frac{N\tan\alpha}{2} \tag{2-109}$$

$$F_2 = F_2' = 0 \tag{2-110}$$

$$F_3 = \frac{Nl\sin\alpha + Nl_1\tan\alpha}{l_3 - l_1} \tag{2-111}$$

同理，对于拖车可得：

$$\Delta G = (m_2 + m')g \tag{2-112}$$

$$\Delta N = \Delta G\cos\varepsilon \tag{2-113}$$

$$\Delta T = \Delta G\sin\varepsilon \tag{2-114}$$

$$\Delta F_1 = \frac{2\Delta Nl\sin\alpha + \Delta Nl_3\tan\alpha + \Delta Nl_1\tan\alpha}{l_3 - l_1} \tag{2-115}$$

$$\Delta F'_1 = \Delta F_4' = \frac{\Delta N \tan\alpha}{2} \tag{2-116}$$

$$\Delta F_2 = \Delta F'_2 = 0 \tag{2-117}$$

$$\Delta F_3 = \frac{\Delta N l \sin\alpha + \Delta N l_1 \tan\alpha}{l_3 - l_1} \tag{2-118}$$

式中：m_2 为拖车质量，kg；m' 为负载质量，kg。

则主机及拖车与轨道摩擦力分别为：

$$F_f = f_1(F_1 + F'_1 + F_3 + S') + f_2 S \tag{2-119}$$

$$\Delta F_f = f_1(\Delta F_1 + \Delta F'_1 + \Delta F_3) + f_2(\Delta S + \Delta S') \tag{2-120}$$

式中：F_f 为主机与轨道摩擦力，N；f_1 为钢与钢之间摩擦系数；f_2 为尼龙轮与轨道间摩擦系数；ΔF_f 为拖车与轨道摩擦力，N。

则运输机所需驱动力为：

$$F = F_f + \Delta F_f + T + \Delta T \tag{2-121}$$

$$P_q = Fv \tag{2-122}$$

式中：P_q 为驱动轮轴上的功率，W；v 为运输机运行速度，m/s。

联立式（2-108）到式（2-122）可得：

$$\frac{P_q}{v} = \left[\frac{f_1(6lb\sqrt{l_3^2 - b^2} + 3l_1 l_3 b + 3l_3^2 b)(m_1 + m_2 + m')g}{2l_3(l_3 - l_1)\sqrt{l_3^2 - b^2}} + f_2(m_2 + m')g + \right.$$

$$\left. \frac{(f_1 + f_2)m_1 g}{2} \right] \cos\varepsilon + (m_1 + m_2 + m')g\sin\varepsilon \tag{2-123}$$

已知：$f_1 = 0.05$；$f_2 = 0.04$；$b = 1\text{mm}$；$l = 150\text{mm}$；$l_1 = 25\text{mm}$；$l_2 = 62.5\text{mm}$；$l_3 = 280\text{mm}$；$l'_1 = l'_2 = l'_3 = l_4 = l'_4 = l_s = 2l'$；$m_1 = 190\text{kg}$；$m_2 = 100\text{kg}$；$v = 1.23\text{m/s}$；$P_q = 5.48\text{kW}$，代入公式解得：

$$4455.285 = (0.398m' + 124.796)\cos\varepsilon + (9.8m' + 2842)\sin\varepsilon \tag{2-124}$$

轨道坡度与负载质量的关系如图 2-25 所示，由图可见，在一定范围内，随着轨道坡度增大，所能承载的最大负载质量越来越小，当载重 $m' = 300kg$ 时，运输机能爬上的最大坡度为 $\varepsilon = 47.9°$。

（五）齿带受力分析

运输机驱动力主要由中间滚子与齿带啮合提供，其分析受力面受力如图 2-26。

图中，F 为驱动轮作用在齿带上的力，$F < F_q$，F_S 和 F_N、M 分别为夹角为

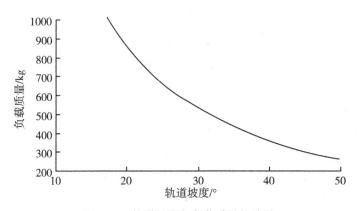

图 2-25 轨道坡度与负载质量的关系

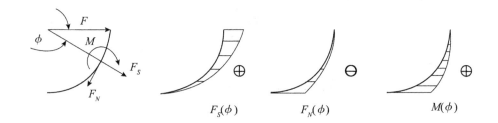

图 2-26 受力面受力图

ϕ 的弧段面上受力与弯矩。圆弧直径为 d_1，则有：

$$F_S = F\cos\phi \tag{2-125}$$

$$F_N = - F\sin\phi \tag{2-126}$$

$$M = \frac{Fd_1\sin\phi}{2} \tag{2-127}$$

各段总应力为：

$$\sigma = M + \frac{|F_N d_1|}{2} = Fd_1\sin\phi \ (\ 0 < \phi < 90° \ ) \tag{2-128}$$

则由红色面最上端往下，应力值逐渐增大，最大值出现在红色面的最下端。实际中齿带是焊接在轨道上，从最下端到红色面最上端均得到加强，因而齿带的强度满足要求。

六、自走式单轨道山地果园运输机样机试制及改进

（一）自走式单轨道山地果园运输机样机制作及运行试验

自走式单轨道山地果园运输机样机试制完成后，在华中农业大学工科基地的自架试机轨道进行了运行试验，并分别在浙江省台州市涌泉镇忘不了合作社柑橘园内的两条长300米的轨道上，及台州市柑橘研究所的一条200米轨道上进行了样机运行及样机使用示范。

根据实际运行条件，在华中农业大学工科基地架设的试机轨道带有左右转弯、上下坡等不同的运行条件，样机的运行试验是在不同的负载条件下进行的。自走式单轨道山地果园运输机的实验指标主要有不同负载状态下的运行平稳性、油耗、噪音、磨损、爬坡能力、噪音等。

1. 自走式单轨道山地果园运输机负载运行速度及无人驾驶功能检验试验设计

（1）试验轨道：选取华中农业大学工科基地的自架试机轨道。

（2）试验样机：试验所用样机为华中农业大学工科基地试制成功的同一批样机，样机型号统一，配备动力统一为188F-L汽油机。

（3）试验目的：自走式单轨道山地果园运输机在不同载重条件下的上坡、下坡、直行的平均运行速度。

（4）试验理论依据：试验中由于轨道长度一定，分别测量其运行时间，根据公式 $V = S/t$，可计算出每次的运行速度，再根据公式 $V_0 = \sum v/n$，计算出平均运行速度。

（5）油门及风门大小：因自走式单轨道山地果园运输机是无人驾驶，在无运行过程中无法随机调节油门及风门大小，所以油门需在运输过程中定位在一个固定位置上，故将每次试验的油门及风门大小按照随负载的增加而增大的规律进行调节。

（6）试验设备：皮卷尺——测量轨道长度，可精确到毫米；秒表——测量运行时间，可精确到0.01秒。

（7）试验方法：针对试机轨道，选取运行起点和终点，测量轨道的总长度，及轨道上上坡段长度、下坡段长度、直行长度、转弯半径；最终比较在不同负载条件下，运行速度的变化。

（8）无人驾驶功能检验：通过让自走式单轨道山地果园运输机负载不同

重量的载荷在不同角度的坡度上自动停车制动，检验无人驾驶功能的可靠性，及杠杆-四杆撞击联动离合刹车功能的可靠性。

2. 运行试验数据

试验一共进行 4 组，每组试验单独进行二十次，负载重量分别为 200kg、300kg、400kg、500kg。所得试验数据如表 2-26 所示。

表 2-26 　　　　　　　　　　　　　**试 验 数 据**

	第 1 组		第 2 组		第 3 组		第 4 组	
运行条件	轨道长度：25m 最小半径：3.5m 去程坡度：30° 回程坡度：26° 负载大小：200kg 油门风门位置：中等		轨道长度：25m 最小半径：3.5m 去程坡度：30° 回程坡度：26° 负载大小：300kg 油门风门位置：中等		轨道长度：25m 最小半径：3.5m 去程坡度：30° 回程坡度：26° 负载大小：400kg 油门风门位置：中等		轨道长度：25m 最小半径：3.5m 去程坡度：30° 回程坡度：26° 负载大小：500kg 油门风门位置：中等	
试验次数	去程时间（s）	回程时间（s）	去程时间（s）	回程时间（s）	去程时间（s）	回程时间（s）	去程时间（s）	回程时间（s）
1	31.59	31.53	32.58	32.49	33.53	32.95	34.68	34.53
2	32.08	31.86	32.12	33.05	33.95	33.19	34.95	34.58
3	32.59	32.05	32.93	32.18	32.46	33.86	34.23	35.42
4	31.88	31.29	33.13	32.09	33.02	32.78	34.15	35.14
5	31.36	31.62	33.08	32.95	33.48	32.62	35.21	34.46
6	32.98	32.06	31.96	33.53	33.62	33.52	34.25	34.13
7	31.87	31.79	32.88	32.43	32.72	32.94	34.78	33.98
8	31.67	30.95	32.05	32.26	33.14	32.76	34.86	34.69
9	32.06	32.62	33.29	32.05	34.02	32.83	35.19	34.81
10	31.43	31.51	33.56	32.11	32.91	33.47	35.86	33.75
平均用时（s）	31.91	31.73	32.76	32.51	33.29	33.09	34.99	34.55
平均速度（m/s）	0.783	0.788	0.763	0.769	0.751	0.756	0.714	0.726

3. 试验结果分析

对比四组试验的平均运行速度可以发现，随着载重的增加，自走式单轨道山地果园运输机的平均运行速度有轻微的下降趋势，由于去程和回程上下坡度不同，自走式单轨道山地果园运输机去程平均速度与回程平均速度有轻微的差距，由于去程坡度大于回程坡度，去程所需要的时间略长。

（二）自走式单轨道山地果园运输机其他性能检验试验

限于试验条件的约束，其他性能检验试验过程较为简单，主要通过现场的操作人员人为判断作为检验依据，其中，自走式单轨道山地果园运输机运行较平稳，噪音较小，操作简单方便，无人驾驶功能可靠安全，杠杆-四杆撞击联动离合刹车机构安全可靠，在运输机各个负载情况下，均在轨道的最大坡度处进行了停车制动的检验，经过检验，停车过程平稳，制动可靠，制动后惯性滑动距离较短，停车后可稳定的静止在坡道上。

轨道两端的防出轨装置效果良好，可以有效地防止自走式单轨道山地果园运输机因意外无法停车时从轨道末端脱出，短时间内驱动盘和轨道的滑动摩擦磨损较小，由于驱动轮转速较低，摩擦发热也较小，无明显发热现象出现。

在连续工作状态下，自走式单轨道山地果园运输机的耗油量大约为2L/h，即14元/ h，相对于人工搬运来讲，非常经济实用。

通过对自走式单轨道山地果园运输机在不同负载下的运行速度进行对比和分析，对无人驾驶功能进行实际运行检验，对杠杆-四杆撞击联动离合刹车机构的制动性能进行实际运行检验，可以得出自走式单轨道山地果园运输机样机运行效果良好，运行稳定性及可靠性较高，操作方便，无需人工随车驾驶。

第三章 遥控双向牵引式单轨道
山地果园运输机

一、遥控双向牵引式单轨道山地
果园运输机的总体方案设计

（一）运输机的总体设计要求和性能指标

1. 总体设计要求

遥控双向牵引式单轨道山地果园运输机主要应用于地理位置不适合于人工采摘运输的果园里，由于山地果园地形复杂，爬坡难度大，设计的运输机应满足以下要求：

（1）成本要求。遥控牵引式单轨运输机的设计是为了方便运输，减少不必要的劳动力，降低成本，便于后期的推广和应用。

（2）可靠性要求。运输机在运行时，要求平稳可靠。在负载果物的条件下，要求拖车不能有太大的左右摇晃和上下跳动，且各个部件的刚度、强度、扭矩和弯矩都在许可范围内。

（3）操作要求。目前我国山区普遍出现年轻劳动力向外流失的情况，山地果园果农趋向老龄化，故设计的运输机要求操作简单易懂，危险性小。

（4）动力要求。由于地形复杂，多起伏，要求动力足够提供运输机在轨道上拖运货物上下行。

（5）结构要求。山地地形特殊，坡度大，不便于安装、调试等作业，故山地果园运输机应尽量结构简单，在满足运输重量的前提下，外形尽量小和灵活方便。

2. 主要性能指标

根据总体设计要求，确定遥控牵引式单轨运输机的主要功能及性能指标，设计中将这一指标作为目标参数进行整机及各部分的设计。

（1）运输机应具有可以上行、下行、转弯以及在轨道的任意点处停车的功能，且可以在运行路线的两端自动停车。

（2）运输机应可以通过遥控器、控制箱和行程开关停车。

（3）运输机最大爬坡角度为 40°。

（4）运输机的载重量，上行可载重 300kg，下行可载重 500kg。

（5）运输机的平均运行速度为 0.7m/s。

（6）因运输路线长一般在 200m 以下，故要求运输机遥控器有效距离 300m 以上。

（7）运输机最小转弯半径为 4m。

（二）运输机的总体结构设计

遥控双向牵引式单轨道山地果园运输机主要由驱动和传动装置、制动装置、钢丝绳、钢丝绳限位轮、拖车、轨道、防侧倒装置、防脱轨装置和控制系统等组成，其主要结构如图 3-1 所示。

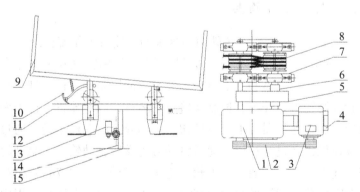

1. 减速箱；2. 皮带；3. 电机；4. 驱动支架；5. 液压制动装置；6. 联轴器；7. 驱动轮对装置；8. 钢丝绳；9. 拖车；10. 刹车；11. 导轨；12. 钢丝绳牵引装置；13. 钢丝绳限位轮；14. 导轨支撑脚；15. 预埋件；16. 配重预紧装置；17. 夹紧轮；18. 行走轮

图 3-1　遥控双向牵引式单轨道山地果园运输机结构示意图

轨道，由导轨（11）、导轨支撑脚（14）和预埋件（15）组成，用于支撑运输机拖车的运行；

驱动和传动装置，由电机（3）、皮带（2）、减速箱（1）、驱动轮对装置（7）组成，驱动力由电机通过皮带传递到减速箱，通过减速箱减速传递到驱动卷轮，再通过驱动轮对上的钢丝绳，牵引拖车运行，从而达到果园运输的效果；

制动装置，由液压制动装置（5）构成，通过联轴器（6）将减速箱与驱动轮对的主动轮连接在一起，从而达到制动效果；

防脱轨防侧倒装置，由左右两个夹紧轮（17）构成，通过调节夹紧轮与导轨间的间隙来达到平稳运行，防脱轨防侧倒的效果；

配重预紧装置（16），调节钢丝绳长度，防止钢丝绳松弛脱离限位轮；

刹车（10），钢丝绳突然崩断时，用于紧急制动，防止出现重大人员伤亡和财产损失；

拖车（9），装置货物，其下两端支脚长短不同，给予预设角度；其下通过连接板固定行走轮（18），通过钢丝绳牵引在导轨上运行，并通过夹紧轮可防脱轨防侧倒；

钢丝绳限位轮（13），限制钢丝绳的空间位置，从而保持运输机的畅通运行。

（三）运输机工作原理

图 3-2 为遥控双向牵引式单轨道山地果园运输机工作流程图。

如图 3-2 所示，电力输入后，通过控制控制箱内空气开关，电力输入三相异步电动机、液压制动器和上下行行程开关，液压制动器松开刹车片；通过控制遥控器和控制箱上的开关，控制运输机的运行，以运输机上行为例简述运输机工作原理。通过遥控器按下上行按钮，三相异步电动机运转，通过皮带将动力传递给减速机，通过减速机减速后将动力传递给驱动轮对，驱动轮对带动钢丝绳，钢丝绳牵引拖车，通过行走轮，拖车在导轨上以 0.7m/s 左右的速度运行，钢丝绳限位轮限制钢丝绳的空间位置，防止钢丝绳在运行过程中缠绕等问题；当运行到路线的某一位置时，按下遥控器的停止按钮，液压制动器刹车片抱死驱动轮对的驱动轴，拖车停止运行；再次按下上行按钮，拖车将继续上行，当基本到达运输路线顶端时，拖车下部的挡板碰撞上行行程开关，拖车将自动停车。在工作过程中，通过夹紧轮与轨道的配合，确保拖车的平稳性，防止拖车侧倒。下行过程与上行基本相同，只需按下行按钮即可。工作人员也可

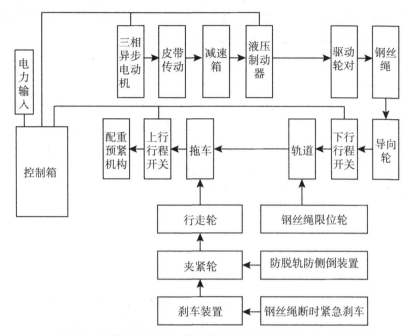

图 3-2　遥控双向牵引式单轨道山地果园运输机工作流程图

以通过控制箱上的按钮控制运输机的运行。

二、遥控双向牵引式单轨道山地果园
运输机关键部件设计与分析

(一) 传动系统研究

1. 传动方案的确定

　　遥控双向牵引式单轨道山地果园运输机的传动方案设计决定了运输机的载重大小以及爬坡速度等。根据遥控双向牵引式单轨道山地果园运输机的工作原理和工作流程可知，遥控双向牵引式单轨道山地果园运输机动力为电动机，通过减速，达到预设速度，进行运行。通过阅读文献，初步估算运输机所需动力为 5kW，选择 Y 系列三相异步电动机，根据动力估计选择额定功率为 5.5kW，转速为 1500r/min。遥控双向牵引式单轨道山地果园运输机的运输速度初定于

0.7m/s，驱动卷轮直径为145.5mm，计算驱动卷轮的转速为91.93r/min，故从电机到驱动卷轮之间传动比大于15，所以在运输过程中，设计通过皮带和减速箱实现降低转速和提高其力矩的目的。

2. 动力的选择

电动机的功率主要是根据其所带动的机械系统的功率来决定的。对于载荷比较稳定、长期连续运行的机械，只要所选的额定功率 P_e 大于所需的电动机工作功率 P_d 即可，即 $P_e > P_d$。这样选择电动机一般可以安全工作，不会过热，因此，通常不需校验电动机的发热和起动转矩。

根据《机械设计（第八版）》可知：

$$P_d = \frac{P_w}{\eta} \tag{3-1}$$

$$\eta = \eta_1 \eta_2^2 \eta_3 \tag{3-2}$$

$$P_e > P_d \tag{3-3}$$

式中：P_e 为电机的额定功率，kW；P_d 为电机的输出功率，kW；P_w 为运输机所需的功率，kW；η 为总传动效率；η_1 为 V 带传动效率，取 $\eta_1 = 0.96$；η_2 为齿轮传动效率，取 $\eta_2 = 0.97$；η_3 为联轴器传动效率，取 $\eta_3 = 0.99$。

机械运行所需功率为 P_w，则有：

$$P_w = \frac{Fv}{1000} \tag{3-4}$$

式中：F 为运输机拖车所需牵引力，N；v 为运输机拖车运行速度，m/s。

根据运输机设计要求，取 $v = 0.7$m/s，运输机拖车负载500kg，爬坡角度40°，取拖车与轨道之间的摩擦系数 $\mu = 0.17$。

运输机拖车在运行时，所需牵引力为：

$$F = G\sin\theta + \mu G\cos\theta = 3865.076\text{N}$$

则有：

$$P_w = \frac{Fv}{1000} = 2.71\text{kW}$$

$$P_e > P_d = \frac{P_w}{\eta} \approx 3.192\text{kW}$$

三相异步电动机的转速通常有 750r/min、1000r/min、1500r/min、3000r/min 四种同步转速。电动机同步转速越高，极对数越少，结构尺寸越小，电动机价格越低，但是在工作机转速相同的情况下，电动机同步转速越高，传动比越大，使传动装置的尺寸越大，传动装置的制造成本越高，但传动装置的总传动比小，传动装置尺寸也小，传动装置价格低。所以，一般应分析、比较、综合考虑。计算时从工作机的转速出发，考虑各种传动的传动比范围，计算出要选择的电动机的转速范围。

又有

$$n_d = n_w i \tag{3-5}$$

$$v = \frac{\pi D n_w}{60 \times 1000} \tag{3-6}$$

式中：n_d 为运输机输入转速，r/min；

n_w 为运输机输出转速，r/min；

v 为运输机运行转速，m/s；

D 为运输机驱动卷轮直径，mm。

根据设计要求，取驱动卷轮直径 $D = 145.5$mm，取 V 带传动比 $i_1 = 1$，两级减速箱的传动比则 $i_2 = 15.75$，总传动比 $i = i_1 i_2 = 15.75$。

则有：$n_d = 1447.11 r/min$

考虑到 3000 r/min 的电动机转速太高，而 1000 r/min 的电动机体积大且贵，故选用转速为 1440 r/min 的电动机，并确定其型号为 Y132S-4。故最终选择的电动机，其额定功率为 5.5kW，额定转速为 1440r/min。

3. 传动带的选择

（1）带型选择

已知电动机额定功率 $P = 5.5$kW，额定转速为 1440r/min，一天运营时间小于 10h，且运输机拖车在上下行中负载变化不大，则由《机械设计（第八版）》表 8-7 查的工作情况系数 $K_A = 1.2$，有：

$$P_{ca} = K_A P = 6.6\text{kW}$$

根据 P_{ca}、n 由《机械设计》图 8-11 确定选 B 型 V 带。

（2）确定带轮基准直径

由《机械设计》表 8-8，取主动轮基准直径 $d_{d1} = 125$mm，根据设计要求，V 带传动传动比 $i = 1$，选择从动轮为 3 槽，其基准直径为 $d_{d2} = 125$mm，则传动 V 带速度为：

$$v = \frac{\pi d_{d1} n_1}{60 \times 1000} = 9.8125 \text{ m/s}$$

5m/s<v<35m/s，所以带速合适。

（3）V 带基准长度和两带轮中心距

由 $0.7(d_{d1} + d_{d2}) \leq a_0 \leq 2(d_{d1} + d_{d2})$，初定中心距 $a_0 = 400\text{mm}$。

则有 V 带所需的基准长度为：

$$L_d^1 = 2a_0 + \frac{\pi}{2}(d_{d1} + d_{d2}) + \frac{(d_{d2} - d_{d1})^2}{4a_0} = 1192.699\text{mm}$$

由《机械设计》表 8-2 选带的基准长度 $L_d = 1250\text{mm}$，可得实际中心距：

$$a \approx a_0 + \frac{L_d - L_d^1}{2} = 429\text{mm}$$

设主动轮上的包角为 a_1，则有：

$$a_1 = 180° - \frac{d_{d2} - d_{d1}}{a} \times 57.5° = 180°$$

$a_1 > 120°$，故包角合适。

（4）确定 V 带根数 z

$$z = \frac{P_{ca}}{(P_0 + \Delta P_0)k_a k_l} \tag{3-7}$$

已知 $n = 1440\text{r/min}$，$d_{d1} = 125mm$，$i = 1$，查《机械设计》表 8-4a 和表 8-4b 得基本额定功率及增量为：$P_0 = 2.83kW$，$\Delta P_0 = 0\text{kW}$。

查《机械设计》表 8-5 得包角系数 $k_a = 1$，查表 8-2 得长度系数 $k_L = 0.88$，则有 $z = 2.46$。

取 V 带根数 z 为 3 根。

（二）牵引钢丝绳的特性和选择

1. 钢丝绳的特性

钢丝绳的钢丝一般由优质碳素钢经热轧、冷拔和热处理而成，直径为 $0.5\text{mm} \sim 2\text{mm}$，强度为 $1400 \sim 2000\text{N/mm}^2$。钢丝分级不同，其反复弯曲和扭转的次数及韧性不同，级次越高，反复弯曲和扭转越多，韧性越好。所以钢丝绳广泛地应用于起重的各个机构及其他适用场合。

钢丝绳由钢丝捻制成股，再由股绕绳芯捻制成绳。绳芯的作用是支撑和固定绳股，并可用作贮存润滑油和增加钢丝绳的挠性。因此在钢丝绳不旋转的情况下，当钢丝绳承受载荷时，绳芯所产生的扭矩与钢丝丝捻层所产生的扭矩相反，这样就形成了一种平衡，使钢丝绳在不旋转情况下承受载荷，不会产生旋转，确保其牵引的稳定性。

受载时，钢丝绳中产生拉伸应力、弯曲应力、挤压应力以及钢丝绳捻制时的残余应力等。当钢丝绳绕过滑轮时，受到交变应力作用，使金属材料产生疲劳，最终由于钢丝绳与绳槽、钢丝绳之间的磨损而破断。

试验表明：钢丝绳的弯曲曲率半径对钢丝绳的影响很大；钢丝绳绕过绳轮时，绳轮与钢丝绳接触面间的压力和相对滑动，使钢丝绳经磨损后断裂。接触应力越大，断丝越迅速；点接触钢丝绳，强度损失要比线接触型大，抗疲劳性能也差。所以线接触钢丝绳比点接触钢丝绳寿命长；当钢丝绳一个捻距间的断丝数达到全部钢丝的 10% 时，继续使用，绳的断丝速率明显加快，短时内即出现断股；当其他条件相同时，选用的钢丝绳安全系数越高，其使用寿命越长。因此钢丝绳的断裂原因，主要是超载和磨损。所以在钢丝绳的选型方面，应综合考虑钢丝绳的耐疲劳性和耐磨性，尽可能地满足运输的需要。

综上所述钢丝绳的特性主要有：

（1）强度高，承载能力大，过载能力强，弹性好，耐冲击，自重小；

（2）挠性较好，运行平稳，高速运动时噪音小；

（3）工作可靠，不会突然断裂。

2. 钢丝绳的选择

牵引钢丝绳在单轨运输机的牵引构件，承担全部的牵引力。钢丝绳是由多根钢丝按照一定的规则捻制而成的绳索。由制绳钢丝、绳股、绳芯和绳用油脂组成。钢丝由原料（盘条）经冷拉（或轧制）形成具有一定尺寸（圆形或异性）的钢丝。按表面状态分为光面钢丝及镀锌钢丝。绳股由钢丝按照一定的规则捻制而成的螺旋状结构，是构成钢丝绳的基本单元。绳芯构成钢丝绳的中心部分，分金属芯（绳式芯 IWR、股式芯 IWS）和纤维芯 FC（合成纤维 SF、天然纤维 NF）及固态聚合物芯（SPC）；作用主要是起支撑和减少股间压力，另外纤维芯还起到润滑、防腐和储油的作用。油脂对钢丝绳起润滑、防腐保护作用，有麻芯脂、表面脂及适合其他工况的特殊表面脂。为了选择适合的钢丝绳，我们有必要对钢丝绳进行设计校核。

（1）钢丝绳直径的计算与选择

正确地选择适用的钢丝绳对提高生产效率、经济效益是十分必要的。在特定的使用条件下，钢丝绳的选型，应综合考虑如下因素：结构选择、强度、不旋转性能、抗疲劳性能。

参考《机械设计手册》，按照选择系数确定钢丝绳直径为：

$$d = C \cdot S_{max}^{1/2} \tag{3-8}$$

式中：d 为钢丝绳直径，mm；C 为选择系数，$mm/N^{1/2}$；S 为钢丝绳工作最大静压力，N。

C 值与机构工作级别有关，有：

$$C = \sqrt{\frac{n}{k \cdot \omega \cdot \frac{\pi}{4}\sigma_b}} \tag{3-9}$$

表 3-1　　　　　　　　　　　　选择系数 C 和安全系数 n 值

σ_b（N/mm²） C 值 工作级别	1570	1670	1770	n 值
M1～M3	0.093	0.089	0.085	4
M4	0.099	0.095	0.091	4.5
M5	0.104	0.100	0.096	5
M6	0.114	0.109	0.106	6
M7	0.123	0.118	0.113	7
M8	0.140	0.134	0.128	9

取 $S=5000$N，安全系数 $n=6$，选取选择系数 $C=0.106$，则有：

$$d = C \cdot S_{max}^{1/2} = 7.5 \text{mm}$$

又有，钢丝绳破断拉力 $F_0 \geqslant S_{max}n = 30kN$，则综合考虑钢丝绳的机械性能，初步确定钢丝绳为 $6 \times 19FC$（纤维芯），直径 d=9.8mm。

（2）钢丝绳的挠垂计算

钢丝绳由于自重以及本身是柔性体，用钢丝绳作为拉动运输小车的牵引绳时，有必要确定钢丝绳的垂度。可用抛物线来近似钢丝绳在自重作用下的挠垂曲线。

钢丝绳在拉力 T 的作用下垂度 f 可按以下公式计算：

$$f = \frac{qgx(l - x)}{2T\cos\beta} \tag{3-10}$$

式中：q 为钢丝绳每米长的重量，kg/m；g 为重力加速度，m/s²；l 为钢丝绳跨距，m；β 为钢丝绳支点的水平角，°；T 为钢丝绳的拉力，N；x 为到坐标原点的距离，m。

当 $x = l/2$ 时，在自重作用下的钢丝绳垂度最大：

$$f_{max} = \frac{qgl^2}{8T\cos^2\beta} \tag{3-11}$$

在实际单轨运输机上，取 $T = 3000\text{N}$，$l = 1500\text{mm}$，$\beta = 40°$。计算钢丝绳的垂度：$f = 0.5\text{mm}$，满足实际使用需要。

钢丝绳受力比较复杂，除拉伸以外，当钢丝绳绕过托绳轮和驱动轮对时，钢丝绳中还产生弯曲应力和接触应力，外层钢丝应力最大，疲劳破坏由外层钢丝开始。加大驱动轮对与钢丝绳的直径比，减少钢丝绳承受拉力，能提高钢丝绳寿命。

（三）驱动卷轮的研究

1. 驱动卷轮的结构设计

驱动卷轮是遥控双向牵引式单轨道山地果园运输机的主要部件之一，电动机的动力通过一系列减速后，带动驱动卷轮转动，从而使其产生转矩，钢丝绳通过一定圈数缠绕在驱动对轮上，通过摩擦产生摩擦力矩，进而带动拖车上下行。

驱动卷轮对有两个平行的驱动轮错位组成，每个驱动卷轮上有 5 个轮槽，只有 4 个轮槽上缠绕有钢丝绳，驱动卷轮的设计直径 $D = 145.5\text{mm}$，钢丝绳通过横 8 形缠绕在两个驱动卷轮上，钢丝绳的进出都是在被动驱动轮上，一般采用"高进低出"的方式。

2. 钢丝绳在驱动卷轮轮槽上的受力分析

分析钢丝绳在一个驱动轮槽中的受力情况，设钢丝绳与驱动卷轮轴之间的总包角为 θ，取包裹区域的某一小段，角度为 δ，则其所受的压力 p 有：

$$p = p_1\sin\frac{\delta}{2} + p_2\sin\frac{\delta}{2} \tag{3-12}$$

式中：p_1 为钢丝绳的牵引力，N；p_2 为钢丝绳的拉紧力，N。

设驱动卷轮的有效半径为 R，由于 δ 很小，这段钢丝绳的长度为 $R\delta$，则单位长度上钢丝绳的压力 q 为

$$q = \frac{p}{R\delta} = \frac{(P_1 + P_2)\sin\frac{\delta}{2}}{R\delta} \tag{3-13}$$

$$R = \frac{1}{2}(D + d) \tag{3-14}$$

式中：D 为驱动卷轮轮槽直径，mm；d 为钢丝绳直径，mm。

当 δ 很小时，钢丝绳的弧长 δR 也很小，故可以看作 $P_1 = P_2$，则有：

$$q = \lim_{\delta \to 0} \frac{(P_1 + P_2)\sin\dfrac{\delta}{2}}{\delta R} = \frac{P_1}{R} \tag{3-15}$$

由上式可以看出，钢丝绳与驱动卷轮之间的压力与驱动卷轮的有效半径成反比，与钢丝绳的牵引力成正比。

取角度 δ 对应一小段钢丝绳的长度为 dl，设钢丝绳与驱动轮槽间的摩擦系数为 μ，这样通过积分可以得到整个包角范围内，钢丝绳的牵引力 P_1 为：

$$dq = qdl = \frac{P_1}{R}dl \tag{3-16}$$

$$dP_1 = \mu dq = \mu P_1 d\delta \tag{3-17}$$

两边同时取积分，则有：

$$\ln P_1 = \mu\theta + C \tag{3-18}$$

当 $\delta \to 0$ 时，有 $P_1 = P_2$，$C = \ln P_2 = \ln P$，则有：

$$\ln\frac{P_1}{P_2} = \mu\theta \Leftrightarrow \frac{P_1}{P_2} = e^{\mu\theta} \tag{3-19}$$

式中：e 为自然常数，$e = 2.718\cdots$；μ 为钢丝绳与驱动卷轮槽之间的摩擦系数，由驱动卷轮的材料确定；θ 为钢丝绳与驱动卷轮间的包角，rad。

又已知，在运动中钢丝绳的圆周力 F_c 为：

$$F_c = P_1 - P_2 \tag{3-20}$$

则有式（3-19）和式（3-20）可得：

钢丝绳紧边拉力：
$$P_1 = \frac{F_c e^{\mu\theta}}{e^{\mu\theta} - 1} \tag{3-21}$$

钢丝绳松边拉力：
$$P_2 = \frac{F_c}{e^{\mu\theta} - 1} \tag{3-22}$$

从上述结果可以看出，钢丝绳在驱动卷轮轮槽上受到的拉力与钢丝绳跟驱动卷轮之间的包角 θ 和摩擦系数 μ 有关，并且缠绕圈数 λ 越大，钢丝绳发生打滑的几率越小。

由于钢丝绳在驱动卷轮上缠绕后，固定在运输机的拖车上，故钢丝绳牵引拖车的牵引力，应为钢丝绳在驱动卷轮轮槽上受到的拉力和缠绕后由于驱动卷轮转动产生的向心力的合力。驱动卷轮转动产生的向心力与驱动轮轴的转速成正比，驱动轮轴的转速与减速箱的传动比和电机的转速有关，因此钢丝绳牵引拖车前进的牵引力受到电机的转速 n、减速箱传动比 i、钢丝绳缠绕圈数 λ、钢丝绳与驱动轮槽间的摩擦因数 μ 和钢丝绳缠绕在驱动卷轮上的包角 θ 的影响。

3. 钢丝绳牵引力分析

钢丝绳在驱动卷轮上各个轮槽中缠绕时，上下钢丝绳的受力情况是不相同的。为了便于计算，设驱动卷轮各个轮槽上方钢丝绳的拉力为 P_1，P_3，$P_5 \cdots$；驱动卷轮上各个轮槽下方钢丝绳的拉力为 P_2，P_4，$P_6 \cdots$；驱动卷轮从第一个轮槽进线的水平夹角为 β，驱动卷轮最后一个轮槽出线水平夹角为 θ，钢丝绳通过驱动卷轮对各个轮槽后包角分别为 $\pi-\beta$，$2\pi-\beta \cdots$，$(n+1)\pi-(\beta+\theta)$。那么，通过驱动卷轮对之后，钢丝绳对驱动卷轮的向心力分别为：

$$P_2 = \frac{P_1}{e^{\mu(\pi-\beta)} \, \eta_k} \tag{3-23}$$

$$P_3 = \frac{P_2}{e^{\mu\pi} \eta_k} = \frac{P_1}{e^{\mu(2\pi-\beta)} \, \eta_k^2} \tag{3-24}$$

$$P_n = \frac{P_1}{e^{\mu[(n-1)\pi-\beta]} \, \eta_k^{n-1}} \tag{3-25}$$

$$P_{n+1} = \frac{P_1}{e^{\mu[n\pi-(\beta+\theta)]} \, \eta_k^n} \tag{3-26}$$

式中：η_k 为钢丝绳在驱动卷轮上缠绕的摩擦效率（不包括驱动卷轮对轴承的摩擦）；n 为钢丝绳在驱动卷轮对上面缠绕圈数（通过驱动卷轮的每个轮槽都是半圈）。

主动驱动卷轮上承受的牵引力为：

$$P_i = P_1 - P_2 + P_3 - P_4 + \cdots + P_{n-1} - P_n \tag{3-27}$$

被动驱动卷轮上承受的牵引力为：

$$P_j = P_2 - P_3 + P_4 - P_5 + \cdots + P_n - P_{n+1} \tag{3-28}$$

驱动卷轮对上实际输出的牵引力为：

$$P = P_i + P_j = P_1 - P_{n+1} \tag{3-29}$$

主动驱动卷轮主轴上承受的向心合力为：

$$F_i = P_1 \cos\beta + P_2 + P_3 + \cdots + P_n \tag{3-30}$$

被动驱动卷轮主轴上承受的向心合力为：

$$F_j = P_2 + P_3 + P_4 + \cdots + P_{n+1}\cos\theta \tag{3-31}$$

由于向心合力 F_i 和 F_j 比较大，轴承的摩擦阻力引起的功耗不能忽略。驱动卷轮对牵引单轨运输小车实际需要的牵引力为：

$$P_e = P_i + P_j + (F_i + F_j)\mu_0 \frac{\phi}{D_s + d_s} \tag{3-32}$$

式中：μ_0 为轴承的摩擦系数；D_s 为驱动卷轮轮槽直径，mm；d_s 为钢丝绳直径，mm；Φ 为驱动卷轮主轴直径，mm。

（四）轨道设计及分析

1. 轨道方案设计

对于山地果园单轨运输机来说，因为轨道铺设在果园里，所以铺设轨道的地板应为稳定、坚硬的岩石为准。目前山地果园单轨运输机的轨道，都是由桩基、支撑脚和方管导轨这三部分组成。为了保证钢轨的变形尽量小，轨道应具有足够的刚度。同时，为了保证运输小车在转弯部分冲击作用，轨道也应具有一定的柔度。两个相互矛盾的要求，是合理选择轨道的主要参考依据。运输小车在轨道上方运行的过程中，首先确定轨道应该与运输小车的运动方向一致，以保证运输小车的前进方向与轨道安装方向一致，并保证运输小车的运行方向与轨道的连接口一致。

如图 3-3 为导轨示意图，轨道主导轨为 $50 \times 50\text{mm}^2$ 的方钢管，每节长 6m，每节间通过焊接固定，支撑脚为 $30 \times 40\text{mm}^2$ 的矩形管，在地势平坦或坡度斜度一致的地方，支撑脚一般以 350mm 为准，在起伏地方其长度根据地形的需要确定，支撑脚与导轨间通过焊接固定。支撑脚焊接在桩基上，桩基由深 0.5m 的方形钢筋混凝土构成，钢筋上焊接连接钢板，钢板与支撑脚相连接。支撑脚间间距为 2m，根据需要支撑脚侧边焊接钢丝绳限位轮，用于限制钢丝绳的运行空间，且有助于安全行驶。在运输路线转弯及上坡下坡地段，轨道要根据地形要求及坡度弯曲，降低运输车受到的冲击载荷，确保其自然过渡。

2. 轨道受力分析

轨道在地势平坦，无转弯地段，与在运输路线弯曲及上下坡时，受力不同，故分两部分分析，分别为直轨道受力分析和弯曲轨道受力分析。

（1）直轨道受力分析

运输轨道的导轨由长 6m 的方管焊接连接构成，且拖车长度小于每节导轨

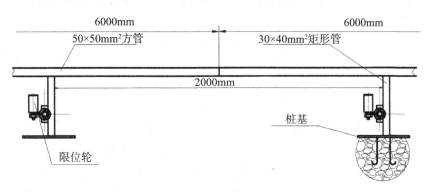

图 3-3   轨道示意图

长度，这样拖车就存在两种受力情况，即单独在一节导轨上和跨越两节导轨，但如果单独在一节导轨上可以承受载荷，在跨越两节也必然可以承受载荷，故只分析单独在一节导轨上的受力。

运输机拖车在单节轨道上受载分析，拖车的重量集中在行走轮与导轨接触的位置，因此其受力载荷可以简化为两端固定的梁的结构，行走轮和夹紧轮对轨道摩擦力垂直于轨道截面方向，其他力都是平行于轨道截面方向，故只需考虑轨道应满足的剪切强度和弯曲强度的要求。

图 3-4 为轨道简化后的载荷分析图，其受力情况下的静力平衡方程为：

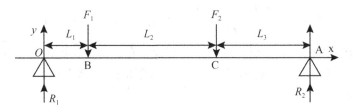

图 3-4   轨道简化后的载荷分析图

$$\sum M_O = 0, \quad R_2(L_1 + L_2 + L_3) - F_1 L_1 - F_2(L_1 + L_2) = 0 \quad (3\text{-}33)$$

$$\sum M_A = 0, \quad F_1(L_2 + L_3) + F_2 L_3 - R_1(L_1 + L_2 + L_3) = 0 \quad (3\text{-}34)$$

$$L = L_1 + L_2 + L_3 \quad (3\text{-}35)$$

式中，O、A 为支撑脚受力点，B、C 为行走轮在轨道上的受力点，R_1、R_2 分别为支撑脚在 O、A 点对轨道的作用力，F_1 为高端行走轮支架对轨道的作用力，F_2 为低端行走轮支架对轨道的作用力，L 为两支撑脚之间的总长度。则通过方程，可得：

$$R_1 = \frac{F_1(L_2 + L_3) + F_2 L_3}{L} \tag{3-36}$$

$$R_2 = \frac{F_1 L_1 + F_2(L_2 + L_2)}{L} \tag{3-37}$$

如图 3-4 将两支撑脚间的轨道分为 OB、BC、CA 三段，分别在每段内对轨道进行剪应力和弯矩分析，确定最大剪应力 Q 和最大弯矩 W。

以 O 为坐标原点，选取坐标系，在 OB 段内，取任意长度为 x 的截面，则 $0 < x < L_1$ 范围内，根据《材料力学》剪应力和弯矩的计算方法，以及式（3-36）可得：

$$Q(x) = \frac{F_1(L_2 + L_3) + F_2 L_3}{L}(0 < x < L_1) \tag{3-38}$$

$$M(x) = \frac{(F_1 L_2 + F_1 L_3 + F_2 L_3)x}{L}(0 < x < L_1) \tag{3-39}$$

同样在 BC 段，取任意长度为 x 的截面，在这部分轨道截面左端受到 F_1、R_1 两个力，则根据《材料力学》剪应力和弯矩的计算方法，以及式（3-36）和式（3-35），可得：

$$Q(x) = \frac{F_2 L_3 - F_1 L_1}{L}(L_1 < x < (L_1 + L_2)) \tag{3-40}$$

$$M(x) = \frac{(F_2 L_3 - F_1 L_1)x}{L} + F_1 L_1(L_1 < x < L_1 + L_2) \tag{3-41}$$

同样在 CA 段，取任意长度为 x 的截面，在这部分轨道截面左端受到 F_1、R_1 两个力，则根据《材料力学》剪应力和弯矩的计算方法，以及式（3-36）式和（3-35），可得：

$$Q(x) = \frac{F_2 L_3 - F_1 L_1 - F_2 L}{L}(L_1 + L_2 < x < L) \tag{3-42}$$

$$M(x) = \frac{(F_2 L_3 - F_1 L_1 - F_2 L)x}{L} + F_1 L_1 + F_2(L_1 + L_2)(L_1 + L_2 < x < L) \tag{3-43}$$

依据支撑脚设计的要求 $L = 2000\text{mm}$，两行走轮间距 $L_2 = 600\text{mm}$，根据载荷要求取最大载货量 500kg，取 $F_1 = F_2 = 2500\text{N}$，则根据轨道的剪应力和弯矩作出剪力图和弯矩图，如图 3-5 和图 3-6 所示。

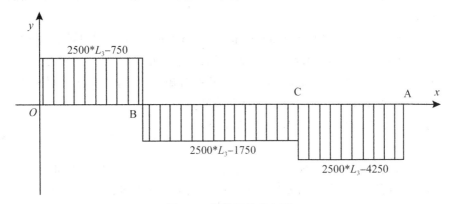

图 3-5　轨道受载剪力图

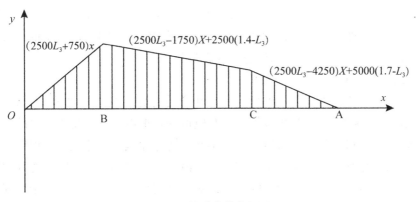

图 3-6　轨道载荷弯矩图

观察图 3-5，$L = 2000$mm，$L_2 = 600$mm，则 $0 < L_3 < 1.4$m，因此可以看出在 OB 段时，轨道受到最大剪力 $Q(x) = 4250$N，BC 段最大剪力 $Q(x) = 1750$N，CA 段最大剪力 $Q(x) = -4250$N，故最大剪力为 $|Q(x)| = 4250$N。根据强度要求，轨道承受的最大剪切力应该满足：

$$\tau = \frac{Q}{E} = \frac{4250\text{N}}{E} \leqslant [\tau] \tag{3-44}$$

E 是方管的截面面积，考虑材料使用成本，用 Q235 号钢，则材料的作用剪切力为 $[\tau] = 147$MPa，这样由式（3-44）可得满足剪力条件的最小空心型钢截面面积为 $E_{\min} = 28.9$mm^2，考虑单轨运输机的稳定性和轨道摩擦等，以及国内外采用空心型钢材的标准，这里选择 50mm × 50mm × δ5mm 方形钢管作为单轨运输机的轨道。查方钢管的尺寸标准，50mm × 50mm × δ5mm 的截面面积 $E = 858mm^2$，故满足剪力要求。

根据图 3-6 可以得出，$L = 2000mm$，$L_2 = 600mm$，最大弯矩在图形的最高点 $M = (2500L_3 + 750)(1.4 - L_3)$ 处，通过解一元二次方程，在 $0 < L_3 < 1400mm$ 区间内，当 $L_3 = 550mm$ 时，有最大弯矩 W。同理根据《材料力学》强度要求，轨道承受的最大弯曲应力应满足：

$$\sigma = \frac{My_{max}}{W} = \frac{(2500L_3 + 750)(1.4 - L_3)y_{max}}{W} \leqslant [\sigma] \qquad (3-45)$$

W 为方管的弯曲截面模量，轨道材料许用弯曲应力 $[\sigma] = 315MPa$，则由式 (3-45) 可以得出满足需要的最小截面面积 $W = 142.5mm^2$。查方钢管的尺寸标准，50mm × 50mm × δ5mm 的弯曲截面面积 $W = 11.93 \times 10^3 mm^2$，故满足要求。

综上所述，在满足剪切和弯矩的前提下，确保单轨运输机的运输平稳性，同时参考国内外同类型机械的选择经验，选择 50mm × 50mm × δ5mm，截面面积 $E = 8.58cm^2$ 的方钢管作为轨道的导轨材料。

（2）轨道弯曲部分受力分析

轨道弯曲部分受力分析可分为转弯轨道受力分析和上下坡轨道受力分析，在实际铺设道路时，因为爬坡加转弯对轨道的要求极高，容易出现事故，故在选取运输路线和安装铺设轨道时，就避开了转弯加爬坡的路线，确保爬坡不转弯，转弯不爬坡。由于爬坡角度在 0° ~ 40°，且运输路线较长，爬坡时轨道的弯曲角度小于转弯轨道弯曲的角度，对于爬坡轨道弯曲只需增加钢丝绳的牵引力即可，故下面分析水平转弯轨道的受力。

计算轨道弯曲时运输机重心偏移量，图 3-7 为偏移量示意图。设运输机拖车重心偏移量为 l，两行走轮间距 AB = 600mm，则运输机拖车重心偏移轨道中心的距离 l 为：

$$l = R - \sqrt{R^2 - \left(\frac{AB}{2}\right)^2} \qquad (3-46)$$

则由于偏移量重力产生的弯矩 M_l 为：

$$M_l = Gl \qquad (3-47)$$

又由运行速度 $v = 0.7m/s$，

可得此时拖车所受向心力 P 为：

$$P = m\frac{v^2}{R} \qquad (3-48)$$

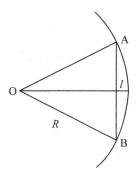

图 3-7　偏移量示意图

这样为保证运输机拖车在弯矩和向心力的作用下不会侧倒，设计了夹紧轮，即防侧倒装置。

当拖车负载运行到弯曲轨道上时，拖车因受到向心力 P，在轨道上会发生偏移，偏移后轨道与夹紧轮之间发生接触，从而产生相互的挤压力 F_1、F_2。假设轨道向右弯曲，这样运输机拖车重心的偏移量就受到拖车底部夹紧轮与轨道间的间隙的控制。为确保拖车在运行时，尤其转弯和爬坡时，平稳运行，夹紧轮与轨道间的间隙应尽量的小。但同时，为了拖车在运行时取得小的转弯半径，且减小摩擦，夹紧轮与轨道间的间隙又要求足够的大。因此夹紧轮与轨道间的间隙大小就决定了运输机拖车在弯道上的偏移量和最小转弯半径，以及拖车运行是否平稳。

在实际运行中，我们一般将夹紧轮与轨道间的间隙取 1mm~2mm，这样拖车在运行时的最小转弯半径就是夹紧轮跟轨道刚好卡死时的临界状态。则此时两侧夹紧轮分别与轨道接触面间的距离刚好等于两个夹紧轮之间的距离。图 3-8 为最小转弯半径的示意图。

根据图 3-8 中所示关系，通过三角函数可得：

$$\cos\alpha = \frac{S^2 + R^2 - R^2}{2RS} \tag{3-49}$$

$$\cos\left(\frac{\pi}{2} + \alpha\right) = \frac{c^2 + R^2 - H^2}{2cR} \tag{3-50}$$

$$H = R + 25 \tag{3-51}$$

式中：$S = 600\text{mm}$，$c = 26\text{mm}$。

通过计算可得，$R = 1312.52\text{mm}$。根据实际地形及设计的需要，取 $R = 4\text{m}$。

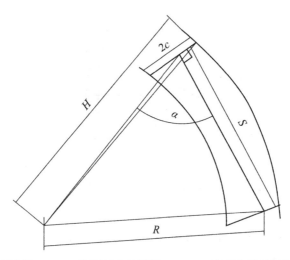

R 为轨道最小转弯半径，mm；S 为两行走轮间距，mm；2c 为两夹紧轮间距，mm；H 为图中所示位置长度，mm；α 为图中所示角度，°。

图 3-8 最小转弯半径

（五）拖车设计

1. 拖车车架

拖车有承载货物和循环运输的作用，拖车上面用于装载货物，下方有行走轮和夹紧轮，确保顺利运行和防止侧倒，因此拖车是否正常运行是整个运输机功能是否实现的具体体现，因而拖车要求满足以下要求：

（1）合理选择材料，使其有足够的强度和刚度，确保运输机的安全运行；

（2）结构上要方便其他部件的安装及与其他机构的连接，构造简单，便于加工，保证功能的前提下尽可能减小外形尺寸，降低成本。

拖车车架下方布置有行走轮、防脱轨防侧倒的夹紧轮和钢丝绳牵引点等，各部件布置原则是在便于安装的前提下，确保结构紧凑，重心尽可能地靠近车架中心。为保证车架强度和刚度，基于经济实用性考虑，选择 A3 号钢管做主支架，有 3 种钢管，分别为 $40 \times 40 \text{mm}^2$ 的方形管、$30 \times 40 \text{mm}^2$ 的矩形管和 $20 \times 30 \text{mm}^2$ 的矩形管。

2. 防侧倒防脱轨装置研究

T形夹紧轮与轨道导轨的配合，克服在行走过程中，因行走路线的弯曲，钢丝绳牵引行走轮运行方向改变时，拖车可能产生的脱轨和侧倒。轨道两侧的夹紧轮确保在钢丝绳牵引行走轮运行时，行走轮的中心始终在轨道的中心，从而达到平稳运输的效果，避免拖车脱轨和侧倒。

运输机运行过程中，夹紧轮与轨道间摩擦，对轨道磨损较为严重，且会产生较大的噪声，故在夹紧轮外要涂抹黄油，从而减少轨道磨损，降低噪声。

为保证运输机安全平稳的运行，夹紧轮与轨道间的间隙的大小对于运输机能否安全运行有至关重要的作用。间隙大，拖车容易左右摇晃，不利于运行，且有可能出现侧翻。间隙过小，拖车行走至转弯时，摩擦过大，可能出现卡死现象。因此设计了夹紧轮调节装置。

夹紧装置是类似千斤顶的装置，调节过程：先松开内部夹紧螺母，在用扳手稍微加紧外部推动螺母，看夹紧轮与轨道之间的间隙在 1~2mm 就停止加紧，然后将内部松开夹紧螺母重新夹紧。运行运输机看拖车运行是否平稳，不平稳，则重复上述操作。

（六）限位轮设计

遥控双向牵引式单轨道山地果园运输机主要应用于山地果园的施肥和收获运输，山地的起伏坡度、道路狭窄是运输的主要问题。在利用钢丝绳牵引运输机运行时，因为山地的起伏，会使钢丝绳出现起伏跳动，由于道路狭窄，起伏跳动很可能导致钢丝绳缠绕树枝的现象，并且由于运行路线的弯曲，虽然已经设计了防脱轨防侧倒装置，但钢丝绳的过度倾斜，使其牵引力的方向发生变化，从而导致侧倒等情况。而且钢丝绳的跳动危险性很高，可能导致人员财产损失。

钢丝绳限位轮的设计主要是用于限制钢丝绳的空间位置，使其高度基本保持在轨道面以下，运行线路与轨道路线一致，从而使其牵引力的方向始终与保持轨道面平行，确保拖车安全运行，并且限制钢丝绳起伏跳动，避免缠绕树枝，伤及人员等。

钢丝绳限位轮主要有上坡横式限位轮、立式短限位轮、立式长限位轮、正弯横式限位轮和回程限位轮。钢丝绳限位轮都是焊接安装在轨道支撑脚的两侧，安装时回程限位轮单独在轨道一侧，其他限位轮在轨道另一侧。轨道正反弯规定，从驱动系统沿着轨道方向看，如果回程限位轮将装在轨道左侧，则轨道向左弯曲为正弯，向右弯曲为反弯；如果回程限位轮将装在轨道右侧，则轨道向左弯曲为反弯，向右弯曲为正弯。

除回程限位轮外，其他限位轮都是两两配合工作，保证钢丝绳空间位置。上坡横式限位轮与立式短限位轮配合用于轨道路线将上坡的位置，压低钢丝绳，确保钢丝绳位置，防止上跳。正弯横式限位轮与立式短限位轮配合用于轨道路线较为平坦和轨道路线出现正弯的位置，用于限制钢丝绳位置，防止钢丝绳摩擦轨道主轨和轨道支撑脚，造成钢丝绳磨损，降低钢丝绳和轨道的使用寿命。立式长限位轮和立式短限位轮配合，此时立式短限位轮用作横式，用于轨道路线出现反弯的位置，限制钢丝绳位置，防止钢丝绳偏离轨道路线，造成牵引力偏移，使运输机出现侧倒现象。回程限位轮主要起到循环的作用，因为回程轮一侧没有钢丝绳牵引点装置，故根据轨道路线在适当的支撑脚侧边焊接回程轮，托起钢丝绳，不使其拖地及摩擦轨道支撑交即可。

（七）配重预紧装置设计

遥控双向牵引式单轨道山地果园运输机钢丝绳通过锁喉固定在拖车底部同一侧的前后位置，通过电动机的正反转，传递动力给钢丝绳，一侧的钢丝绳受主动力牵引拖车在轨道上来回运行，实现循环运输。这样就存在当钢丝绳牵引拖车运行时，钢丝绳一侧受到主动力处于绷紧状态，另一侧处于较为松弛的状态。这样通过设置配重预紧装置使未受主动力的一侧也处于较为绷紧的状态，避免钢丝绳拖地，以及摩擦轨道和轨道支撑脚的情况。

长时间的运行会导致钢丝绳的拉伸变形，钢丝绳长度会适当拉长，这样钢丝绳在牵引运输未受主动力的一侧极易出现松弛拖地，甚至缠绕物体的现象。配重预紧装置可以通过自身的调节，尽量避免此类情况的出现。如果钢丝绳过长，只能通过释放配重预紧装置的重物，打开钢丝绳与牵引点装置间的锁喉，凿断适当的钢丝绳的方法，调节钢丝绳长度。

根据目前试制安装和实地安装调试后，一般配重重量为 50kg 就可以满足所需要求，如果在安装过程中，配重重量不足，可通过实地添加重量来调节，直至到达所需要求为止。

图 3-9 为配重预紧装置示意图，钢丝绳 1 是用于牵引运输机的钢丝绳，钢丝绳 2 是用于提拉重物。钢丝绳 1 绕过大滑轮进行循环运行，钢丝绳 2 一段固定在支架 1 上，绕过小滑轮，另一端固定在配重上。大小滑轮通过叉板固定在一起，两者可以在支架 1 的滑槽能移动。运输机正常运行时，大小滑轮最初位于支架 1 的中心位置。当钢丝绳拉伸变长后，大小滑轮会向配重方向移动，配

重高度会下降，这样就可以调节钢丝绳的长度，并且给予一定的预紧力，防止钢丝绳 1 过于松弛。当滑轮在支架 1 上向左偏移过大时，这时说明钢丝绳 1 需要重新调整长度，需要卸下配重，将钢丝绳 1 从牵引点装置上解下，适当的凿断，使配重重新安装上时，大小滑轮可以位于支架 1 的中心位置。

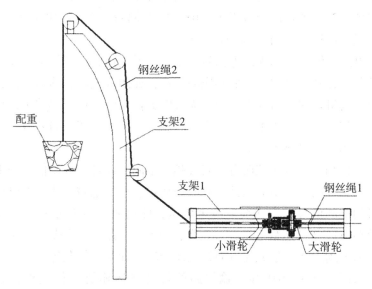

图 3-9　配重预紧装置示意图

（八）控制装置设计

1. 遥控系统电波传播机理与控制途径研究

（1）无线遥控器模式的选择

无线遥控器就是用来远程控制机器的无线遥控设备。现代遥控器主要是由集成电路电板和系列按钮（用来产生不同的信息）组成。

无线遥控器已经被人们越来越多的应用在日常生活中，从而带来极大的便利。科技的进步也使无线遥控设备种类日益增多，而常见的有两种模式，即红外遥控模式和无线电遥控模式，两者是相互补充的遥控器种类，分别用于家电和起重机、防盗报警设备、门窗遥控、汽车遥控等。

①红外遥控器（IR Remote Control）

红外遥控器的控制信号利用波长范围为 $0.76\mu m \sim 1.5\mu m$ 的近红外线来传

送。常用红外遥控系统由发射和接收两部分组成。发射部分主要元件为红外发光二极管。在二极管两端施加一定电压后，发出的不是可见光而是红外线，主要是由于它的内部材料是不同于普通发光二极管的特殊二极管。

红外遥控器由于信号无法穿过墙壁，因此不会对其他通用电气设备产生干扰；电路调试简单，准确地连接给定电路即可使用；编解码容易，可进行多路遥控。因此，红外遥控广泛应用于家用电器及室内距离小于 10m 的遥控中。

②无线电遥控（RF Remote Control）

无线电遥控器是利用无线电信号发出指令或通过驱动其他机械或者电子设备，以控制远方各种机器，完成相应的动作，如闭合电路、移动手柄、开动电机，之后再由机械执行需要的操作。无线电遥控广泛应用于起重机、车库电动门、道闸遥控控制，防盗报警器，工业控制以及无线智能家居领域。

③红外和无线电遥控器的区别

红外遥控和无线电遥控两者的载波频率不同，前者的控制信号采用红外线来传送，具有方向性、不通透性、有效距离短、不受电磁干扰，如电视机遥控器；后者的控制信号采用无线电波来传送，此信号不具有方向性、可以有阻挡、有效距离远（可达数十米，甚至数公里）、易受电磁干扰。无线电遥控器可以用在需要远距离穿透或无方向性控制领域，如工业控制等。

根据果园的实际环境和运输线路的长度（运输机运行线路长有 100m、300m、500m 和 800m 等等），综合比较以上两种遥控器模式，果园运输机的遥控器可选择使用无线电遥控器。

（2）山地橘园 UHF 频段无线电波传播机理

无线电波是一种电磁波，频率范围很宽，根据我国无线电管理机构对通信设备的发射频率的相关规定，民用段的频率有 315MHz 和 433.92MHz，民用段频率的频带名称为超高频（UHF），波段为分米波，传播方式为视距传播，在该传播方式中，接收点除收到直射波外，还经常收到地面反射波。

视距传播的主要特点是：其传播距离同在地面上人的视线能及的距离相仿，一般不超过 50km，在某些特殊情况下，通过一系列的绕射、折射、散射或反射，其传播距离会大大超过视距；频率越高，受地形地物影响越大；工作频带宽。

①电波传播模型

A. 自由空间电波传播模型

自由空间是一种理想情况，是指相对介电常数和相对磁导率均恒为 1、电导率为 0 的均匀介质所存在的无限大空间。

假设天线置于自由空间，在其最大辐射方向上距离为 d 的接收点处产生的场强振幅为：

$$| E_0 | = \frac{\sqrt{60 P_t G_t}}{d} \tag{3-52}$$

式中：$| E_0 |$ 为接收点处产生的场强振幅，V/m；P_t 为发射天线输入功率，W；G_t 为发射天线增益；d 为距离，km。

接收天线的输入功率为：

$$P_r = S A_e = \frac{P_t G_t}{4\pi \, d^2} \frac{\lambda^2}{4\pi} Gr = \left(\frac{\lambda}{4\pi d}\right)^2 P_t G_t G_r \tag{3-53}$$

式中：P_r 为当天线与接收机匹配时，接收天线的输入功率，W；S 为坡印廷矢量模值，W/m^2；A_e 为接收天线的有效面积，m^2；G_t、G_r 为发射天线和接收天线的增益；λ 为自由空间内电磁波的波长，m。

在微波波段内，引用"传输损耗"来表示电波通过传输媒质时功率的损耗情况，就自由空间而言，电波的衰减情况可用"自由空间基本传输损耗"L_{bf} 度量电波在传输过程中信号电平衰减的程度。自由空间基本传输损耗 L_{bf} 是用在自由空间中两个理想点源天线（增益系数 $G=1$ 的天线）之间的传输损耗来定义的，它表示在自由空间中，增益系数 $G_t = 1$ 发射天线的输入功率 P_t 与增益系数 $G_r = 1$ 接收天线的输出功率 P_r 之比，即：

$$L_{bf} = \frac{P_t}{P_r} \quad (G_t = G_r = 1 \text{ 时}) \tag{3-54}$$

将式（3-53）代入式（3-54），得：

$$L_{bf} = \left(\frac{4\pi d}{\lambda}\right)^2 \tag{3-55}$$

若以分贝（dB）表示，则有：

$$L_{bf} = 10 \lg \frac{P_t}{P_r} = 20 \lg \left(\frac{4\pi d}{\lambda}\right) \text{ 或 } L_{bf} = 32.45 + 20 \lg f + 20 \lg d \tag{3-56}$$

式中：L_{bf} 为自由空间传输损耗，dB；f 为发射频率，MHz。

由于自由空间是个理想介质，不吸收电磁能量，由公式（3-56）计算得到自由空间的传输损耗是电磁波在传播过程中随传播距离的增大能量的自然扩散而引起的损耗，它只反映了电磁波的扩散损耗。

B. 媒质中电波传播模型

电波传播的实际环境总是涉及各种各样的媒质，一般情况下，电波传播的过程就是电磁波与媒质相互作用的物理过程。在传播过程中，媒质吸收电磁能量使电波信号发生衰减，媒质的不均匀性、地貌地物的影响等都会使电波信号畸变、衰落或电波传播方向发生改变等。因此，电波在有耗媒质中传播时接收点的场强小于它在自由空间传播时的场强。

设实际情况下接收点场强 E 表示为：

$$|E| = |E_0|\alpha = \frac{\sqrt{60P_t G_t}}{d}\alpha \qquad (3\text{-}57)$$

式中 $\alpha = |E| / |E_0|$，称为衰减因子，它与工作频率、传播距离、媒质电参数、地貌地物、传播方式等因素有关。相应的波印廷矢量模值和接收功率分别为：

$$S = \frac{P_t G_t}{4\pi d^2}\alpha^2 \qquad (3\text{-}58)$$

$$P_r = \left(\frac{\lambda}{4\pi d}\right)^2 \alpha^2 G_t G_r P_t \qquad (3\text{-}59)$$

就某一传输电路，发射天线输入功率与接收天线输出功率之比为该电路的传输损耗 L。把收发天线近似看成一个点源时，则传输损耗 L（dB）由式（3-60）计算有：

$$L = 10\lg\frac{P_t}{P_r} = 20\lg\left(\frac{4\pi d}{\lambda}\right) - \beta = Lbf - \beta \qquad (3\text{-}61)$$

式中衰减因子 $\beta = 10\lg\alpha^2 = 20\lg\frac{|E|}{|E_0|}(dB)$

β 反映了媒质对电波能量的吸收，因而使电路的传输损耗增加。

②山地橘园 UHF 频段电波传播场强模型预测

国内不少学者对森林环境、人工林等的电波传播进行了大量的理论和实验研究，并提出适用于一定范围上的经验模式和理论模型。华南农业大学研究了433MHz 无线射频信号受植被深度、天线高度和通信距离等因素联合作用下在平地橘园的衰减情况，并建立了无线射频信号接收强度与环境传播因子及通信距离间的线性模型。

由于反射波而引起的损耗呈指数衰减，在一般的丛林平地、丛林丘陵区域，直射波和反射波模式在丛林内近距离通信时有较大的贡献；对于频率大于50MHz，小于 400 m 距离的丛林通信直接波是主要的。

遥控双向牵引式单轨道山地果园运输机的工作环境为山地橘园，其立地条件、地面植被、地形地貌等与森林环境、人工林和平地橘园有着明显的区别，对于山地橘园 UHF 频段电波的传播场强预测模型至今却未有详细资料报道。近年来随着山地橘园单轨运输机械自动化的发展，基于山地橘园环境电波传播规律基础上的遥控技术等发展迅速，为了合理地设计山地橘园环境电波的通信电路，建立山地橘园环境电波的传播场强预测模型是一个亟待解决的问题。

当 UHF 频段在山地橘园环境中传播时，山地橘园中的柑橘树干和树叶为随机介质，在这些随机介质内，总场由相干部分和漫射部分组成。相干场和通过各个树叶及树干的前向散射有关，而漫射场是由偏离前方的散射所产生的那些场。当无线电波传播进入随机介质时，相干场开始变得重要。然而，作为树叶和树干吸收及通过散射变成漫射场的结果，相干场衰减相对较快。

因此传播媒质——橘树林对 UHF 频段的衰减主要应由两部分组成：其一为地面反射衰减损耗；其二为树木的衰减损耗。将这两部分损耗值与自由空间的传播损耗求和即可得到离开发射端一定距离处电波总的损耗值，由发射端功率对应的电场强度值减去该损耗值就可得到某接收点接收的电场强度值。

A. 地面反射衰减损耗

对于 UHF 频段，由于存在地面反射波，所以接收点的总场为直射波部分和相干部分叠加，严格计算该频段因地面反射所引起的反射损耗 L_g 是比较困难的，有关地面反射损耗 L_g 均是在大量实验数据基础上得到的统计模型。本书在建立山地橘园环境 UHF 频段电波传播模型时计算地面反射损耗 L_g 是参考已有的实验统计模型而得出的，即取中国电波传播研究所于 1992—1993 年建立的中原地区中牟县林场小叶型槐树林中电波传播模型中反映视距传播部分的传输损耗呈距离指数的衰减因子。因此，山地橘园中的地面反射损耗 L_g 随传播距离 d（km）的变化关系为：

$$Lg = -20\lg(0.62\, e^{-13d}) \tag{3-62}$$

B. 树木的衰减损耗

当 UHF 波段电波在树林中传播时，树冠、树叶和树干给电波信号造成明显的衰减，衰减依赖于频率及树丛的类型，如树的大小、形状、叶子的角度分布和树枝的角度分布等。参考相关文献，本书中橘树对 UHF 频段中某一频率的衰减损耗 L_t 由下式计算：

$$Lt = 1000\delta d \tag{3-63}$$

式中：L_t 为树木的衰减损耗（dB）；d 为传播距离（km）；δ 为树木对电波的衰减率（dB/m），本书中假定对于 315MHz 的电磁波衰减率 $\delta = 0.1$（dB/m），对于 433.92MHz 的电磁波衰减率 $\delta = 0.15$ （dB/m）。

③山地橘园 UHF 频段电波传播场强预测模型

由于 UHF 波段主要的传播方式为直接波传播，而有耗媒质——山地橘园橘树林对该频段的影响主要由自由传播损耗、地面反射波和橘树的衰减构成，因此，基于以上分析可得到山地橘园 UHF 波段电波传播总损耗值计算式：

$$L = Lbf + Lg + Lt = 32.45 + 20\lg f + 20\lg d - 20\lg(0.62\ e^{-13d}) + 1000\delta d$$

（3-64）

式中：L 为山地橘园 UHF 波段电波传播总损耗值，dB；f 为发射频率，MHz；d 为传播距离，km。

假设发射设备的功率为 P_{dB}，该功率通过天线在空间某点处感应的电信号的大小即场强值 E_t 表明该发射设备的最大通信能力。由式（3-65）可将发射端功率单位换算为对应场强的单位。

$$V = P_{dB} + 120 + 10\lg R$$
$$E_t = V + h_e = P_{dB} + 120 + 10\lg R + 20\lg h_e$$

（3-65）

式中：E_t 为空间某点处感应的电信号的大小即场强值，dBμv/m；P_{dB} 为发射端功率的分贝值，dBW；V 为发射设备在空间某一点所产生的电信号的电平值大小，dBμv；R 为发射天馈线系统输入阻抗，取 50Ω 的标准阻抗，Ω；H_e 为发射天线的有效长度，为达到最大的发射功率取 $\lambda/4$，m。

则山地橘园中某一点接收到的电波功率分贝理论预测值（即某一接收点处场强的理论值）E_{ryu}（单位：dBμv/m）应为：

$$E_{ryu} = E_t - L = P_{dB} + 120 + 10\lg R + 20\lg h_e - L$$

（3-66）

④山地橘园 UHF 频段电波传播场强特性测试

所建立的理论模型式（3-67）必须达到一定的精度才能可靠地预测山地橘园中某一点接收到的电场强度的大小，继而为山地橘园中无线电通信电路的设计提供理论依据。精度 θ 为：

$$\theta = 1 - \frac{|误差|}{理论值} = 1 - \frac{|\Delta|}{E_{ryu}}$$

（3-67）

根据经验，一般可按表 3-2 进行精度等级检验。如果检验合格，则模型就可以用于预测。如果模型精度不符合要求，可通过残差辨识，提高模型精度，合格后再进行预测。

表 3-2 预测精度等级

精度 θ	>0.9	>0.8	>0.7	≤0.7
等级	好	合格	勉强	不合格

(3) 遥控山地果园运输机试验

①无线电遥控距离测试试验

A. 试验背景

影响无线电遥控距离的因素有自身的性能参数和外界的环境因素等，无线遥控的输出功率越强，发射信号的覆盖范围越大，通信距离也越远，但发射功率不能过大，发射功率过大不仅影响功放元件寿命，而且干扰性强，会产生辐射污染，根据我国无线电管理机构对通信设备的发射频率的相关规定，民用段为 315MHz 和 433.92MHz，距离最远不大于 1000m。通常天线高度增加，接收或发射能力增强。环境因素主要有路径、树木的密度，环境的电磁干扰、建筑物、天气情况和地形差别等。

B. 试验目的

标定 315MHz 的普通远距离遥控器在各种地形及有无拉出天线条件下的最远遥控距离。

C. 试验设计

a. 在相同距离条件下，间隔 30s 按下一次遥控距离按键，接收装置收到信号后相应的指示灯闪烁，蜂鸣器也报警发声，重复 3 次，若 3 次都能在按下遥控器之后听到蜂鸣器响，看到指示灯闪烁，说明为有效遥控距离。

b. 设计四种场地进行试验测试遥控器的有效遥控距离

场地一：华中农业大学狮子山广场，即从主楼至新图书馆，此区域有树木遮挡，周围建筑产生电磁干扰。

场地二：华中农业大学南湖边，遥控器放置在南湖大桥，接收装置在沿湖东路移动，此区域属于空旷地，无树木遮挡，且电磁干扰少。

场地三：华中农业大学工科试验基地，此测试是带有电机运行。

场地四：江西安远柑橘园，实际山地环境验证在有无树木的条件下所使用的遥控器是否适用。

D. 试验材料与设备

卷尺（有效长度为 20m）；

无线电遥控器（型号：YK3000）；

接收装置（自制）。

E. 试验结果与分析

a. 无线电遥控距离试验测试结果如表 3-3 所示。图中最远有效遥控距离的试验结果中未标明测量方法的数据为百度地图测距值。

表 3-3　　　　　　　　　　　　遥控距离试验结果表

试验场地	最远有效遥控距离	是否拉出天线
场地一	430m	否
	590m	是
场地二	530m	否
	720m	是
场地三	150m（卷尺测量）	否
	240m（卷尺测量）	是
场地四（无树木遮挡）	800m（估算）	是
场地四（有树木遮挡）	120m（轨道长度）	是

试验结果分析：通过对设计的四种场地进行有效遥控距离的试验测试，可以看出天线的拉出与否、有无遮挡物以及负载（被控对象）的干扰都是影响遥控距离的因素，而树木遮挡对遥控距离的影响程度最高。因此在实际的施工过程中，要注意：遥控控制箱的安装高度要适宜，理论上越高越好，保证遥控箱在可视范围内，尽量避免建筑物及树木的遮挡；使用遥控过程中最好将天线拉出来，以延长遥控的有效距离。

b. 根据遥控试验的情况，山地橘园遥控牵引式单轨运输机的使用环境比较复杂，山地起伏，且有果树遮挡，遥控信号无法实时发送到接收器，不能确保整机的实时遥控控制和避障功能的实现，因此有必要设计一套远程、避障遥控信号传递系统，核心是设计一个能中转遥控信号的中转器，其功能是中转器接收遥控器发射的信号，转发给接收器，工作关系示意图如图 3-10 所示。添加一级中转器后理论遥控距离如表 3-4 所示。

中转器是中转数据的无线收发器，被中转的信号必须满足以下两个条件：（1）与中转器的接收频率相同；（2）与中转器接收部分的振荡电阻相匹配。

图 3-10　中转器工作关系示意图

表 3-4　　　　　　　　　　　添加一级中转器后理论遥控距离表

试验场地	理论有效遥控距离
场地一	860m
	1180m
场地二	1060m
	1440m
场地三	300m（卷尺测量）
	480m（卷尺测量）
场地四（无树木遮挡）	1600m（估算）
场地四（有树木遮挡）	240m（轨道长度）

②遥控控制三相电机正反转试验

A. 试验背景

牵引式单轨运输机采用卷扬机作为驱动装置，实现卷扬机控制的遥控操作，核心是控制三相电机的正反转，根据运输机的实际使用要求，要求运输机上行过程中要改为下行状态，需先停车后再下行，这样就要求遥控器操作时也具备同样的功能，不能出现误操作的情况，因此要遥控实现电路互锁和自锁。

B. 试验目的

在手动操作实现三相电机正反转的同时，也能用遥控操作，两者互不干扰，能同时使用，无需切换。

实现卷扬机的遥控控制。

C. 试验设计

a. 根据三相电机正反转控制电路和实际需要选择合适的控制方式，设置"正转""反转""停车"三个功能按钮，实现手动控制。

b. 根据自行设计的试验电路图进行接线，接通三相交流电源进行遥控操作试验。

D. 试验材料和设备

三相电源试验台，三相电机，控制箱，遥控器和按钮等。

E. 试验结果及分析

通过遥控按键模拟手动按钮的动作，可以实现遥控控制三相电机正反转。能够同时实现遥控和手动的操作，两者不相互影响。

根据这个电路原型制作了遥控控制箱，分别在江西安远、福建永春和浙江临海等地现场安装，使用效果良好。试验过程中发现的易烧坏遥控控制板和电源输入不符合规范等问题，通过在控制箱内加装了相序保护器和电动机保护器等电气元件，在一定程度上规避了风险，让果农用得放心、省心。

2. 控制装置组成、工作原理和使用方法

（1）控制装置组成

遥控双向牵引式单轨道山地果园运输机的控制装置主要有控制箱、遥控器、上行行程开关、下行行程开关以及信号线等组成。控制箱和遥控器控制整个运输机的运行，上下行行程开关主要用于上行和下行自动停车。控制装置总体示意图如图3-11所示。

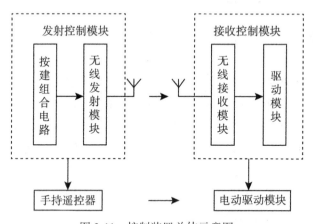

图 3-11　控制装置总体示意图

工作过程：操作者通过手持遥控器按下相应的按键开始发射遥控指令，经由无线发射模块发射固定频率的信号；接收模块接收到信号，通过信号控制驱动模块的具体动作，实现上行、下行和停车。

①控制箱

如图 3-12 所示控制箱外壳上有三个按钮，根据箭头和颜色标识，绿色表示运行，红色表示停止，箭头向上表示运输机向上运行，箭头向下表示运输机向下运行。控制箱内接线端子 1、2、3 接输入电源，4、5 接上行行程开关信号线，6、7 接下行行程开关信号线，8、9、10 接电机和液压制动系统。

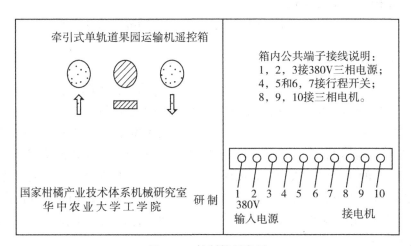

图 3-12　控制箱示意图

注：图中 ⊙ 为绿色，◍ 为红色。

配电箱内部连线已接好，用户使用前，只需连接三根 380V 输入电源线和三根接电机线即可。控制箱内设置有相序保护器，如果闭合空气开关，相序保护器"工作指示灯"不亮，只需拉下电闸将接 1、2 和 3 端子的三根线中任意两根线调换即可。4~10 号接线端子上的线路，不能随意拆卸。

如果因为线路问题必须拆卸时，若电机正、反转与遥控开关的上下键不一致情况，一般不要更改电源线，只需拉下空气开关将接电机的三根线中任意两根线调换（8~9 接线端子），然后闭合空气开关，看到控制板上相序保护器"工作指示灯"亮，按下"上行按钮"（遥控器中的上行按钮）测试电机是否上行，如果上行则调试完毕。

②工作原理和使用方法

当接好三路输入相线和三路输出线，给输入线通电且空气开关合闸后，看到控制板上相序保护器"工作指示灯"亮，可以用控制箱上按钮手动启动运输机上行、停止、下行。遥控与手动操作可以同时使用。

手动：当运输机处于停止状态时，若按"上行手动按钮"则运输机上行，若按"下行手动按钮"则运输机下行，当运输机处于上行或者下行状态时，按"停止按钮"则运输机停止。

遥控：当运输机处于停止状态时，若按"上行遥控按钮"则运输机上行，若按"下行遥控按钮"则运输机下行，当运输机处于上行或者下行状态时，按"停止按钮"则运输机停止。

注意：遥控操作时按键后应松开，每次按键间隔应大于3秒。

3. 遥控控制箱设计

遥控控制箱主要是对三相电机正反转控制回路进行了改进，改进后的电路图如图3-13所示，K1与停止按钮串联，K2和K3分别与正转按钮和反转按钮并联，其中K1为继电器常闭触点，K2、K3均为继电器常开触点。遥控器按钮信号通过无线电传播，通过遥控信号接收模块和继电器驱动模块相连，使得对应继电器的常开触点吸合，常闭触点断开，实现了按钮功能，即通过遥控控制三相电机的正反转和停止。遥控按钮和手动按钮能同时使用。遥控器内发射模块选用空旷地发射距离1km的遥控发射模块，保证运输机在果园范围内的遥控使用。

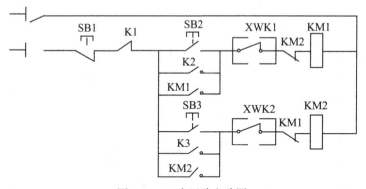

图3-13　二次回路电路图

在已建的牵引式单轨运输线路上安装遥控控制箱时，出现遥控控制模块烧坏的现象，初步分析是继电器控制触点的控制电压过高，其电压为交流接触器的线圈电压380V，在频繁开关过程中产生电火花，导致控制板上的继电器模块烧坏。

新设计的控制箱在保持控制主回路不变的情况下，通过专用变压器

（380V 转 220V）将二次回路的供电电压降至 220V。由变压器提供的 220V 给遥控控制模块和交流接触器线圈供电。经实验测试，遥控控制模块的工作消耗功率为 2W 左右，交流接触器吸合所需的功率为 6.6W，因此变压器的功率定为 10W。

选用额定功率为 10W 的变压器，在试验过程中，交流接触器处于水平放置，能通过遥控控制交流接触器的通断，在实际使用过程中，交流接触器是垂直放置的，出现了吸合不住的情况。考虑到所用交流接触器线圈启动时电流是额定电流 5~7 倍，因此需要加大变压器的功率，保证交流接触器线圈的启动电流足够大，经计算和进一步试验，采用额定功率为 15W 的变压器即可满足要求。

遥控控制箱内部包括空气开关、交流接触器、相序保护器、变压器、开关电源、遥控接收板和继电器模块等，空气开关一端接 380V 三相交流电源，另一端接变压器和交流接触器。变压器的输出端接开关电源的输入端和交流接触器的线圈，开关电源为遥控接收板和继电器模块提供电源。两组常开和常闭端子、2 个交流接触器和 3 个点动按钮共同组成三相电机正反转手动控制模块。

相序保护器的三相检测端与接触器的输入端相连，其常开触点与二次回路的停止按钮串联。当检测到电源相序和保护器端子输入的相序相符的情况下，其输出继电器接通，常开触点吸合，二次回路接通；当电源相序发生变化时，相序不符，输出继电器无法接通，从而保护了设备，避免事故的发生。

综上所述的设计历程，遥控控制箱在实际的推广使用中根据碰到的问题经历了一步步的改进。其特点是初次使用时需要设置遥控编码，能够实现一个遥控器对应多个控制箱的情况，只需要设置好对应控制箱接收板上的遥控编码即可实现一一对应，因其他的遥控器对其不起作用，故有一定的防盗功能。但对文化程度相对较低的果农来说，不方便操作和使用，每次更换电池之后需要重新设置遥控编码。虽然在技术上比较成熟和先进，但是不适合我国的国情，已经被淘汰。

第二代遥控控制箱更换了遥控接收模块，考虑到果园的供电大部分都是三相电供电，保留了第一代遥控控制箱的主回路硬件部分，为了接线的方便，只是通过一个小变压器将 380V 降压为 220V，再通过 220V 转 5V 的开关电源给遥控控制模块供电。该控制箱在使用过程中出现多次烧坏遥控控制板的情况，分析原因是控制板的继电器触点电压过高，为 380V，而本身的继电器额定触点电压为 220V，在频繁的开启和关闭过程中，出现瞬时放电的情况，导致电路板过热烧坏。因此需要考虑新的解决方案，其一是将继电器驱动模块里面的继电器更换成额定触点电压为 380V 的，其二是降低主控制回路硬件的控制电压，只需更换交流接触器即可，降低交流接触器的线圈控制电压为 220V。

经过在室外环境模拟山地橘园的使用情况，新的遥控控制箱一直性能稳定，满足山地橘园牵引式遥控单轨运输机的控制需要。遥控控制箱元件清单如表 3-5 所示。

表 3-5 遥控控制箱元件清单

名称	型号（技术参数）	数量（个）	备注
手提箱子（宽×高×厚）	300×400×140	1	
按钮	NP4-11BN	3	2 绿 1 红
相序保护器	XJ3-G	1	AC380V
交流接触器	CJX2-1810 220V	2	
行程开关	YBLX-ME/8108	4	
断路器	DZ47-60 20A	1	
接线端子	JH9-1.5/10	1	
辅助触头组	F4-11	2	
变压器	380V-220V	1	功率 15W
开关电源	HT10-05	1	
继电器模块	SRD-05VDC-SL-C	1	4 路 NPN 输出
遥控接收模块	315M 非锁型 M4	1	
天线	315M 可折	1	
防水盒	118/120 型	1	正泰

三、遥控双向牵引式单轨道山地果园运输机的试制、安装调试与使用

(一) 遥控双向牵引式单轨道山地果园运输机的试制

在湖北省宜昌市柑橘实验站完成了样机的演示运行，运行效果良好，基本满足设计要求。实地运行时参数：上坡载重 300kg，下坡载重 500kg，最大爬

坡角度38°，平均运行速度0.7m/s，达到设计目标。

（二）遥控双向牵引式单轨道山地果园运输机安装调试与使用

通过在湖北宜昌、广西桂林、重庆奉节等地安装调试3套遥控双向牵引式单轨道山地果园运输机进行性能测试，安装线路最长155m，最短80m，可有效解决坡度陡峭的山地果园运输问题，并且不需要人员驾驶，只需利用控制箱上的按钮和遥控便可控制运输机的运行，方便安全。

1. 安装和调试过程

（1）勘察地形，根据果园的具体情况，初步规划运输机可运行路线。根据我国目前果园的设施建设、规划规模以及集中地，可以看出我国果园基本设施匮乏，规模小，分布分散，地区地形复杂，因此在安装单轨运输机时要求对地形进行勘察，设计出一条合理的路线，既可以减少对现有果树枝丫的踢剪，又可以方便运输，降低劳动成本。

（2）基本确定运输机行走路线，设置桩基，在运行路线上，每2m埋下一个桩基。

桩基由深0.5m的方形钢筋混凝土构成，钢筋上焊接连接钢板，钢板与支撑脚相连接。桩基用于支撑脚的固定，使轨道可以保持固定，防止轨道负载运输车时左右摇晃。

（3）将安装材料发往目的地。遥控双向牵引式单轨道山地果园运输机课题来源于国家公益性行业专项经费项目，目前所投资建设的经费都来源于此项目，保证果农不花费成本，免费安装调试运输机。

（4）再次查看运行路线，确定桩基位置是否符合要求，最终确定运行路线。为确保安装线路是最佳线路，根据实际地形反复勘察，安装人员反复讨论，确定最佳安装和运输路线。

（5）确定轨道起始点和动力系统的安装点，开始架接轨道。轨道的起始点设于运输路线开始的地方，动力系统的安装点一般设立在轨道起始点附近，在地形允许，并且不妨碍果树的情况下，尽量保持动力系统的安装点与运输路线在一条直线上，以降低安装操作要求。在桩基上焊接支撑脚，用于轨道的固定，支撑脚的具体高度，根据山地的起伏确定。在支撑脚一侧焊接角钢，加以固定。在支撑脚上架接轨道导轨，导轨由50×50mm的方管组成，每节长6m，相邻节之间通过焊接连接。轨道安装时要确保轨道表面与所处位置的地面平行，已确保后来拖车的平稳运行。根据运行路线，轨道导轨要发生弯曲，利用

123

弯管机使导轨弯曲达到运行路线要求的标准。

（6）安装钢丝绳限位轮。限位轮有4种，上坡横式限位轮、正弯限位轮、反弯限位轮和回程限位轮，除回程限位轮外，其他三类限位轮都是安装在钢丝绳紧边，回程限位轮安装在钢丝绳松边。轨道安装完毕以后，基本上就确定完成了运输机的整体规划。这样根据观察轨道的起伏弯曲走势，初步确定限位轮的安装情况，以及根据弯曲方向确定钢丝绳安装时的松紧边。在具体安装时，根据行走路线和轨道在此处的具体情况确定限位轮类型，再利用细绳代替钢丝绳，模拟钢丝绳走势，安装限位轮。

（7）将拖车导入轨道内，放置于行走路线开端。拖车是单轨运输机承载货物的装置，拖车是在华中农业大学工科基地加工好后，随材料运输发往安装地点的。

（8）安装驱动装置。在条件允许的情况下，一般将驱动装置的安装和运输路线前端位于同一条直线上，这样方便安装调试，且减少因为驱动装置和运输路线不同线带来的钢丝绳需要的弯曲。如果两者不在同一直线上，且偏移角度较大时，需要安装必要的起点导向轮，用于钢丝绳变向，使钢丝绳从驱动卷轮出来后，尽量是直线运行，自然过渡到行走路线上。

（9）在轨道末端焊接终点导向轮，用于钢丝绳180°的变向和循环运输。

（10）放置钢丝绳，根据行走路线及限位轮位置放置钢丝绳，并将钢丝绳以横"8"形缠绕在驱动卷轮上。

（11）将钢丝绳的两端分别接于拖车的牵引点上，用锁喉锁紧。

（12）确定配重位置，根据卷扬机位置，以及实际地形角度，确定配重位置及配重量。架起配重并调节拖车牵引点处锁喉使钢丝绳处于绷紧状态。

（13）安装控制箱，且将驱动装置线路接入其中。

（14）调节驱动部分的制动装置，以确定拖车可以在行走路线的任意位置安全启动和停车。制动部分采用液压制动器，通过联轴器将减速箱、制动器和驱动卷轮连接在一起。

（15）利用控制箱上的控制按钮，手动控制运输机运行，看其运行状态，要反复调试，以确定钢丝绳状态、配重状态、拖车运行状态良好。

（16）拖车调整，利用拖车上的夹紧装置调节拖车与轨道间的间隙，一般维持在1~2mm，且使拖车可以在轨道上基本无太大晃动行走即可，以确保防止拖车侧倒和脱轨。

（17）铺设信号管路和信号线的布置。

（18）安装上行、下行行程开关，并将其与信号线连接后，将信号线接入控制箱。

（19）测试行程开关是否连接正确，是否有效，即上行控制运输机在上行终点自动停车，下行控制在下行终点自动停车。

（20）测试遥控器是否有效，是否可以完全控制运输机的运行，即可以使其在行走线路上的任意位置启动和停车。

（21）空载实验，反复利用手动控制箱按钮、遥控器控制以及行程开关自动停车，总体看运输车的运行状态是否良好，是否平稳启动、运行和停车。

（22）满载实验，上行载重 300kg，下行载重 500kg，反复利用手动控制箱按钮、遥控器控制以及行程开关自动停车，总体看运输车的运行状态是否良好，是否平稳启动、运行和停车。

（23）将整套设备刷一层防锈油漆，主要是轨道。为防止运输机生锈，每两年为设备刷一次油漆，每一年为钢丝绳刷一次废机油，确保钢丝绳的流畅运行。

（24）与当地政府进行交接，详细讲述运输机的工作原理、使用方法、运行流程，以及注意事项等。

2. 运输机的使用

（1）工作原理

该运输机主要有控制系统、驱动系统、钢丝绳、拖车、运行轨道、配重预紧装置组成。控制系统主要有 3 部分组成，控制箱（手动控制）、遥控器（随时控制）、行程开关（上下行终点自动控制）。驱动系统主要有电动机、减速箱、刹车装置和驱动卷轮组成。运行轨道有预埋件、支撑支脚和导轨，支撑支脚是用 $30 \times 40 mm^2$ 的扁管焊接连接预埋件与导轨，导轨由 $50 \times 50 mm^2$ 的方管焊接连接而成，每节长 6m。配重预紧装置用于调节运输时钢丝绳的松紧，以及长时间使用后钢丝绳拉长，用于调节钢丝绳长度，使其更好地在限位轮上运行。

遥控牵引式单轨运输机结构简单，操作方便，用户通过遥控或手动控制控制箱，电动机运动带动驱动卷轮运动，从而带动缠绕在驱动卷轮上的钢丝绳运动，钢丝绳牵引拖车在轨道上运行，从而达到运输目的。该设备装置操作简单，原材料价廉易得，设备成本低，适合山地果园使用。

（2）主要部件的调节

遥控牵引式单轨运输机长时间运行后，需要对夹紧装置、配重预紧装置进行调节，且在长时间不用时，要对控制箱进行合理的保护。

　　关于夹紧装置和配重预紧装置的调节在第四章已经有详细的描述，本章不再赘述，控制箱在长时间不用时，应断开电源，在需要时进行安装。安装控制箱时注意事项：

　　①严禁带电安装、接线、拆换部件。

　　②安装前先检查空气开关、接触器、输出接线端子、控制板上已有连线是否牢固，运输过程中振动可能会使其松动或断开。

　　③交流线的线头不要剥出过多，以刚好能装入空气开关端子、输出接线端子为宜。如果固定端子处是软线，必须拧紧铜线并用焊锡完全焊好（或先焊接，压接"固定铜片"），否则很容易松动或铜丝脱落。

　　④交流线接到空气开关和输出接线端子上并固定牢固后，还需要在配电箱底（箱底外侧）另外固定，避免外部产生拉力使线松动，松动的线头碰到铁壳会导致触电。

　　⑤所提供的电源最好应有"漏电保护功能"，将配电箱外壳和电机外壳都接地，意外漏电时立即跳闸断电。

　　⑥配电箱外要加防水措施，若长时间不用，需外套塑料袋防水、防尘。

　　（3）使用注意事项

　　①控制箱务必保护好，不用时将其内空气开关关掉，长期不用时最好将输入线路拆掉（再次安装输入线路时，注意控制箱内有相位保护器，相位接错，相位保护器灯是不亮的，此时，交换相位，灯亮，则接法正确，可以使用运输机）。

　　②长期不用遥控器，应取出电池，避免浪费。

　　③遥控器应拉出天线使用，如果遥控距离远，或中间有障碍物，可高举遥控器，或用另一只手捏住遥控器天线，加强遥控效果。

　　④雷雨天禁止使用运输车，一定要断开空气开关。

　　⑤每次使用运输机之前，要判断上行和下行行程开关是否有效。判断方法：将运输车运行一段距离后停车，再按上行，此时，让人拨动上行行程开关，看运输机是否停止运动，若停止，则说明上行行程开关有效；不停则说明无效，无效时请检查线路及时更换行程开关。下行行程开关也是如此判断。

　　⑥上下行程开关必须每两年更换一次，以确保工作可靠，避免意外事故的发生。

　　⑦若长期不使用，应将拖车停放在最靠近驱动系统的地方，避免钢丝绳的不必要的损耗。每年都要给钢丝绳刷一次黄油，以防生锈。

　　⑧每两年给轨道刷一次油漆，以防生锈，导致重大事故。

⑨每次运行前,要沿线查看轨道附近有无杂物,以及果树是否会干扰运输机的运行等情况,以确保安全行驶。

⑩运输机是载物机械,严禁载人。

四、遥控牵引山地果园单轨运输机能耗的优化研究

一、试验台架的搭建

1. 试验机架的搭建

试验台架是在单轨运输车的基础上,考虑试验的方便性,在华中农业大学工科基地进行改装搭建,选用额定功率为 5.5kW、额定转速为 1440r/min 的 Y2-132S-4 型三相异步电动机,直径为 10mm 的钢丝绳 6×19FC(纤维芯)和减速比为 15.75 的减速机来完成机架的搭建。

2. 变频控制箱的安装

(1)变频控制箱与电机的连接

电动机和变频控制箱的接法分为三角形接法和星形接法,三角形接法启动扭矩大,常用于大功率电机,星形接法输出功率小,常用于小功率电机。由于功耗试验需要保证足够大的扭矩,且电机额定功率大于 3kW,因此应选择三角形接法。

(2)行程开关的安装及变频控制箱的运行调试

为了保证运输车在试验中运行安全,在轨道两端分别安装一个行程开关,当运输车运行到轨道两端触碰到行程开关后能自行停止。

根据变频控制箱的指令按钮调试运输车运行,确定其运行正常,接触器合并使液压刹打开,触摸显示器可输入自定义变频频率,左右两个方向按钮控制运输车上坡运行和下坡运行。

3. 功耗测试系统的安装与标定

根据试验台架的特点以及测试的便捷性,运输车上坡启动阶段平稳运行时钢丝绳的拉力功率和释放式动力传递装置的轴功率的测量选择基于无线网络传感器的测试系统。测量轴功率的原理是:当被测轴上有扭矩传递时,轴就会发生变形,也就存在应变,通过无线扭矩传感器测出应变值,进而通过计算公式

得出扭矩值，结合测出的转速值，可以得出实时功率值。测量拉力功率的原理是：首先通过试验得出运输车上坡启动阶段钢丝绳的拉力变化规律，从中得出拉力从变化到平稳运输车的启动距离以及拉力平稳期的拉力值；然后在运输车经过启动距离之后，分段测量运输车的运行速度，选取平稳的速度值，结合拉力平稳期的拉力值，算出拉力功率。测试系统主要由以下三部分组成：①终端机，即安装有检测软件的计算机；②无线网关，向无线节点发出指令以及接收无线节点的检测数据并传输到计算机内；③无线节点，采集检测的实时数据并通过传感器网络传递给无线网关。测试系统零部件如表 3-6 所示：

表 3-6 测试系统零件表

零件名称	型号	规格	厂家
无线扭矩节点	TQ201HD	应变量程：±3000/±1500/±750με（三挡自由切换） 应变测试分辨率：±0.02με 转速量程：3~12000r/min 转速测试精度：±0.5r/min	北京必创科技有限公司
无线网关	BS903	USB 接口，通讯距离大于 1000 米，外置天线	北京必创科技有限公司
无线拉力节点	TQ201	量程：±15000με 分辨率：±0.5με	北京必创科技有限公司
无线数据采集软件	BEEDATA		北京必创科技有限公司
扭矩应变片	BF350-3HE-A（11）N2-P200	灵敏系数：2.09±1% 电阻：350.0±1.0Ω	北京必创科技有限公司
拉力传感器	H3-C3	量程：1.0t 灵敏系数：2.0004±0.02%	北京必创科技有限公司
9V 电池	6LR61		福建南平南孚电池有限公司

（1）无线扭矩节点的安装

测量释放式动力传递装置驱动轴和从动轴的扭矩，首先需要在两个轴上各贴上一个应变片，贴应变片的步骤：①准备好丙酮、玻璃纸、砂纸、棉花、502 胶；②用砂纸打磨待测轴上的铁锈或油漆，直至有"明镜"效果为止；

③用棉花蘸取丙酮擦洗刚用砂纸打磨过的待测轴表面，擦洗干净的标准是棉花"白上白下"；④取出应变片，将应变片反面涂上 502 胶，贴在待测轴适当位置，并借助玻璃纸轻压好。

扭矩应变片为弯曲全桥片，应变片引出的四根线，中间两根线为一组对角线，两端两根线为一组对角线，每组对角线的两根线可互换，把四根线与无线扭矩节点相连，无线扭矩节点上的 AGND 端口和 VEXC 端口分别和应变片两端两根线相连，S−端口和 S+端口分别和应变片中间两根线相连，无线扭矩节点 VBAT−端口与 9V 电池负极相连，VBAT+端口与 9V 电池正极相连。

扭矩测量节点内有一个霍尔感应元件，与外部的一个固定磁铁相匹配，磁铁与节点的感应区距离在 1~2cm，磁铁分极性，用哪一头以节点上的转速指示灯亮为准，将扭矩节点用双面胶连同 9V 电池粘在卷轮上，卷轮每次旋转一圈，节点内部就发送一个脉冲信号，通过测量脉冲信号来得到转速值，驱动卷轮与从动卷轮上各安装一个节点，驱动轴节点编号为 2438，从动轴节点编号为 2434。

（2）无线拉力节点的安装

先将拉力传感器与无线拉力节点连接，拉力传感器引出五根线，红线接 VEXC 端口，黑线接 AGND 端口，绿线接 S+，白线接 S−，地线不用接，然后将运输车底端的钢丝绳截断，安装上拉力传感器，无线拉力节点编号为 2075。

（3）无线数据采集软件的安装与调试

先根据用户说明书安装无线数据采集软件，打开软件对每个节点进行初始化参数设置，主要是采样率和用户 K 值，在采集设置中设置采样率为 20Hz，采样率不宜太高，采样率越高，本底噪声就越大；扭矩、拉力与应变成正比例，比例系数为 K，应先用户 K 值计算工具计算出相应的 K 值，填入对应的采集通道中，以便自动得出准确的扭矩值和拉力值。

以上设置完成后，测量拉力的节点由于拉力功率单独计算，不需要设置虚拟通道，而测量扭矩的节点要直接得出轴功率值，但是只有扭矩和转速两个默认数据通道，驱动轴的两个通道为 X_2438_1 和 X_2438_2，从动轴的两个通道为 X_2434_1 和 X_2434_2，需要输入轴功率计算公式生成轴功率虚拟通道：

$$P = \frac{T \times n}{9550} \qquad (3\text{-}68)$$

式（3-68）中，P 为功率，单位：kW；T 为扭矩，单位：N·m；n 为转速，单位：r/min。

为保证测试的准确性，应在运输车静止的条件下，进行各节点的预测试，看测试实时曲线是否有零点漂移（也就是曲线向上或向下某一个方向走，不回头），如果漂移比较严重，拉力传感器应重新安装，待测轴上的应变片应拿掉，重新打磨清洁待测轴后，重新贴片，直到曲线基本水平为止。

（4）测试系统的标定

扭矩节点在出厂后对扭矩通道进行了标定，扭矩测试结果与标准值的误差在合理范围内。

转速标定的方法通过变频控制箱将电动机频率调到额定频率50Hz，即调到额定转速1440r/min，经过减速比15.75换算，输出的驱动轴上的转速理论值应为91.4286r/min，将节点2438和节点2434依次粘贴驱动卷轮上进行标定，结果如表3-7所示：

表3-7　　　　　　　　　　　**转 速 标 定**　　　　　　　　单位：r/min

试验次数	试 验 节 点			
	2438	误差	2434	误差
1	91.4256	0.0030	91.4201	0.0085
2	91.4208	0.0077	91.4215	0.0070
3	91.4249	0.0036	91.4238	0.0048

从表3-7可以看出，经过三次测量后取均值，测试值与理论值之间的误差不大，转速测试值较为准确。

在以上标定完成后，最后进行拉力节点2075的标定，先用已经调零的磅秤分别称量四桶装满土的油漆桶，油漆桶规格一致，磅秤最大量程150kg，最小分度0.1kg，四桶土的总重作为之后试验的最大负重，经过称量，四桶土的质量分别为：1号桶47.9kg，2号桶49.2kg，3号桶48.8kg，4号桶49.5kg，总质量195.4kg，取重力加速度为9.8m/s²，则总重为1914.92N，将磅秤测出的总重作为理论值，通过拉力传感器测量运输车静止在一定坡度轨道上时，空载和最大负重之间的拉力差值，进一步换算得出总重的测试值，再得出测试值与理论值，间接确认拉力测试的准确性，摩擦因素μ取0.7，测试结果如表3-8所示：

表3-8	拉 力 标 定		单位：N
试 验 次 数	试 验 节 点		
	2075	误差	
1	1915. 58	-0. 66	
2	1914. 23	0. 69	
3	1915. 37	-0. 45	

从表3-8可知，由拉力传感器和节点2075间接得出的总重与磅秤所测总重的理论值之间的误差很小，拉力测试值可认为比较准确。

（二）不同因素对释放式动力传递装置功耗的影响研究

1. 试验目的及意义

试验选取三个因素：电动机变频、坡度和载重，试验设定了三个指标，分别为驱动轴功率、轴功率传递效率和机械效率，轴功率传递效率是指从动轴功率与驱动轴功率之比，机械效率为拉力功率与驱动轴功率之比，轴功率是由扭矩和转速计算得到，拉力功率是由钢丝绳拉力和运输车速度计算得到。通过单因素试验初步得出扭矩在上坡启动阶段的变化规律，确定特定的扭矩区间值来计算对应的轴功率。同时，初步得出钢丝绳拉力在上坡启动阶段的变化规律，根据拉力的变化规律设计试验得出运输车在这一阶段的速度变化情况，再确定特定的拉力区间值来计算对应的拉力功率。以上的部分单因素试验研究是课题研究的基础，是之后所有试验采集数据和统计分析数据的依据。另外通过单因素试验，分析三个因素对三个指标的影响显著性，是之后优化建模的基础。建立电机变频与运输车上坡启动阶段平稳速度关系模型，可以直观地反映变频范围为10~50Hz时的上坡启动阶段运输车平稳运行速度。

2. 不同电机变频频率对释放式动力传递装置功耗的影响及结果分析

释放式动力传递装置的运行速度和运输车的运行速度由电动机的变频确

定，电动机变频的改变由变频控制箱实现，根据变频电动机在运输机械和提升机上的应用，频率一般在 10~50Hz，在这个范围内变频电机为恒扭矩调速区，即扭矩大小和频率无关，输出功率随频率增大而增大，因此可在这个频率范围内随机取三个水平，且考虑速度测量与分析的方便性，频率不应设太高。载重固定为四个油漆桶（195.4kg），坡度固定为 25°，设定三个水平分别为 15Hz、20Hz、25Hz，并进行试验，得出扭矩变化规律和拉力变化规律，然后首先确定钢丝绳拉力从变化到平稳运输车的启动距离，在启动距离之后以 1m 为一段，分三段连续测量运输车的速度，确认启动距离之后的速度是否平稳，记下平稳速度值，之后进行单因素三次重复试验，取平稳扭矩由采集软件虚拟通道算出驱动轴功率和从动轴功率，进而得出轴功率传递效率，取启动距离之后的平稳速度与平稳拉力得出拉力功率，进而得出机械效率；然后用 SPSS 统计软件完成驱动轴功率、轴功率传递效率和机械效率三个指标的单因素方差分析。

如图 3-14 和图 3-15 所示为不同变频条件下，运输车上坡启动阶段驱动轴的扭矩变化趋势图和从动轴的扭矩变化趋势图。

从图 3-15 可以看出，驱动轴和从动轴的扭矩在启动初期先上升后下降，这是扭矩变化期，根据电动机铭牌和减速比得出驱动轴额定扭矩为 574.20N·m，变化期中的扭矩最大值小于额定扭矩值，变化期在 2s 内结束，然后进入扭矩平稳期，在扭矩平稳期中扭矩基本不变，可考虑取扭矩平稳期的扭矩值，通过数据采集软件虚拟数据通道生成轴功率值，这些轴功率值能进行数据统计与处理。此外，图中的三条曲线基本重合，说明在负载一定的条件下，电动机的输出扭矩与变频高低无关，轴功率随变频升高而增大，这符合额定变频 50Hz 以下，变频电动机为恒扭矩调速的理论。

图 3-16 为同时得出的运输车上坡启动阶段钢丝绳拉力的变化趋势图。

从图 3-16 中可以看出钢丝绳拉力在上坡启动阶段，先增大后减小，这是拉力的变化期，根据钢丝绳的型号 16×9FC 查阅资料，得出钢丝绳最大破断拉力为 48.2kN，远大于变化期中拉力的最大值，变化期中拉力的最大值随变频的增大而增大，变化期在 2s 内结束，随后进入拉力平稳期，图中平稳期三条曲线重合，说明平稳期的拉力值与变频的大小无关。

根据钢丝绳拉力的变化规律，测量拉力从开始到平稳，不同变频条件运输车的启动距离如表 3-9 所示。

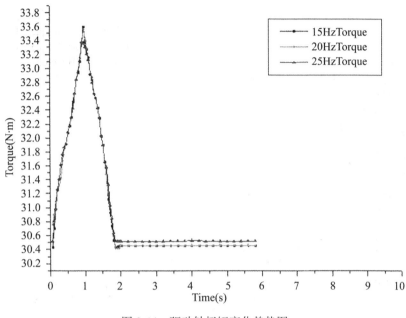

图 3-14　驱动轴扭矩变化趋势图

表 3-9　　　　　　　　　　不同变频运输车的启动距离

不同变频（Hz）	启动距离（m）
15	0.2062±0.0043
20	0.1729±0.0022
25	0.1185±0.0013

从表 3-9 中可以看出，不同变频条件下，运输车的启动距离随变频的升高而减小，且启动距离均在 0.5m 以内，可在 0.5m 后测量运输车的运行速度。

如表 3-10 为不同变频条件下，从运输车启动运行 0.5m 后，分三段连续测量运输车的运行速度。

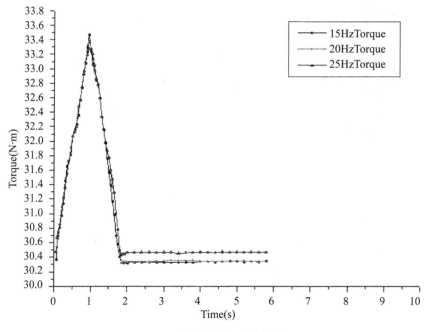

图 3-15 从动轴扭矩变化趋势图

表 3-10 不同变频运输车启动距离之后的运行速度

不同变频（Hz）	运行速度（m/s）		
	第一段（1m）	第二段（1m）	第三段（1m）
15	0.2158	0.2147	0.2162
20	0.2883	0.2895	0.2869
25	0.3572	0.3564	0.3581

从表 3-10 中可以看出，运输车从启动运行 0.5m 后，运输车运行速度基本不变，保持平稳，结合拉力平稳期的拉力，可算出拉力功率，这些拉力功率值能进行数据统计与处理。

在以上研究的基础上，进行变频单因素的三次重复试验，取轴扭矩平稳期的扭矩值、钢丝绳拉力平稳期的拉力值和拉力平稳期的运输车速度值，得出驱动轴功率、轴功率传递效率和机械效率三个指标结果，如表 3-11 所示。

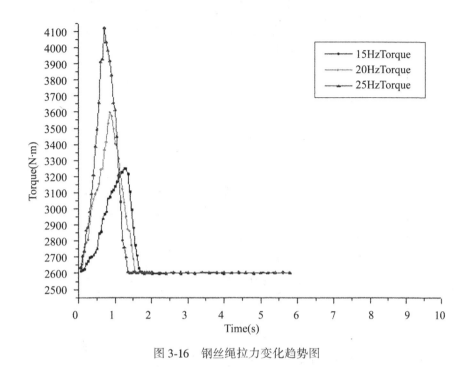

图 3-16　钢丝绳拉力变化趋势图

表 3-11　　　　　　　　　　　　单因素不同变频试验结果

变频 （Hz）	驱动轴功率 （W）	从动轴功率 （W）	拉力功率 （W）	轴功率传递效率 （%）	机械效率 （%）
15	875.86±0.4557	845.23±0.4386	559.52±0.4802	96.50±0.0100	63.88±0.1250
20	1166.75±0.3835	1133.39±0.6463	764.33±0.5989	97.14±0.0436	65.51±0.3504
25	1461.24±0.4446	1434.86±0.5848	985.61±0.4781	98.19±0.0709	67.45±0.1868

　　将表 3-11 中的驱动轴功率数据、轴功率传递效率数据和机械效率数据导入 SPSS 统计软件中，进行单因素方差分析，设定显著性水平为 0.05，结果如表 3-12、表 3-13、表 3-14 和表 3-15 所示。

表 3-12　描述性分析结果

		N	均值	标准差	标准误差	均值的 95% 置信区间		极小值	极大值
						下限	上限		
驱动轴功率	15.00	3	875.8600	0.45574	0.26312	874.7279	876.9921	875.42	876.33
	20.00	3	1166.7500	0.38354	0.22143	1165.7972	1167.7028	1166.34	1167.10
	25.00	3	1461.2367	0.44456	0.25667	1460.1323	1462.3410	1460.76	1461.64
	总数	9	1167.9489	253.47740	84.49247	973.1089	1362.7889	875.42	1461.64
轴功率传递效率	15.00	3	96.5000	0.01000	0.00577	96.4752	96.5248	96.49	96.51
	20.00	3	97.1400	0.04359	0.02517	97.0317	97.2483	97.09	97.17
	25.00	3	98.1933	0.07095	0.04096	98.0171	98.3696	98.13	98.27
	总数	9	97.2778	0.74167	0.24722	96.7077	97.8479	96.49	98.27
机械效率	15.00	3	63.8833	0.12503	0.07219	63.5727	64.1939	63.76	64.01
	20.00	3	65.5100	0.35043	0.20232	64.6395	66.3805	65.17	65.87
	25.00	3	67.4500	0.18682	0.10786	66.9859	67.9141	67.28	67.65
	总数	9	65.6144	1.56035	0.52012	64.4151	66.8138	63.76	67.65

表 3-13   方差齐性检验

	Levene 统计量	df1	df2	显著性
驱动轴功率	0.038	2	6	0.963
轴功率传递效率	3.260	2	6	0.110
机械效率	1.149	2	6	0.378

表 3-14   方差分析结果

		平方和	df	均方	F	显著性
驱动轴功率	组间	514005.231	2	257002.615	1395657.720	0.000
	组内	1.105	6	0.184		
	总数	514006.336	8			
轴功率传递效率	组间	4.386	2	2.193	935.507	0.000
	组内	0.014	6	0.002		
	总数	4.401	8			
机械效率	组间	19.131	2	9.565	165.555	0.000
	组内	0.347	6	0.058		
	总数	19.477	8			

表 3-15   LSD 多重比较结果

因变量	(I) 频率	(J) 频率	均值差 ($I-J$)	标准误差	显著性	95%置信区间 下限	95%置信区间 上限
驱动轴功率	15.00	20.00	−290.89000*	0.35038	0.000	−291.7473	−290.0327
		25.00	−585.37667*	0.35038	0.000	−586.2340	−584.5193
	20.00	15.00	290.89000*	0.35038	0.000	290.0327	291.7473
		25.00	−294.48667*	0.35038	0.000	−295.3440	−293.6293
	25.00	15.00	585.37667*	0.35038	0.000	584.5193	586.2340
		20.00	294.48667*	0.35038	0.000	293.6293	295.3440
轴功率传递效率	15.00	20.00	−0.64000*	0.03953	0.000	−0.7367	−0.5433
		25.00	−1.69333*	0.03953	0.000	−1.7901	−1.5966
	20.00	15.00	0.64000*	0.03953	0.000	0.5433	0.7367
		25.00	−1.05333*	0.03953	0.000	−1.1501	−0.9566
	25.00	15.00	1.69333*	0.03953	0.000	1.5966	1.7901
		20.00	1.05333*	0.03953	0.000	0.9566	1.1501

续表

因变量	(I) 频率	(J) 频率	均值差 (I-J)	标准误差	显著性	95%置信区间	
						下限	上限
机械效率	15.00	20.00	-1.62667*	0.19626	0.000	-2.1069	-1.1464
		25.00	-3.56667*	0.19626	0.000	-4.0469	-3.0864
	20.00	15.00	1.62667*	0.19626	0.000	1.1464	2.1069
		25.00	-1.94000*	0.19626	0.000	-2.4202	-1.4598
	25.00	15.00	3.56667*	0.19626	0.000	3.0864	4.0469
		20.00	1.94000*	0.19626	0.000	1.4598	2.4202

注：＊表示均值差的显著性水平为 0.05。

从上表的结果可以看出，试验方差齐性检验显著性大于 0.05，说明试验指标各组方差为齐性；试验各指标方差分析显著性均小于 0.05，说明单因素不同变频对各指标影响显著；试验各指标多重比较显著性小于 0.05，说明单因素不同变频在两两水平间，对各指标的影响也显著。

3. 不同坡度对释放式动力传递装置功耗的影响及结果分析

根据果园运输机相关文献和试验条件，单因素试验设定最小坡度为 15°，最大坡度为 35°，电动机变频固定为 25Hz，载重固定为四个油漆桶（195.4kg），设定坡度分别为 15°、25°、35°，并进行试验，得出扭矩变化规律和拉力变化规律，然后首先确定钢丝绳拉力从变化到平稳运输车的启动距离，在启动距离之后以 1m 为一段，分三段连续测量运输车的速度，确认启动距离之后的速度是否平稳，记下平稳速度值，之后进行单因素三次重复试验，取平稳扭矩由采集软件虚拟通道算出驱动轴功率和从动轴功率，进而得出轴功率传递效率，取启动距离之后的平稳速度与平稳拉力得出拉力功率，进而得出机械效率。然后用 SPSS 统计软件完成驱动轴功率、轴功率传递效率和机械效率三个指标的单因素方差分析。

如图 3-17 和图 3-18 所示为不同坡度条件下，运输车上坡启动阶段驱动轴的扭矩变化趋势图和从动轴的扭矩变化趋势图。

从图 3-18 可以看出，驱动轴和从动轴的扭矩在启动初期先上升后下降，这是扭矩变化期，变化期中的扭矩最大值小于额定扭矩 574.20N·m，变化期在 2s 内结束，然后进入扭矩平稳期，在扭矩平稳期中扭矩基本不变，可考虑

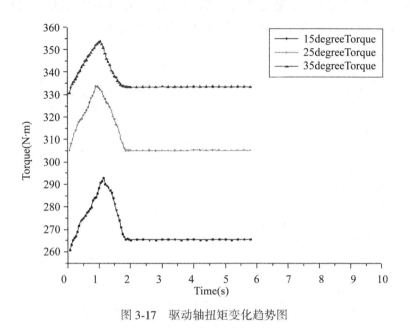

图 3-17　驱动轴扭矩变化趋势图

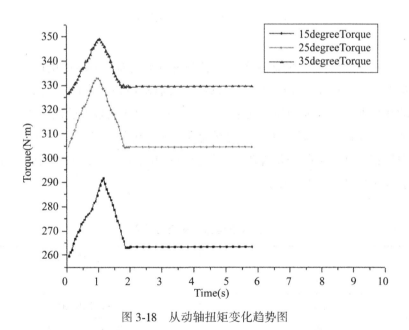

图 3-18　从动轴扭矩变化趋势图

取扭矩平稳期的扭矩值，通过数据采集软件虚拟数据通道生成轴功率值，这些轴功率值能进行数据统计与处理，扭矩随坡度的升高而增大。

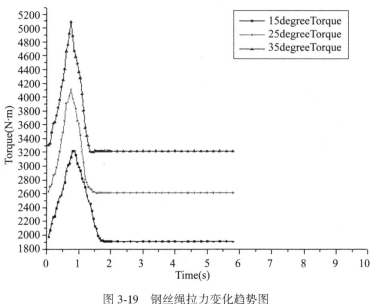

图 3-19 钢丝绳拉力变化趋势图

图 3-19 为同时得出的运输车上坡启动阶段钢丝绳拉力的变化趋势图。

从图 3-19 中可以看出钢丝绳拉力在上坡启动阶段，先增大后减小，这是拉力的变化期，变化期中拉力的最大值远小于钢丝绳的最大破断拉力 48.2kN，变化期在 2s 内结束，随后进入拉力平稳期，钢丝绳拉力随坡度的升高而增大。

根据钢丝绳拉力的变化规律，测量拉力从开始到平稳，不同坡度条件运输车的启动距离如表 3-16 所示。

表 3-16 不同坡度运输车的启动距离

不同坡度（°）	启动距离（m）
15	0.0850±0.0034
25	0.1192±0.0024
35	0.1337±0.0014

从表3-16可以看出，在不同坡度条件下，运输车的启动距离随坡度的升高而增大，但增大得不多，且启动距离均在0.5m以内，可在0.5m后测量运输车的运行速度。

如表3-17为不同坡度条件下，从运输车启动运行0.5m后，分三段连续测量运输车的运行速度。

表3-17　　　　　不同坡度运输车启动距离之后的运行速度

不同坡度（°）	运行速度（m/s）		
	第一段（1m）	第二段（1m）	第三段（1m）
15	0.3572	0.3564	0.3578
25	0.3592	0.3575	0.3570
35	0.3561	0.3568	0.3589

从表3-17可以看出，运输车从启动运行0.5m后，运输车运行速度基本不变，保持平稳，且运输车运行速度与坡度无关，结合拉力平稳期的拉力，可算出拉力功率，这些拉力功率值能进行数据统计与处理。

在以上研究的基础上，进行坡度单因素的三次重复试验，取轴扭矩平稳期的扭矩值、钢丝绳拉力平稳期的拉力值和拉力平稳期的运输车速度值，得出驱动轴功率、轴功率传递效率和机械效率三个指标结果，如表3-18所示。

表3-18　　　　　单因素不同坡度试验结果

坡度（°）	驱动轴功率（W）	从动轴功率（W）	拉力功率（W）	轴功率传递效率（%）	机械效率（%）
15	1273.13±2.4461	1224.97±3.6789	691.36±4.0511	96.22±0.3931	54.30±0.3837
25	1463.28±2.7974	1424.28±2.8696	934.02±3.8608	97.33±0.1201	63.83±0.2146
35	1598.36±2.7618	1570.95±3.6477	1147.70±4.2124	98.29±0.2303	71.80±0.3356

将表3-18的驱动轴功率数据、轴功率传递效率数据和机械效率数据导入SPSS统计软件中，进行单因素方差分析，设定显著性水平为0.05，结果如表3-19、表3-20、表3-21和表3-22所示。

表 3-19   描述性分析结果

		N	均值	标准差	标准误差	均值的 95% 置信区间		极小值	极大值
						下限	上限		
驱动轴功率	15.00	3	1273.1300	2.44614	1.41228	1267.0535	1279.2065	1270.59	1275.47
	25.00	3	1463.2800	2.79737	1.61506	1456.3309	1470.2291	1460.92	1466.37
	35.00	3	1598.3633	2.76178	1.59451	1591.5027	1605.2240	1595.72	1601.23
	总数	9	1444.9244	141.52037	47.17346	1336.1423	1553.7066	1270.59	1601.23
轴功率	15.00	3	96.2167	0.39311	0.22696	95.2401	97.1932	95.77	96.51
	25.00	3	97.3333	0.12014	0.06936	97.0349	97.6318	97.21	97.45
传递效率	35.00	3	98.2867	0.23029	0.13296	97.7146	98.8587	98.05	98.51
	总数	9	97.2789	0.92768	0.30923	96.5658	97.9920	95.77	98.51
机械功率	15.00	3	54.3033	0.38371	0.22154	53.3501	55.2565	53.87	54.60
	25.00	3	63.8267	0.21455	0.12387	63.2937	64.3596	63.58	63.97
	35.00	3	71.8033	0.33561	0.19376	70.9696	72.6370	71.43	72.08
	总数	9	63.3111	7.59262	2.53087	57.4749	69.1473	53.87	72.08

表 3-20 　　　　　　　　　　　　方差齐性检验

	Levene 统计量	df1	df2	显著性
驱动轴功率	0.058	2	6	0.944
轴功率传递效率	2.594	2	6	0.154
机械效率	0.769	2	6	0.504

表 3-21 　　　　　　　　　　　　方差分析结果

		平方和	df	均方	F	显著性
驱动轴功率	组间	160181.251	2	80090.625	11208.628	0.000
	组内	42.873	6	7.145		
	总数	160224.123	8			
轴功率传递效率	组间	6.441	2	3.220	43.518	0.000
	组内	0.444	6	0.074		
	总数	6.885	8			
机械效率	组间	460.571	2	230.286	2258.439	0.000
	组内	0.612	6	0.102		
	总数	461.183	8			

表 3-22 　　　　　　　　　　　　LSD 多重比较结果

因变量	(I) 坡度	(J) 坡度	均值差 ($I-J$)	标准误差	显著性	95%置信区间	
						下限	上限
驱动轴功率	15.00	25.00	−190.15000*	2.18257	0.000	−195.4906	−184.8094
		35.00	−325.23333*	2.18257	0.000	−330.5739	−319.8928
	25.00	15.00	190.15000*	2.18257	0.000	184.8094	195.4906
		35.00	−135.08333*	2.18257	0.000	−140.4239	−129.7428
	35.00	15.00	325.23333*	2.18257	0.000	319.8928	330.5739
		25.00	135.08333*	2.18257	0.000	129.7428	140.4239

续表

因变量	(I)坡度	(J)坡度	均值差(I-J)	标准误差	显著性	95%置信区间	
						下限	上限
轴功率传递效率	15.00	25.00	-1.11667*	0.22211	0.002	-1.6602	-0.5732
		35.00	-2.07000*	0.22211	0.000	-2.6135	-1.5265
	25.00	15.00	1.11667*	0.22211	0.002	0.5732	1.6602
		35.00	-0.95333*	0.22211	0.005	-1.4968	-0.4098
	35.00	15.00	2.07000*	0.22211	0.000	1.5265	2.6135
		25.00	0.95333*	0.22211	0.005	0.4098	1.4968
机械效率	15.00	25.00	-9.52333*	0.26073	0.000	-10.1613	-8.8854
		35.00	-17.50000*	0.26073	0.000	-18.1380	-16.8620
	25.00	15.00	9.52333*	0.26073	0.000	8.8854	10.1613
		35.00	-7.97667*	0.26073	0.000	-8.6146	-7.3387
	35.00	15.00	17.50000*	0.26073	0.000	16.8620	18.1380
		25.00	7.97667*	0.26073	0.000	7.3387	8.6146

注：*表示均值差的显著性水平为 0.05。

从表 3-19、表 3-20、表 3-21、表 3-22 的结果可以看出，试验方差齐性检验显著性大于 0.05，说明试验指标各组方差为齐性；试验各指标方差分析显著性均小于 0.05，说明单因素不同坡度对各指标影响显著；试验各指标多重比较显著性小于 0.05，说明单因素不同坡度在两水平间，对各指标的影响也显著。

4. 不同载重对释放式动力传递装置功耗的影响及结果分析

根据果园运输机相关文献和试验条件，用油漆桶装土的办法来让运输车增加负重，一共四个油漆桶，电动机变频固定为 25Hz，坡度固定为 25 度，设定三个分别为两个桶（97.1kg）、三个桶（145.9kg）、四个桶（195.4kg），并进行试验，得出扭矩变化规律和拉力变化规律，然后首先确定钢丝绳拉力从变化到平稳运输车的启动距离，在启动距离之后以 1m 为一段，分三段连续测量运输车的速度，确认启动距离之后的速度是否平稳，记下平稳速度值，之后进行单因素三次重复试验，取平稳扭矩由采集软件虚拟通道算出驱动轴功率和从动轴功率，进而得出轴功率传递效率，取启动距离之后的平稳速度与平稳拉力得出拉力功率，进而得出机械效率。然后用 SPSS 统计软件完成驱动轴功率、轴功率传递效率和机械效率三个指标的单因素方差分析。

如图 3-20 和图 3-21 所示为不同载重条件下，运输车上坡启动阶段驱动轴的扭矩变化趋势图和从动轴的扭矩变化趋势图。

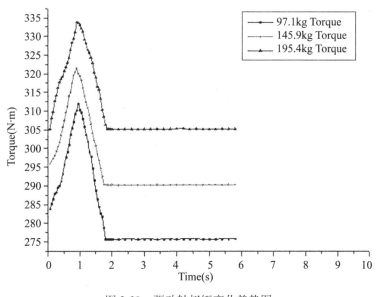

图 3-20　驱动轴扭矩变化趋势图

从图 3-20、图 3-21 中可以看出，驱动轴和从动轴的扭矩在启动初期先上升后下降，这是扭矩变化期，变化期中的扭矩最大值小于额定扭矩 574.20N·m，变化期在 2s 内结束，然后进入扭矩平稳期，在扭矩平稳期中扭矩基本不变，可考虑取扭矩平稳期的扭矩值，通过数据采集软件虚拟数据通道生成轴功率值，这些轴功率值能进行数据统计与处理，扭矩随载重的加大而增大。

图 3-22 为同时得出的运输车上坡启动阶段钢丝绳拉力的变化趋势图。

从图 3-22 中可以看出钢丝绳拉力在上坡启动阶段，先增大后减小，这是拉力的变化期，变化期中拉力的最大值远小于钢丝绳的最大坡段拉力 48.2kN，变化期在 2s 内结束，随后进入拉力平稳期，钢丝绳拉力随载重的加大而增大。

根据钢丝绳拉力的变化规律，测量拉力从开始到平稳，不同载重条件运输车的启动距离如表 3-23 所示。

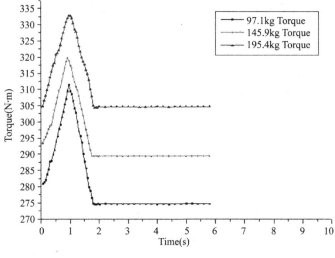

图 3-21　从动轴扭矩变化趋势图

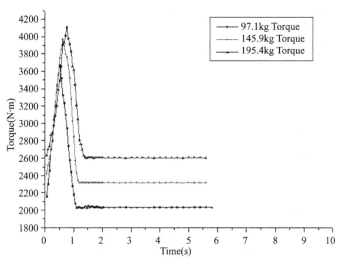

图 3-22　钢丝绳拉力变化趋势图

表 3-23　　　　　　　　　　　不同载重运输车的启动距离

不同载重（kg）	启动距离（m）
97.1	0.0949±0.0020
145.9	0.1076±0.0013
195.4	0.1177±0.0018

146

从表 3-23 中可以看出，不同载重条件下，运输车的启动距离随载重的升高而增大，但增大得不多，且启动距离均在 0.5m 以内，可在 0.5m 后测量运输车的运行速度。

表 3-24 为不同载重条件下，从运输车启动运行 0.5m 后，分三段连续测量运输车的运行速度。

表 3-24　　　　　　不同载重运输车启动距离之后的运行速度

不同载重（kg）	运行速度（m/s）		
	第一段（1m）	第二段（1m）	第三段（1m）
97.1	0.3602	0.3628	0.3593
145.9	0.3624	0.3607	0.3611
195.4	0.3619	0.3583	0.3596

从表 3-24 中可以看出，运输车从启动运行 0.5m 后，运输车运行速度基本不变，保持平稳，且运输车运行速度与载重无关，结合拉力平稳期的拉力，可算出拉力功率，这些拉力功率值能进行数据统计与处理。

在以上研究的基础上，进行载重单因素的三次重复试验，取轴扭矩平稳期的扭矩值、钢丝绳拉力平稳期的拉力值和拉力平稳期的运输车速度值，得出驱动轴功率、轴功率传递效率和机械效率三个指标结果，如表 3-25 所示。

表 3-25　　　　　　　　单因素不同载重试验结果

坡度（°）	驱动轴功率（W）	从动轴功率（W）	拉力功率（W）	轴功率传递效率（%）	机械效率（%）
97.1	1320.82±1.0546	1245.66±2.9721	755.57±3.0009	94.31±0.2685	57.21±0.1850
145.9	1387.48±2.1428	1335.63±2.9391	836.54±3.1968	96.26±0.3623	60.29±0.1411
195.4	1462.76±2.3279	1425.51±1.1472	938.07±2.2055	97.45±0.1701	64.13±0.1514

将表 3-25 中的驱动轴功率数据、轴功率传递效率数据和机械效率数据导入 SPSS 统计软件中，进行单因素方差分析，设定显著性水平为 0.05，结果如表 3-26、表 3-27、表 3-28 和表 3-29 所示。

表 3-26 描述性分析结果

		N	均值	标准差	标准误差	均值的95%置信区间		极小值	极大值
						下限	上限		
驱动轴功率	97.10	3	1320.8233	1.05458	0.60886	1318.2036	1323.4430	1319.83	1321.93
	145.90	3	1387.4800	2.14280	1.23715	1382.1570	1392.8030	1385.54	1389.78
	195.40	3	1462.7600	2.32794	1.34404	1456.9771	1468.5429	1460.77	1465.32
	总数	9	1390.3544	61.52078	20.50693	1343.0654	1437.6435	1319.83	1465.32
传递效率	97.10	3	94.3100	0.26851	0.15503	93.6430	94.9770	94.02	94.55
	145.90	3	96.2633	0.36226	0.20915	95.3634	97.1632	95.88	96.60
	195.40	3	97.4533	0.17010	0.09821	97.0308	97.8759	97.26	97.58
	总数	9	96.0089	1.39538	0.46513	94.9363	97.0815	94.02	97.58
机械效率	97.10	3	57.2067	0.18502	0.10682	56.7470	57.6663	57.02	57.39
	145.90	3	60.2900	0.14107	0.08145	59.9396	60.6404	60.14	60.42
	195.40	3	64.1267	0.15144	0.08743	63.7505	64.5029	64.02	64.30
	总数	9	60.5411	3.00557	1.00186	58.2308	62.8514	57.02	64.30

表 3-27　　　　　　　　　　　　方差齐性检验

	Levene 统计量	df1	df2	显著性
驱动轴功率	0.997	2	6	0.423
轴功率传递效率	0.677	2	6	0.543
机械效率	0.073	2	6	0.930

表 3-28　　　　　　　　　　　　方差分析结果

		平方和	df	均方	F	显著性
驱动轴功率	组间	30256.207	2	15128.103	4080.210	0.000
	组内	22.246	6	3.708		
	总数	30278.453	8			
轴功率传递效率	组间	15.112	2	7.556	97.596	0.000
	组内	0.465	6	0.077		
	总数	15.577	8			
机械效率	组间	72.113	2	36.057	1403.590	0.000
	组内	0.154	6	0.026		
	总数	72.267	8			

表 3-29　　　　　　　　　　　　LSD 多重比较结果

因变量	(I) 载重	(J) 载重	均值差 (I-J)	标准误差	显著性	95%置信区间 下限	95%置信区间 上限
驱动轴功率	97.10	145.90	−66.65667*	1.57219	0.000	−70.5037	−62.8097
		195.40	−141.93667*	1.57219	0.000	−145.7837	−138.0897
	145.90	97.10	66.65667*	1.57219	0.000	62.8097	70.5037
		195.40	−75.28000*	1.57219	0.000	−79.1270	−71.4330
	1954.0	97.10	141.93667*	1.57219	0.000	138.0897	145.7837
		145.90	75.28000*	1.57219	0.000	71.4330	79.1270

续表

因变量	(I)载重	(J)载重	均值差(I-J)	标准误差	显著性	95%置信区间	
						下限	上限
轴功率传递效率	97.10	145.90	−1.95333*	0.22719	0.000	−2.5092	−1.3974
		195.40	−3.14333*	0.22719	0.000	−3.6992	−2.5874
	145.90	97.10	1.95333*	0.22719	0.000	1.3974	2.5092
		195.40	−1.19000*	0.22719	0.002	−1.7459	−0.6341
	195.40	97.10	3.14333*	0.22719	0.000	2.5874	3.6992
		145.90	1.19000*	0.22719	0.002	0.6341	1.7459
机械效率	97.10	145.90	−3.08333*	0.13087	0.000	−3.4036	−2.7631
		195.40	−6.92000*	0.13087	0.000	−7.2402	−6.5998
	145.90	97.10	3.08333*	0.13087	0.000	2.7631	3.4036
		195.40	−3.83667*	0.13087	0.000	−4.1569	−3.5164
	195.40	97.10	6.92000*	0.13087	0.000	6.5998	7.2402
		145.90	3.83667*	0.13087	0.000	3.5164	4.1569

注：* 表示均值差的显著性水平为 0.05。

从表3-27、表3-28、表3-29 和表3-30 的结果可以看出，试验方差齐性检验显著性大于 0.05，说明试验指标各组方差为齐性；试验各指标方差分析显著性均小于 0.05，说明单因素不同载重对各指标影响显著；试验各指标多重比较显著性小于 0.05，说明单因素不同载重在两两水平间，对各指标的影响也显著。

5. 不同电机变频频率与运输车平稳速度的关系及结果分析

为直观反映之后优化模型所求最优解中变量电动机变频对应的运输车平稳速度，应根据以上单因素试验得出的各因素与运输车平稳速度关系的定性结论，再设定七个分别为 15Hz、17Hz、18Hz、20Hz、22Hz、23Hz、25Hz，坡度设定为 25°，载重为 195.4kg 进行试验，用 MATLAB 软件建立运输车运行速度与电动机变频的关系模型。然后在变频为 10Hz、20Hz、30Hz、40Hz、50Hz 的五个不同条件下进行模型验证试验，验证模型实用性。

x 为变频，$f(x)$ 为运输车平稳速度，从关系拟合图以及拟合模型可以看出，两者关系基本呈线性关系，模型为一次函数，拟合参数 SSE 和 RMSE 接近于 0，*R*-square（残差的平方）和 Adjusted R-square（调整自由度后残差的平方）接近于 1，拟合效果较好。残差图中未出现红色异常点，每个观测值与模型估计值误差在正常的范围之内。

关系模型建立完成后，进行模型验证试验，结果如表 3-30 所示。

表 3-30 关系模型验证试验结果

变频（Hz）	速度测试值（m/s）	速度模型值（m/s）	相对误差（%）
10	0.1355	0.1427	5.05
20	0.2746	0.2854	3.78
30	0.4138	0.4281	3.34
40	0.5564	0.5708	2.52
50	0.6759	0.7135	5.27

从表 3-30 中的结果可知，运输车平稳运行速度的测试值与模型值相对误差在 10% 以内，有较好的工程实用性，此关系模型可用于预测运输车在变频 10~50Hz 的范围内启动阶段的平稳速度。

（三）不同因素组合对释放式动力传递装置功耗的交互作用影响

1. 试验目的及意义

进行此试验以驱动轴功率为主要指标，对三个因素两两之间做交互作用图，分析两个因素间交互作用显著性。基于正交试验的响应面法优化建模是以驱动轴功率为主要指标建立目标优化模型，以轴功率传递效率与机械效率为次要指标建立条件模型，因此在设计正交表之前，需要先确定正交试验的主要指标对三个因素是否存在交互作用，是正交表是否要设计交互列的依据。

2. 载重与坡度对释放式动力传递装置功耗的交互作用影响及结果分析

电动机变频固定为 25Hz，坡度取 15°、25° 和 35° 三个水平，运输车先后载重 145.9kg 和 195.4kg 分别在三个坡度水平上各进行三次重复试验，测出驱动轴扭矩平稳期的驱动轴功率，然后将数据导入 SPSS 统计软件进行交互作用分析，画出交互作用图。

SPSS 软件中设定显著性水平为 0.05，驱动轴功率单位：W，如表 3-32 为交互作用分析结果，图 3-23 为交互作用图。

表 3-31　　　　　　　　　交互作用分析结果

源	III 型平方和	df	均方	F	Sig.
校正模型	527244.687	3	175748.229	487.274	0.000
截距	1475144.029	1	1475144.029	4089.939	0.000
载重	26377.524	1	26377.524	73.134	0.000
坡度	338909.796	1	338909.796	939.651	0.000
载重×坡度	867.000	1	867.000	2.404	0.143
误差	5049.468	14	360.676		
总计	3.296E7	18			
校正的总计	532294.155	17			

从表 3-32 中可得出载重和坡度交互项的显著性大于 0.05，说明两个因素的交互作用不显著，且从图 3-23 中可看出两直线基本平行，说明交互作用不强。

3. 载重与变频对释放式动力传递装置功耗的交互作用影响及结果分析

坡度固定为 25°，变频取 15Hz、20Hz 和 25Hz 三个水平，运输车先后载重 145.9kg 和 195.4kg 分别以三个变频水平各进行三次重复试验，测出驱动轴扭矩平稳期的驱动轴功率，然后将数据导入 SPSS 统计软件进行交互作用分析，画出交互作用图。

SPSS 软件中设定显著性水平为 0.05，驱动轴功率单位：W，如表 3-32 为交互作用分析结果，图 3-24 为交互作用图。

表 3-32　　　　　　　　　交互作用分析结果

源	III 型平方和	df	均方	F	Sig.
校正模型	1.108E6	3	369371.816	9255.518	0.000
截距	3555.044	1	3555.044	89.080	0.000

续表

源	III 型平方和	df	均方	F	Sig.
载重	2912.676	1	2912.676	72.984	0.000
变频	1038802.554	1	1038802.554	26029.748	0.000
载重×变频	1.802	1	1.802	0.045	0.835
误差	558.716	14	39.908		
总计	2.315E7	18			
校正的总计	1108674.163	17			

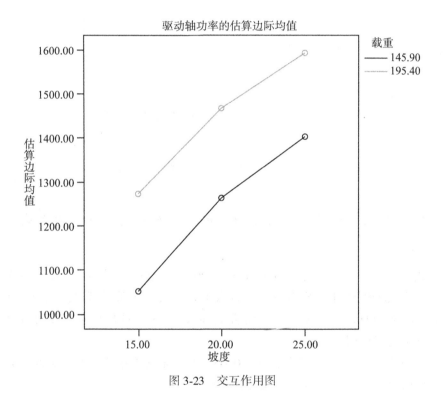

图 3-23　交互作用图

从表 3-32 中可得出载重和变频交互项的显著性大于 0.05，说明两个因素的交互作用不显著，且从图 3-24 中可看出两直线基本平行，说明交互作用不强。

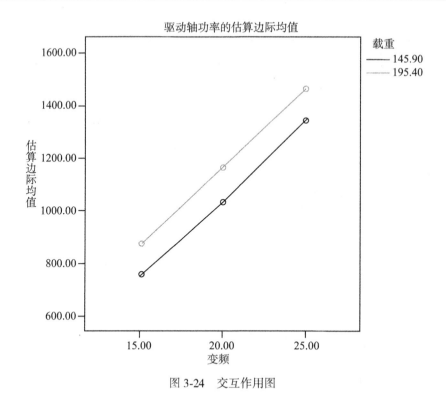

图 3-24　交互作用图

4. 坡度与变频对释放式动力传递装置功耗的交互作用影响及结果分析

载重固定为 195.4kg，变频取 15Hz、20Hz 和 25Hz 三个水平，运输车先后在坡度为 15° 和 25° 上分别以三个变频水平各进行三次重复试验，测出驱动轴扭矩平稳期的驱动轴功率，然后将数据导入 SPSS 统计软件进行交互作用分析，画出交互作用图。

SPSS 软件中设定显著性水平为 0.05，驱动轴功率单位：W，如表 3-33 为交互作用分析结果，图 3-25 为交互作用图。

表 3-33　　　　　　　　　　交互作用分析结果

源	Ⅲ 型平方和	df	均方	F	Sig.
校正模型	1.263E6	3	421163.068	4685.795	0.000
截距	10471.071	1	10471.071	116.500	0.000

续表

源	III 型平方和	df	均方	F	Sig.
坡度	9575.527	1	9575.527	106.536	0.000
变频	1037073.246	1	1037073.246	11538.316	0.000
坡度 * 变频	7.537	1	7.537	0.084	0.776
误差	1258.331	14	89.881		
总计	2.131E7	18			
校正的总计	1264747.534	17			

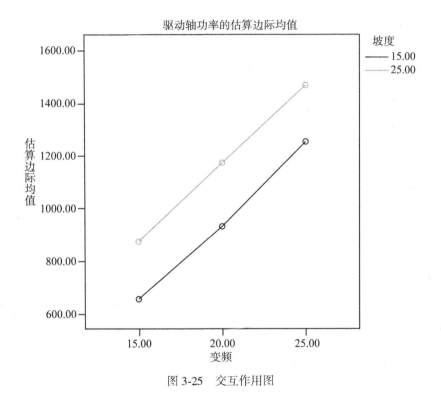

图 3-25　交互作用图

从表 3-33 中可得出坡度和变频交互项的显著性大于 0.05，说明两个因素的交互作用不显著，且从图中 3-25 中可看出两直线基本平行，说明交互作用不强。

从双因素试验得出三个因素载重、坡度和变频两两之间的交互作用不显著,因此在设计正交表进行正交试验时可忽略交互作用列。

(四)基于正交试验功耗响应面优化模型的建立

1. 正交试验研究

根据之前研究的基础、运输车运行的合理性以及试验条件,设计三因素四水平的正交试验,试验指标为驱动轴功率、轴功率传递效率和机械效率,驱动轴功率为主要目标,轴功率传递效率和机械效率为次要目标,只需对驱动轴功率进行因素主次分析和作趋势图,各因素水平如表3-34所示。

表3-34 正交试验因素和水平

水平	因 素		
	载重(kg)	变频(Hz)	坡度(°)
1	47.9	20	15
2	97.1	30	25
3	145.9	40	35
4	195.4	50	45

根据正交试验的因素个数和水平,选取$L_{16}(4^5)$正交表,表中含两个空列,可作为试验误差,正交试验结果如表3-35、表3-36和表3-37所示。

表3-35 驱动轴功率正交试验结果

试验次数	试 验 因 素					驱动轴功率 (W)
	载重(kg)	变频(Hz)	坡度(°)	空白	空白	
1	1(47.9)	1(20)	1(15)	1	1	779.79
2	1	2(30)	2(25)	2	2	1281.14
3	1	3(40)	3(35)	3	3	1919.56
4	1	4(50)	4(45)	4	4	2846.55
5	2(97.1)	1	2	3	4	981.14
6	2	2	1	4	3	1362.91
7	2	3	4	1	2	2473.85

试验次数	试 验 因 素					驱动轴功率 (W)
	载重（kg）	变频（Hz）	坡度（°）	空白	空白	
8	2	4	3	2	1	2691.46
9	3（145.9）	1	3	4	2	1191.11
10	3	2	4	3	1	2038.63
11	3	3	1	2	4	1931.74
12	3	4	2	1	3	2739.18
13	4（195.4）	1	4	2	3	1416.35
14	4	2	3	1	4	1912.65
15	4	3	2	4	1	2336.41
16	4	4	1	3	2	2596.01
K_1	6827.04	4368.39	6670.45	7905.46	7846.29	
K_2	7509.35	6595.33	7337.87	7320.69	7542.11	
K_3	7900.66	8661.56	7714.78	7535.35	7438.00	
K_4	8261.43	10873.20	8775.39	7736.99	7672.09	
k_1	1706.76	1092.10	1667.61	1976.37	1961.57	
k_2	1877.34	1648.83	1834.47	1830.17	1885.53	
k_3	1975.17	2165.39	1928.70	1883.84	1859.50	
k_4	2065.36	2718.30	2193.85	1934.25	1918.02	
极差 R	358.60	1626.20	526.24	146.19	102.07	
因素主次	变频>坡度>载重					

表3-36　　　　　　　　　　轴功率传递效率正交试验结果

试验次数	试 验 因 素					轴功率传递 效率（%）
	载重（kg）	变频（Hz）	坡度（°）	空白	空白	
1	1（47.9）	1（20）	1（15）	1	1	90.24
2	1	2（30）	2（25）	2	2	92.78

续表

试验次数	试验因素					轴功率传递效率（%）
	载重（kg）	变频（Hz）	坡度（°）	空白	空白	
3	1	3（40）	3（35）	3	3	93.63
4	1	4（50）	4（45）	4	4	94.38
5	2（97.1）	1	2	3	4	95.34
6	2	2	1	4	3	94.12
7	2	3	4	1	2	97.33
8	2	4	3	2	1	95.28
9	3（145.9）	1	3	4	2	96.53
10	3	2	4	3	1	97.45
11	3	3	1	2	4	95.97
12	3	4	2	1	3	95.28
13	4（195.4）	1	4	2	3	97.32
14	4	2	3	1	4	97.99
15	4	3	2	4	1	98.77
16	4	4	1	3	2	97.06

表3-37 机械效率正交试验结果

试验次数	试验因素					机械效率（%）
	载重（kg）	变频（Hz）	坡度（°）	空白	空白	
1	1（47.9）	1（20）	1（15）	1	1	45.93
2	1	2（30）	2（25）	2	2	58.73
3	1	3（40）	3（35）	3	3	64.46
4	1	4（50）	4（45）	4	4	59.89
5	2（97.1）	1	2	3	4	57.01
6	2	2	1	4	3	47.21

试验次数	试 验 因 素					机械效率 (%)
	载重（kg）	变频（Hz）	坡度（°）	空白	空白	
7	2	3	4	1	2	67.59
8	2	4	3	2	1	63.82
9	3（145.9）	1	3	4	2	66.67
10	3	2	4	3	1	69.65
11	3	3	1	2	4	50.76
12	3	4	2	1	3	57.51
13	4（195.4）	1	4	2	3	80.39
14	4	2	3	1	4	79.44
15	4	3	2	4	1	70.58
16	4	4	1	3	2	56.13

根据表 3-26 所得的结果作各因素与驱动轴功率的趋势图，如图 3-38 所示。

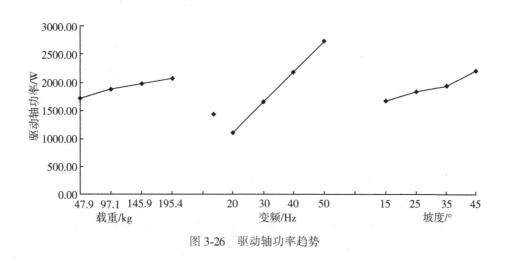

图 3-26　驱动轴功率趋势

从表 3-37 和图 3-26 中可知，变频对驱动轴功率影响最大，载重对驱动轴功率影响最小。

2. 功耗响应面优化模型的建立

（1）响应面建模方法

响应面建模是一种非线性的近似建模方法，通常先根据正交试验或均匀试验得出的数据，建立响应面模型，再根据模型来预测其他试验点的数值。响应面模型存在各种阶数，二阶响应面模型容易求解且精度较高广泛用于优化模型（Myers R H et al，2009），它的一般表达式为：

$$Y = F(X) = a_0 + \sum_{i=1}^{n} a_i x_i + \sum_{i=1}^{n} a_{ii} x_i^2 + \sum_{i<j}^{n} a_{ij} x_i x_j \tag{3-69}$$

式（3-69）中的系数为未知系数，自变量 x 为试验得到的数据，将试验数据 x 变为矩阵的形式为：

$$X = \begin{bmatrix} 1 & x_{11} & x_{12} & \cdots & x_{1j} \\ 1 & x_{21} & x_{22} & \cdots & x_{2j} \\ \cdots & \cdots & \cdots & \cdots & \cdots \\ 1 & x_{i1} & x_{i2} & \cdots & x_{ij} \end{bmatrix} \tag{3-70}$$

则求解未知系数矩阵 A 的矩阵等式为：

$$A = (X^T X)^{-1} X^T Y \tag{3-71}$$

得出系数矩阵 A，将系数代入式（3-69）即可得到响应面优化模型。

（2）模型的建立

在坡度、载重、变频三个因素中，坡度与各个地区的地势有关，随机性大，是人为不可控因素，可将坡度确定为模型变参数 t，将载重和变频作为变量 x_1、x_2，来建立二阶模型，P 为驱动轴功率，则二阶响应面模型方程式为：

$$P_{min} = F(x_1, x_2, t) = a_0 + a_1 x_1 + a_2 x_2 + a_3 t + a_{11} x_1^2 + a_{22} x_2^2 + a_{33} t^2 + a_{12} x_1 x_2 + a_{23} x_2 t + a_{31} t x_1 \tag{3-72}$$

将正交试验所得数据导入 MATLAB 软件，根据式（3-70）和式（3-71）编程进行数据处理，以驱动轴功率为目标函数建立功耗优化模型：

$$F(x_1, x_2, t) = 262.1701 + 2.1079 x_1 + 19.6443 x_2 - 22.1653 t - 0.0084 x_1^2 - 0.0096 x_2^2 + 0.2457 t^2 + 0.0988 x_1 x_2 + 0.7801 x_2 t + 0.01 x_1 t \tag{3-73}$$

以轴功率传递效率和机械效率为条件函数建立约束模型：

$$\begin{cases} M(x_1,x_2,t) = 80.8171+0.1028x_1+0.1773x_2+0.2457t-0.0001x_1^2-0.0041x_2^2 \\ \quad -0.0011t^2+0.0002x_1x_2+0.0019x_2t-0.0014x_1t \\ N(x_1,x_2,t) = 13.745-0.1777x_1+0.9343x_2+2.01t+0.0009x_1^2-0.0132x_2^2 \\ \quad -0.0254t^2-0.0001x_1x_2-0.0009x_2t+0.0017x_1t \end{cases}$$

$$(3\text{-}74)$$

根据试验设置的变量范围和单轨运输车设计时的性能参数,设定约束条件为:

$$\begin{cases} 50 \leqslant x_1 \leqslant 200 \\ 20 \leqslant x_2 \leqslant 50 \end{cases} \tag{3-75}$$

(3) 模型的验证与应用

在试验台架上设定三个不同的坡度水平,依次为 $t_1=20°$、$t_2=30°$、$t_3=40°$,分别代入式 (3-73) 和式 (3-74) 中,得到三个不同坡度水平下的响应面优化模型和约束模型,约束目标轴功率传递效率大于 98%,机械效率大于 50%:

$$\begin{cases} F_{t_1}(x_1,x_2) = -82.8559+2.3079x_1+35.2463x_2-0.0084x_1^2-0.0096x_2^2+0.0988x_1x_2 \\ M_{t_1}(x_1,x_2) = 85.2911+0.0748x_1+0.2153x_2-0.0001x_1^2-0.0041x_2^2+0.0002x_1x_2 \\ N_{t_1}(x_1,x_2) = 43.785-0.1437x_1+0.9163x_2+0.0009x_1^2-0.0132x_2^2-0.0001x_1x_2 \end{cases}$$

$$(3\text{-}76)$$

$$\begin{cases} F_{t_2}(x_1,x_2) = -181.6589+2.4079x_1+43.0473x_2-0.0084x_1^2-0.0096x_2^2+0.0988x_1x_2 \\ M_{t_2}(x_1,x_2) = 87.1981+0.0608x_1+0.2343x_2-0.0001x_1^2-0.0041x_2^2+0.0002x_1x_2 \\ N_{t_2}(x_1,x_2) = 51.185-0.1267x_1+0.9073x_2+0.0009x_1^2-0.0132x_2^2-0.0001x_1x_2 \end{cases}$$

$$(3\text{-}77)$$

$$\begin{cases} F_{t_3}(x_1,x_2) = -231.3219+2.5079x_1+50.8483x_2-0.0084x_1^2-0.0096x_2^2+0.0988x_1x_2 \\ M_{t_3}(x_1,x_2) = 88.8851+0.0468x_1+0.2533x_2-0.0001x_1^2-0.0041x_2^2+0.0002x_1x_2 \\ N_{t_3}(x_1,x_2) = 53.505-0.1097x_1+0.8983x_2+0.0009x_1^2-0.0132x_2^2-0.0001x_1x_2 \end{cases}$$

$$(3\text{-}78)$$

可得出,变频对驱动轴功率的影响程度大于载重对驱动轴功率的影响程度,这与正交试验得出的结论一致。

再用 MATLAB 软件对约束条件及模型结合遗传算法编程求出优化解,将求得的三组载重和变频分别在试验台架上设置后进行试验,比较模型求出的最优功耗和试验测得的功耗，如表 3-38 所示。

表 3-38　　　　　　　　　　　　优化模型验证结果

坡度 (°)	变量优化值		驱动轴功率（W）		相对误差 (%)	轴功率传递效率（%）	机械效率 (%)
	载重（kg）	变频（Hz）	优化值	试验值		试验值	试验值
20	191.75	20.12	1130.87	1185.53	4.83	98.39	63.27
30	147.03	24.90	1418.53	1479.34	4.29	98.61	69.82
40	132.97	28.80	1788.21	1843.22	3.08	98.12	65.34

结合变频与运输车平稳速度关系模型，可得优化的变频值对应的运输车平稳速度理论值，直观反映优化所得的运输车速度，如表 3-39 所示。

表 3-39　　　　　　　　　　　　关系模型换算结果

$y = 0.01427x$　（y：运输车平稳速度；x：变频）	
变频（Hz）	运输车平稳速度（m/s）
20.12	0.2871
24.90	0.3553
28.80	0.4110

从表 3-38 中可以看出，驱动轴功率的优化值与试验值相比偏小，这可能是由于通过优化模型求得的变频值因变频控制箱改变频率的最小刻度为 1Hz，在试验时进行了四舍五入的处理以及其他的客观因素的影响，试验值与优化值相对误差在 10% 以内，且轴功率传递效率在 98% 以上，机械效率在 50% 以上，说明所建的响应面优化模型有较好的工程实用性。

从表 3-39 中可以看出，在约束条件和约束模型下，运输车的平稳运行速度在 0.5m/s 以下，优化模型在实际应用中，在保证功耗最小的前提下，要使运输车运行速度尽量接近人正常步行速度 0.7m/s，且满足运输机械的安全调频范围 10Hz~50Hz，应设置电动机变频约束条件范围为 45Hz~50Hz，即运输车上坡启动阶段的平稳运行速度为 0.6422m/s~0.7153m/s，同时设置载重约束条件范围为 100kg~300kg，更改约束条件后用 MATLAB 软件结合遗传算法再进行优化求解如表 3-40 所示：

表 3-40 优化模型应用结果

坡度（°）	变量优化值			驱动轴功率（W）
	载重（kg）	变频（Hz）	运输车平稳速度（m/s）	优化值
20	169.37	45.21	0.6451	2387.30
30	158.89	45.50	0.6493	2615.87
40	146.43	46.86	0.6687	2882.51

从表 3-40 中可以得出，在坡度为 20°时，运输车的载重应为 169.37kg，电机的变频频率应为 45.21Hz，即运输车平稳速度应为 0.6451m/s，释放式动力传递装置的功耗最小，驱动轴功率为 2387.30W；在坡度为 30°时，运输车的载重应为 158.89kg，电机的变频频率应为 45.50Hz，即运输车平稳速度应为 0.6493m/s，释放式动力传递装置的功耗最小，驱动轴功率为 2615.87W；在坡度为 40°时，运输车的载重应为 146.43kg，电机的变频频率应为 46.86Hz，即运输车平稳速度应为 0.6687m/s，释放式动力传递装置的功耗最小，驱动轴功率为 2882.52W。

第四章　液压驱动遥控单轨道
山地果园运输机

一、液压驱动遥控单轨道山地果园运输机的整体方案设计

(一) 运输机总体设计要求和主要性能指标

1. 总体设计要求

液压驱动遥控单轨道山地果园运输机具有以下要求：

(1) 稳定性要求。液压驱动遥控单轨道山地果园运输机在工作时，要求平稳可靠。在负载条件下，要求低速启动，匀速运行，拖车不能有太大的上下跳动与左右摇晃，并且各部分的弯矩、强度、刚度等在许可范围内。

(2) 工作安全要求。当运输机处于危险状态时，通过急停开关切断电源，停止设备运转，达到保护人身和设备的安全。在运行过程中依靠紧急停止按钮控制运输车的紧急停止与柴油机的熄火，减少人员伤亡与财产损失。

(3) 整机结构要求。环境复杂、坡度较高的山地果园，不便于安装调试等作业，故液压驱动遥控轨道运输机要求结构简单，在满足运输重量的前提下，体积小且灵活方便。

(4) 成本要求。为了使运输机更好地服务果农，一方面要降低各项成本，提高农民购买和使用的积极性；另一方面要提高运输的方便性，减少不必要的劳动力，以便于后期的推广与应用。

(5) 操作要求。由于年轻劳动力外流严重，该运输机的服务对象大部分为是文化程度较低的中老年果农，所以要求运输机的操作简便易学，配备必要的图片说明。

2. 主要性能指标

初步确定液压驱动遥控单轨道山地果园运输机主要功能和性能参数：

（1）在启动或停止时，可小范围调整运输机的行驶速度。

（2）实现驱动轮对的正转、反转和停止（停止时能承受较大负载）三种状态，并能实现三种状态的随意切换。

（3）实现手动控制和整个系统的远程遥控，特别是紧急情况下的驱动轮立即停止功能。

（4）爬坡角度最大为50°。

（5）载重量最大为1000kg。

（6）运行速度为0.60~0.80m/s。

（7）主机重量≤500kg。

2. 液压驱动遥控单轨道山地果园运输机的整机结构设计

液压驱动遥控单轨道山地果园运输机主要组成部分为原动机、执行部分和运输部分。原动机部分包括柴油机装置、油门电动推杆装置、风门电动推杆装置、电马达启动装置等；执行部分包括液压系统的动力装置、控制及调节装置、执行元件、蜗轮蜗杆减速箱等组成；运输部分包括驱动轮对、运输车等构成。

（1）蜗轮蜗杆减速箱：蜗轮蜗杆减速箱安装在液压马达输出端，在液压马达工作时跟随马达输出轴一起转动，减速、增矩后满足驱动轮扭矩760N·m、转速10rad/s两个要求。蜗轮蜗杆减速机具有自锁性，可在运输机中途停止时，保证运输车不会因自重向下滑动。

（2）柴油机：8.46kW柴油机由电马达启动，经过带传动为变量柱塞泵提供原动力，并且由油门电动推杆和风门电动推杆进行调节。

（3）配重装置：实现钢丝绳一直处于预紧状态，需要在轨道末端安装配重块，配重块可依据不同的地形选择其重量。

（4）驱动轮对：驱动轮对由带有槽的铸铁轮组成，确保钢丝绳在槽轮对上呈"8"字形交错缠绕。

（5）控制箱：控制系统与机械部分用电缆连接，控制系统可对柴油机的启动、油门大小、液压系统的卸荷、马达的转向、急停进行控制。

（6）液压阀块：液压阀块设置在油箱上，方便手动调节压力与速度，也方便后期保养维护，所有连接管路都采用适用于恶劣环境的高压软管连接。

（7）运输车：运输车长 1.77m，宽 0.70m，高 0.54m，运输车部分包括加紧轮、行走轮、车架、行程开关托板等部件。

（8）单轨道：轨道依据柑橘园建设，主要支撑运输车和货物重量，保证运输车平稳安全运行。

液压驱动遥控轨道运输机主要技术参数如表 4-1 所示。

表 4-1　　　　　　　　　液压驱动遥控轨道运输机主要技术参数

参　数	数　值
配套动力/kW	8.46
配套电源/V	12
主机外形尺寸/mm×mm×mm	1770×700×970
运行速度/m·s^{-1}	≤ 1.2
运输机质量/kg	≤ 500
上坡承载质量/kg	≤ 600
下坡承载质量/kg	≤ 1000
爬坡角度/（°）	≤ 50°
燃料消耗量/kg/h^{-1}	≤ 1.8

3. 液压驱动遥控单轨道山地果园运输机的工作原理

液压驱动遥控单轨道山地果园运输机在整机设计制作过程中所采取的工作流程如图 4-1 所示。

液压驱动遥控单轨道山地果园运输机可通过手动控制面板或者无线遥控器控制，因两种控制方式完全相同，下面以手动控制为例介绍其工作原理：12V 电瓶电力输出后，通过控制箱内的空气开关，电力输送到电马达、液压控制调节装置、风门电动推杆、油门电动推杆和上下行程开关；通过左旋转三位复位转换开关，在"油门启动位"位置停止两三秒后松开，油门、风门直线电机运动，到达预定位置。然后右旋"柴油机启动"，此时柴油机通过电马达启动，通过带传动使发电机和变量柱塞泵旋转，发电机给 12V 电瓶供电，变量柱塞泵把机械能转换成油液的压力能再通过控制及调节装置输送到液压马达；根据运载重量具体情况旋转"油门+""油门-"，使其满足

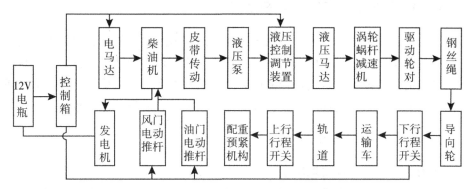

图 4-1　液压驱动遥控轨道运输机工作原理图

用户使用要求；按下"上行"按钮，上行指示灯亮，系统供压，液压马达输出转速和转矩通过蜗轮蜗杆减速机减速、增矩后带动驱动轮对旋转，钢丝绳在驱动轮对上呈"8"字形交错缠绕，驱动轮对将动力经钢丝绳传递到运输车上，运输车根据轨道轨迹上行；当按"下行"时，上行断开，上行指示灯灭，下行指示灯亮，系统依旧供压，液压马达输出转速和转矩经轴传动驱动轮对，带动钢丝绳驱动轮反向旋转，运输车根据轨道轨迹下行；当按下"停止"按钮，下行断开，下行指示灯灭，系统供压停止，运输车停止运动，蜗轮蜗杆减速机通过自锁，小车制动；当运输车运行到轨道末端触碰到行程开关时，行程开关发出停车信号到控制箱，控制箱发出停车信号，遥控三位四通电池阀回到中位，停止指示灯亮，系统供压停止，使运输车停止运行；当遇到紧急状况时，按下"急停"按钮，系统立刻停止供压，运输车制动，柴油机油门经电动推杆自动松开，柴油机熄火。同样也可利用无线遥控器可以实现同等功能。

二、液压驱动运输理论分析与仿真研究

　　液压驱动遥控单轨道山地果园运输机运行速度、运载量受液压系统控制，因此需要对液压系统主要参数建立相应的力学模型，对其关系进行理论分析，并且在此基础上利用 AMESim 软件对液压驱动遥控单轨道山地果园运输机液压系统主要的关键部分进行仿真分析，从而保证液压系统在使用过程中的安全可靠性。

（一）确定液压系统的主要参数

在设计液压系统的过程中，系统、理论的对液压系统的主要参数进行有效的分析，其主要参数包括压力与流量，理论分析所得出的结果不仅是后期设计液压系统的主要依据，也是选择液压原件的关键所在。外载荷是决定压力的重要因素，而液压执行元件的结构尺寸和运动速度决定流量各项参数。

1. 初选系统工作压力

压力的选择一方面要取决于设备的类型和载荷的大小，另一方面还要仔细考虑系统元件工作时内部供应的条件，以及各个元件执行过程中的装配空间和经济条件的局限性。在载荷大小已经确定的情况下，如果工作时压力较低，增大执行元件的结构尺寸是必然的，但是对于某些特殊需求设备而言，为了材料消耗的经济可行性，限制这些特殊设备执行元件的尺寸也是必需的。反之，如果工作时压力过高，相应地也会要求提高各类元件生产制造的精密度，这就造成缸、泵、阀等元件和其他设备制造成本的增加。一般而言，对于那些行走机械、载重较大的设备选择较高的压力，对于其他固定的、尺寸不太受限制的设备选择较低的压力。

液压驱动遥控单轨道山地果园运输机在工作过程中匀速运动，如图 4-2 所示。

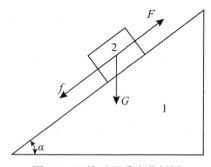

图 4-2　运输过程受力分析图

假定 1 为坡地，2 为运输车，运输车在运输时山坡的坡度为 α，重量为 G，钢丝绳对小车的拉力 F，运输车和轨道的摩擦力为 f。则有：

$$F = \mu mg\cos\alpha + mg\sin\alpha \tag{4-1}$$

$$T = F \cdot r \qquad (4\text{-}2)$$

根据设计要求，运输车最大运载量 m 为 1000kg，山坡的坡度 α 为 50°，取 g 为 9.8m/s^2，运输车滚轮与轨道摩擦系数经查《械设计手册》得 μ 为 0.15，驱动轮对的 r 为 0.09m，代入式（4-1）、式（4-2）计算可得运输机的最大负载量为 8.45kN，驱动轮扭矩为 760N·m，能够满足设计使用要求。根据负载力为 8.45kN，又因液压驱动遥控轨道运输机为农业机械，因此查机械手册得出系统的工作压力为 10MPa。

2. 计算液压马达排量

液压马达是液压系统的一种执行元件，它靠密封容积的变换进行工作，将液压泵提供的液体压力能转变为其输出的机械能。

液压马达的排量为：

$$V = \frac{2\pi T_1}{\Delta p \eta_{mm}} \qquad (4\text{-}3)$$

式中：T_1 为液压马达载荷转矩，N·m；$\Delta p = p_1 - p_2$ 为液压马达的进出口压力差，Pa；η_{mm} 为液压马达的机械效率，此处 η_{mm} 取 0.95。

液压马达所需要的最大流量为：

$$q = \frac{V n_{max}}{\eta_{mv}} \qquad (4\text{-}4)$$

式中：n_{max} 为液压马达的最高转速；η_{mv} 为液压马达容积效率，取 η_{mv} = 0.91。

液压驱动遥控轨道运输机驱动轮与液压马达之间选用 10∶1 的蜗轮蜗杆减速器，因此液压马达的扭矩 T_1 = 76N·m，液压马达的进出口压力差为 11MPa，液压马达的机械效率为 0.95，代入式（4-3）计算的液压马达的排量为 45.67mL/r；液压马达工作时的最大转速应为 955r/min，代入式（4-4）计算液压马达最大流量为 47.93L/min。

现已求出液压马达正常工作时的最大扭矩是 76N·m，排量是 45.67mL/r，马达最大流量为 47.93L/min，工作压力为 10MPa。选择 BMR-50P5A1Y2 型液压马达，其额定扭矩为 93N·m，额定排量 51.7mL/r，最大流量为 49L/min，额定压力 14MPa。

（二） 液压系统原理

为实现山地果园运输机频繁换向，小范围无级调速，瞬间制动，更大动力以及自动化运输功能设计液压系统，完成能量的转换与传递。该液压系统结构简单，同时大大地简化了运输机的操作过程，操作简单，可靠性高。

液压系统的工作原理：如表 4-2 所示为电磁铁的动作循环表，在运输机液压系统中，二位三通电磁阀 4 用来设定运输机工作前液压系统无压力，系统处于空负载状态；直动溢流阀 5 用来保证运输车工作时的最大压力，当负载重量超过预设压力时用来卸荷；二位三通电池阀 7 用来设定运输机的快慢速，当电磁阀门打开，油液经调速阀 9 到达液压马达速增快；三位四通电磁阀 10 用来设定运输机的停止、上行、下行，保证运输机按控制系统命令运行。

表 4-2 电磁铁动作循环表

液压马达动作	上行	下行	停止	急停
1YA	+	+	−	−
2YA	n 秒后+	n 秒后+	−	−
3YA	+		−	−
4YA	−	+	−	−

柴油机由电马达启动后经带传动带动变量柱塞泵 3 旋转，液压泵启动，液压泵靠密封容腔容积变化将油液从油箱 14 经进油过滤器 2 将油液吸入管道，不断为液压系统供油，三位四通电磁阀 10 处于中位，二位三通电磁阀 4，1YA 处未通电处于开通状态，油液直接经二位三通电磁阀 4 流入油箱，以保证液压泵空载运行。

当控制系统发出运输车上行命令时，二位三通电磁阀 4，1YA 处与三位四通电磁阀 10，3YA 处同时得电时，二位三通电池阀 4 关闭，三位四通电磁阀 3YA 电磁铁吸合，内部滑块右移，P 口与 A 口沟通，油液经调速阀 8 带动摆线马达慢速正向旋转，运输车低速上行，n 秒后二位三通电池阀 7，2YA 处得电，电磁铁吸合，电磁阀开启，油液经调速阀 9 带动摆线马达快速正向旋转，运输车高速上行，油液经回油过滤器 13 返回油箱 14。

当控制系统发出运输车下行命令时，二位三通电磁阀 4，1YA 处与三位四通电磁阀 10，4YA 处同时得电时，二位三通电池阀 5 关闭，三位四通电磁阀 4YA 电磁铁吸合，内部滑块左移，T 口与 B 口沟通，油液经调速阀 8 带动摆线马达慢速反向旋转，运输车低速下行，n 秒后二位三通电池阀 7，2YA 处得电，电磁铁吸合，电磁阀开启，油液经调速阀 9 带动摆线马达快速反向旋转，运输车高速下行，油液经回油过滤器返回油箱。

系统正常工作时，直动溢流阀 5 处于关闭状态，当负载过大，系统压力大于或等于其调定压力时开启直动溢流阀 5 超过直动溢流阀 5 预设值时，油液返回油箱，对系统起过载保护作用。

液位仪表 1 作为工业生产中的重要的工作参数，与温度、压力、流量堪称工业四大工作参数，用于测量油箱 14 里油液的高度和温度，有效保证系统在规定要求内正常工作。

油箱 14 的主要作用是储油。另外，油箱也有一些其他的作用，例如：利用表面积散发油液因摩擦等因素产生的热量，油液中的污物可以沉淀于油箱底部，可以过滤工作时渗入油液的空气，还可以安装阀块和液压原件。

(三) 液压元件的选择

液压执行元件作为液压系统的重要输出部分，一方面要符合所生产机器设备的性能的要求和运动规律，另一方面还要符合整体结构设计要求和各个元件安装时的限制要求。在进行液压执行元件选择时，应充分考虑到液压驱动遥控单轨道山地果园运输机运行时的负载运动形式。确定各执行元件所需要的流量和压力，对其进行相关理论基础详细计算。

1. 液压泵的选择

（1）确定液压泵的最大工作压力 p_p

$$p_p \geqslant p_1 + \sum \Delta p \tag{4-5}$$

式中：p_p 为液压泵工作最大压力；p_1 为液压马达最大工作压力；$\sum \Delta p$ 为从液压泵出口到液压马达入口之间总的管路损失，初计算按经验数据选取：管路简单、流速不大的，取 $\sum \Delta p = (0.2 \sim 0.5)$ MPa，此处取 0.5MPa。

液压泵的最大工作压力：14+0.5＝14.5MPa。

（2）确定液压泵的流量 $q_{v\max}$

$$q_{v\max} \geqslant K \sum q_{v\max} \tag{4-6}$$

式中：K 为系统漏油系数，一般取 $K = 1.1 \sim 1.3$，此处取 $K = 1.1$；$\sum q_{v\max}$ 为液压马达的最大流量。

计算得液压泵的流量为 53.9L/min。

（3）选择液压泵的规格

根据以上求出的 p_p 和 $q_{v\max}$ 值，以及按系统选取的液压泵的形式，查阅《液压设计手册》和产品样本，选用 V25A3R 型变量柱塞泵，其转速为 500r/min~1900r/min，额定压力为 18MPa，公称排量为 30mL/r，容积效率大于或等于 95%，总效率大于或等于 84%。一定的压力储备能够保证液压系统更好的运行，所以要求液压泵的额定压力比最大工作压力大 25%~60%。

（4）确定液压泵的驱动功率 P

$$P = \frac{\varphi p_p q_{vP}}{\eta_p} \tag{4-7}$$

式中：φ 为转换系数，此处取 0.40；p_p 为液压泵的最大工作压力，Pa；q_{vP} 为液压泵的流量，m^3/s；η_p 为液压泵的总效率。

现已知 $p_p = 18MPa$，$q_v = 54L/min$，$\eta_p = 0.84$，代入式（4-7）得液压泵的功率 $P = 7.71kW$。查阅《机械设计手册》，选择 R192 柴油机，额定转速 2400r/min，功率 8.46kW。

2. 油箱容量选择

油箱的有效容积可根据公式（4-8）确定：

$$V = aq_v \tag{4-8}$$

式中：q_v 为液压泵每分钟排出压力油的容积，L/min；a 为经验系数，在此处取 $a = 6$。

现已知 $q_v = 54L/min$，代入式（4-8）得油箱有效容量为 324L。

由于油箱的有效容积是油箱总容积的 80%，则油箱容积为 $V_1 = V/0.8 = 405L$，查阅《机械设计手册》，取油箱的总容积为 615L，则设计该油箱的长为 1516mm，宽为 766mm，高为 610mm。

3. 液压阀的选择

液压系统中液压阀是由阀的最大工作压力和流过阀的最大流量来确定的。根据液压系统的设计要求，其对液压阀的主要要求是：

（1）在液压油液通过时的震动不能过大，且工作稳定、反应迅速，使用寿命不能太短；

（2）要避免液压油的液压阀外的泄露，并尽量减少阀内的泄露，以及其对压力的损失；

（3）为便于液压阀的拆卸以及替换，其结构应尽量简单且通用性好。

根据拟定的液压油路图，选定的液压阀如表4-3所示：

表4-3   **液压阀元件明细图**

序号	名称	数量	型号规格
1	三位四通电池阀	1	4WE6E60B/CG12N9Z
2	调速阀	2	2FRM6B76-20B
3	二位三通电池阀	2	WE6A50B/AG12
4	直动溢流阀	1	DBDS10P10B/200

4. 管件的选择

在液压传动系统中，油管的材质主要是由流经管路的液压油压力决定的。在一般情况下，低压油路中多采用水煤气有缝钢管、橡胶管和铜管，其中铜管也可用于中压油路；高压油路多采用无缝钢管或高压软管。高压软管中的钢丝编织网的层数越多，其能承受的压力就越高。

油管在安装时，为避免弯曲过度造成油管破裂，其弯曲半径不宜过小，通常是油管半径的3~5倍。并且应尽量避免小于90°的弯管，弯管处的内径不应有明显的皱纹，扭伤，其椭圆度不应超过管径的10%，为避免两相接触的油管在工作时发生碰撞，应用松紧带固定住油管间的相对位置。

管道内径：

$$d = \sqrt{\frac{4q_v}{\pi v}} \qquad\qquad (4-9)$$

式中：q_v 为通过管道内的流量，m^3/s；v 为管道允许流速，m/s。

一般情况下，在液压的吸油管道中容许的流速 $v=0.5\sim1.5m/s$，在压油管道中许的流速 $v=3\sim6m/s$，在回油管道中容许的流速 $v=1.5\sim2.6m/s$，取该液压系统中油管内的流速为4m/s。为了实际选购方便，要求液压系统内各执行元件（在该系统内是液压马达）进、回油管选取统一型号的油管，所以应该根据执行元件中的最大流量计算管径。液压马达的流量为49L/min，是执行元件的流量中最大值，则其管道内径为

$$d = \sqrt{\frac{4q_v}{\pi v}} = \sqrt{\frac{4 \times 49 \times 10^{-3}}{3.14 \times 4 \times 60}} = 16.13\text{mm}$$

查阅《机械设计手册》选择公称内径为 19mm 的 1T 型钢丝增强液压橡胶软管（即高压软管）作为液压系统的管路。

5. 液压油的选择

查阅《机械设计手册》选择产品型号为 L-HM 型液压油，其黏度等级为 32，L-HM 型液压油由深度精制矿油加入抗氧、防锈、抗磨、抗泡等添加剂调和而成。该液压油具有良好的抗磨性、润滑性，适用环境温度为 -10~40℃，适用于中高压液压系统。液压驱动遥控轨道运输机安装在野外，长时间野外工作，环境十分恶劣，L-HM 型液压油良好的性能符合运输机野外工作要求。

（四）液压系统 AMESim 仿真研究

AMESim 是一种工程系统高级建模和仿真平台。在操作过程中，AMESim 的操作界面是基于直观图形界面，对于液压系统或者其他系统在整个仿真过程中，仿真系统和仿真过程与仿真结果都是通过直观的图形界面展现出来的。AMESim 软件具有两种功能：一个是分析现有系统，另一个是辅助设计新系统。对液压系统进行仿真不但节约了设计人员的时间，减轻了工作量，还极大地节省了搭建试验系统的费用，很大程度上节省金钱。因此以下对液压系统进行仿真，研究各个液压元件对和液压回路对液压系统的影响，通过优化、改进提升液压系统性能。

1. AMESim 模块化建模步骤

在 AMESim 中建模，主要分为以下几个步骤：

（1）草图模式。在草图模式下，用户可以在库目录树下进行各类液压元件、机械元件、控制元件等的选择，将所选元件放置在工作主窗口的合适位置，最终通过旋转、镜像、拖动等搭建要研究的系统。

（2）子模型模式。子模型是系统中每一个元件所对应的一个数学模型，当搭建完成系统后，用户可在子模型模式给系统每一个元件选择子模型。

（3）设置参数。各类元件的参数为初始值，根据实际设计参数替换各元件初始值，还需在此过程中定义状态变量。

（4）运行仿真。首先检验设置运行参数，根据实际情况与需求选择运行特性、最终时间、通信间隔等；然后进行标准化系统仿真或者批仿真运行；最终根据所需进行曲线图的绘制要绘制，并且对所呈现的曲线图进行理解分析。

2. 运输机液压系统 AMESim 建模

（1）运输机液压系统建模

在 AMESim 的液压系统标准仿真模型库中选择液压泵、液压马达、负载和各种各样的电磁阀等所需元件，将所选元件拖动到工作界面，并通过旋转、镜像、拖动等命令进行液压回路的搭建。

（2）定义系统参数

从系统的原理图 4-4 可以看出，液压驱动遥控轨道运输机液压系统属于时间控制顺序动作回路，现在按照前面理论计算出的数据将系统中元件的主要参数设置为：电机转速：1800rev/min；变量泵的排量：30cc/rev；马达的排量：51.7cc/rev；油管直径：19mm；溢流阀开启压力：150bar，压力梯度：500L/min/bar；滤油器的额定流量：1.5L/min；相对压降：0.2bar；节流阀的开口直径：3mm，5mm；最大节流流量系数：0.85。

3. 系统仿真与结果分析

在运行参数中进行仿真设置，运行终止时间为 12s，打印间隔为 0.001s，仿真类型为单次运行，积分器类型为标准积分器，仿真模式为动态。通过前几步的准备工作后，可以仿真得到液压马达流量输出曲线图（见图 4-3）、马达端口压力曲线图（见图 4-4）、马达转速曲线图（见图 4-5）、马达输出扭矩曲线图（见图 4-6）。

仿真结果如图 4-3～图 4-6 所示，仿真时间为 12s，即一个周期。其中，锁模时间为 2s，液压马达慢速启动正转时间为 1s，快速正转时间为 3s，慢速正转停止时间为 1 秒，液压马达慢速启动反转时间为 1s，快速反转时间为 3s，慢速反转停止时间为 1s。由图 4-3～图 4-6 液压马达流量、压力、转速、扭矩曲线图可以看出，在锁模时间段马达没有任何形式的输出，常开式二位三通电磁阀将液压泵排除的油液经液压油管直接流入油箱，它达到了在运输车不工作阶段无压将油液送回油箱的功能；在 2～3s、6～8s、11～12s 阶段液压马达流量、压力、转速、扭矩都较 3～6s、8～11s 阶段小，说明快慢速节流阀发挥作用，达到系统所需要求；由图 4-3 可以看出运输车正常运输行驶阶段液压系统中液压马达流量为 50L/min，达到了前面理论计算所得47.93L/min；由图 4-4 可以看出马达正常工作时马达进油口压力为 145bar，出油口压力为 100bar，低于溢流阀所设定的 150bar，符合设计要求；由图

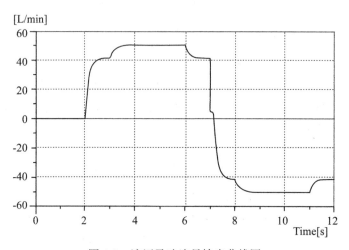

图 4-3 液压马达流量输出曲线图

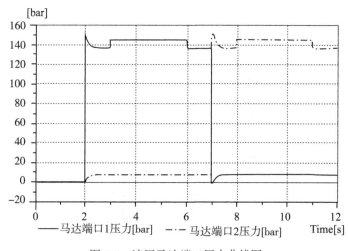

图 4-4 液压马达端口压力曲线图

4-5可以看出液压马达在正常工作阶段转速为 1050r/min，达到前面理论所计算得 995r/min；由图 4-6 可以看出液压马达正常工作时扭矩为 100N·m，达到前面理论所计算得 76N·m。综上可以看出，在液压系统中液压马达的压力、流量、转速和输出扭矩都符合前面所计算的理论数值，因此可以证明此液压系统的设计符合实际应用。

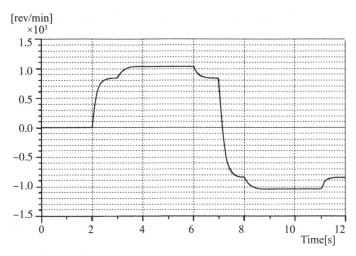

图 4-5　液压马达转速曲线图

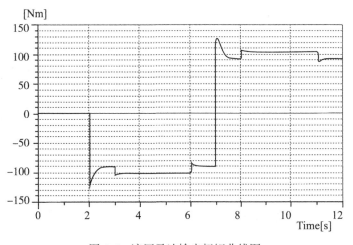

图 4-6　液压马达输出扭矩曲线图

三、液压驱动遥控单轨道山地果园
运输机关键部件设计研究

CAD/CAE/CAM 等计算机相关技术的出现和快速的发展给我们的机械生

产和机器制造行业带来了前所未有、史无前例的新机遇。在设计机械的过程中，计算机技术的出现不仅仅提高了所需产品设计时的准确度，在一定程度上还极大地缩短了设计人员研发产品时所用的时间，给目前整个行业和整个领域带来了前所未有的变化，促进了新产品的开发。

本节应用 Solidworks 三维建模软件对液压驱动遥控单轨道山地果园运输机控制部分、液压系统装置、传送机构进行能给人强烈视觉感官的三维建模并且根据实际情况将各个零部件组装起来进行虚拟装配，检验各部件设计的合理性，合理装配运输机各部件。

（一）运输机的三维建模与装配

1. 控制启动装置建模

主要包括控制面板、控制箱体、继电器原件等，对关键部件进行了三维建模，建模结果如图 4-7 所示。

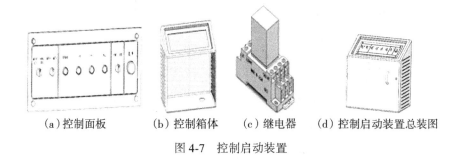

（a）控制面板 　　（b）控制箱体 　　（c）继电器 　　（d）控制启动装置总装图

图 4-7 　控制启动装置

2. 液压系统装置建模

液压系统装置（见图 4-8），是整个机器的中间环节，用于能量的转换与传递，主要由额定压力高、结构紧凑且效率高的变量柱塞泵，集成度高且结构紧凑的液压阀块，有较大力矩且传动运动平稳的液压马达，散热效果良好的油箱等组成，根据本章液压驱动运输理论分析与仿真研究，对液压系统详细的理论分析、求解和软件仿真的求证设计，液压系统建模结果如图 4-8所示。

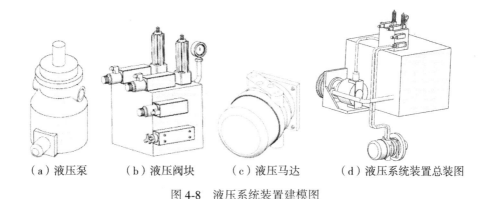

（a）液压泵　　（b）液压阀块　　（c）液压马达　　（d）液压系统装置总装图

图 4-8　液压系统装置建模图

3. 传动机构三维建模

主要由蜗轮蜗杆减速箱、联轴器和驱动轮对等组成，减速、增矩后驱动运输车在轨道上平稳运行，建模结果如图 4-9 所示：

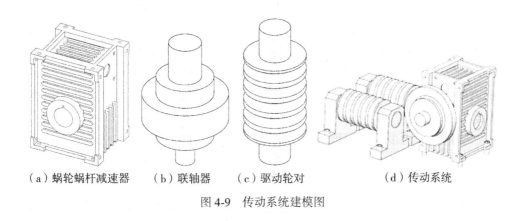

（a）蜗轮蜗杆减速器　　（b）联轴器　　（c）驱动轮对　　　　（d）传动系统

图 4-9　传动系统建模图

4. 整机总装和干涉分析

利用 Solidworks 软件的虚拟装配功能，对控制启动装置、液压系统装置、传动装置等进行装配和干涉检验，检验结果如图 4-10 所示，各零部件之间装配合理，满足设计要求。

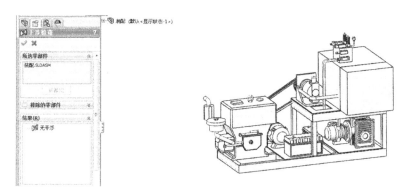

图 4-10　整机总装与干涉分析图

(二) 遥控控制系统设计及研究

1. 遥控控制系统形式的选择

随着科学技术的迅猛发展，模拟集成电路、数字集成电路等大规模遥控集成电路的不断完善与发展，使得现有远程控制遥控技术不断优化。液压驱动遥控单轨道山地果园运输机在实际的使用过程中，轨道会铺设几百米甚至上千米的距离，为了提高工作效率和减少劳动者的参与，便于果农在劳动过程中的任何时间和规定范围内控制运输机的启停、上下行走等功能，采用大功率、长距离远程遥控装置。

果园运输机多数用于地势偏高的偏远山区或丘陵地带，这些地方运输不便，更有些地方缺乏电能，导致运输机的燃油消耗大。因此在仅提供 24V 电源的基础上，使用能源消耗小且携带操作简便的远程遥控装置。用其发射信号到控制系统的接收模块，从而实现远距离对果园运输机的控制。其总体示意图如图 4-11 所示。

2. 遥控控制系统的设计

遥控控制系统（见图 4-12）是华中农业大学工学院自主研发和设计，其主要尺寸约为 160mm×45mm×20mm，由 12V 电瓶提供电能。遥控控制系统的具体操作过程：操作人员按下启动油门启动位或者柴油机启动等按键后，遥控器发出相应的遥控指令；控制箱上的接收模块接收到信号后，将无线信号转化

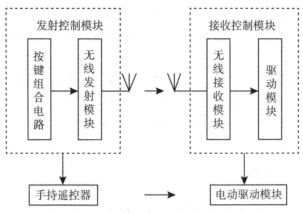

图 4-11　控制系统总体示意图

为电信号，从而驱动电马达的启动，电推杆的伸缩，电磁阀的启停，达到遥控果园运输机的目的。当运输车运行到行程开关处，触碰到行程开关，开关常闭触点断开，从而实现输机停车制动。

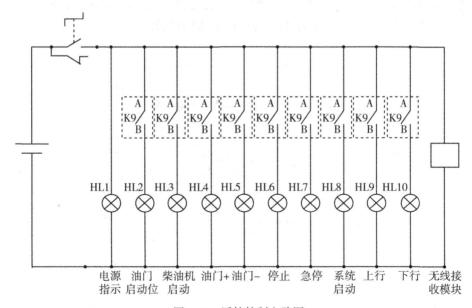

图 4-12　遥控控制电路图

（1）遥控器

运输机配备的远程手持遥控器（见图4-12）上共有8个按键，分别为油门启动位、柴油机启动、油门+、油门-、上行、下行、停止和急停。

（2）行程开关

轨道的起始点和终点位置分别安装有灵敏性极高且绝缘防尘的行程开关，当液压驱动遥控轨道运输车自动运行到轨道的终点时，运输车下的挡板碰撞使其触头动作来实现接通控制电路，达到控制运输机液压系统停止工作，运输车自动停止运行。行程开关采用的是180°全倒形式的凯昆ZXL-703常开限位开关。

（三）安全保障装置

液压驱动遥控单轨道山地果园运输机在实际运输过程中，若突发意外情况，例如当牵引钢丝绳的最大静拉力超过最大承受力时，会造成钢丝绳断裂，此时安全保障装置（见图4-13）发挥作用，钢丝绳7失去预紧力后，通过滑轮1、8导向运动，预紧弹簧2释放能量，推动行走轮刹车片3绕支架4上的销轴旋转运动，刹车片3前段直插轨道5与行走轮6间隙，造成硬摩擦，使拖车立即停止运行。从而实现对运输车的紧急制动，有效地防止运输车因重力快速下滑而造成的不必要人身伤害与财产损失，提高了液压驱动遥控轨道运输机的安全性，降低了使用过程中对人身造成危害的指数。

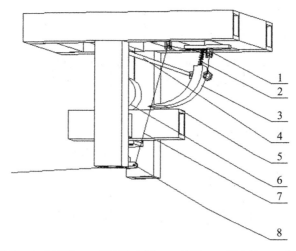

1. 上滑轮；2. 弹簧；3. 刹车块；4. 刹车块支架；5. 轨道；6. 行走轮；7. 钢丝绳；8. 下滑轮

图4-13 安全保障装置结构示意图

四、液压驱动遥控单轨道山地果园
运输机样机试制与试验

（一）液压驱动遥控单轨道山地果园运输机样机试制

1. 运输车

运输车通常在坡度较大的山地上使用，用来运载较重的柑橘或者其他农资物品，运输车的载重量决定了它的空间布局和尺寸大小，为保证运输车在运输过程中货物以及系统的安全，运输车的结构设计、使用材料与焊接方法的选择必须能够满足生产过程中的强度和刚度需求。

2. 机座

液压驱动遥控单轨道山地果园运输机的原动机部分——柴油机，传动部分——液压系统，执行部分——驱动轮对和辅助系统——12V 电瓶等都安装在机座上。因此对机座的结构形式、尺寸、材料都有所要求。液压驱动遥控轨道运输机的机座主要使用 Q235 材料的 80×43 型槽钢焊接制作而成，其主要尺寸为 1660mm×600mm×455mm。在设计时主要考虑其刚度指标，其次是强度和抗震性能，充分满足了液压驱动遥控轨道运输机的使用要求，保证了运输机安全稳定运输。

3. 柴油机与启动调节装置

柴油机作为原动力是整个系统的动力源，驱动整部机器完成预定功能。柴油机由电马达经齿轮啮合启动，避免了人力手摇启动柴油机时的劳动强度和有效防止了柴油机启动时对人体的伤害。两电动推杆分别控制风门的开启与油门大小调节，简化了果农操作，提高劳动生产率。

4. 遥控控制箱装置

遥控控制装置由控制箱、控制面板、继电器组等组成，实现了对柴油机启动，油门加减，运输车上下行走，任一点制动，紧急情况完全停止等功能。

5. 液压驱动遥控单轨道山地果园运输机整机

将运输机固定在预定位置，并将液压驱动遥控单轨道山地果园运输机安装在华中农业大学山地果园运输机示范围内。

（二）液压驱动遥控单轨道山地果园运输机样机试验

1. 液压驱动遥控单轨道山地果园运输机试验设计

（1）试验轨道：选取由华中农业大学生产制造的安装在狮子山上的山地果园运输机示范园内单轨道。

（2）试验样机：试验所用样机为湖南睿创宇航设备有限公司试制成功的液压驱动遥控轨道运输机。

（3）试验目的：检测液压驱动遥控单轨道山地果园运输机的各项功能是否满足设计要求，尤其是载重量和运输车的运行速度。从而检测液压系统的设计的合理性与可靠性。

（4）试验方法：用皮卷尺测量轨道有效长度，利用秒表记录运输车在同一负载下系统压力和运输机运行速度的变化。

（5）试验设备：利用皮卷尺测量轨道长度，测量单位可精确到厘米，利用秒表测量运行时间，测量时间可精确到 0.01s，利用转速仪测量液压泵转速，可精确到 0.1r/s，利用压力表测量液压回路压力，可精确到 0.1MPa。

（6）试验依据：根据公式 $v = s/t$，由其运行时间，可得出每次的运行速度，再由公式 $v_0 = \sum v/n$，计算出平均速度。

通过装载沙袋让运输机在示范园内运行，分别使用手动、遥控对各部分功能进行检验。

2. 运行试验数据

本研究一共进行 5 组试验，每组试验分别进行了上坡、下坡各十次，负载重量分别为 0kg、200kg、400kg、600kg、800kg，其中轨道长度为 17m，坡度为 50°。所得试验数据如表 4-4 所示。

表4-4							试 验 数 据			
	第1组		第2组		第3组		第4组		第5组	
负载：	0kg		200kg		400kg		600kg		800kg	
油门位置：	中等		中等		中等		中等		中等	
压力（MPa）：	5.9	5.3	7.6	4.9	8.4	4.5	9.2	4.1	10.0	3.7
试验	上行	下行	上行	下行	上行	下行	上行	下行	上行	下行
次数	时间	时间	时间	时间	时间	时间	时间	时间	时间	时间
1	22.36	21.16	25.84	19.73	31.21	18.26	42.53	17.71	无	16.31
2	22.54	21.09	26.07	19.84	30.97	18.41	41.31	17.94	无	16.28
3	22.49	21.72	25.63	19.63	30.04	18.49	41.59	17.67	无	16.54
4	22.82	21.53	25.74	19.47	30.65	18.13	41.51	17.26	无	16.28
5	22.34	21.43	25.83	19.53	31.06	18.10	41.76	18.46	无	16.49
6	22.49	21.59	25.04	19.77	30.16	18.72	42.06	17.56	无	16.62
7	22.48	21.57	25.57	19.82	30.64	18.05	41.51	17.67	无	16.17
8	22.24	21.04	25.72	19.62	30.24	18.09	41.09	17.17	无	16.48
9	22.38	21.16	25.65	19.48	31.26	18.59	42.86	17.16	无	16.27
10	22.41	21.28	25.77	19.76	30.13	18.43	41.38	17.83	无	16.34
平均用时（s）	22.46	21.36	25.69	19.67	30.64	18.33	41.76	17.64	无	16.38
平均速度（m/s）	0.76	0.79	0.66	0.86	0.62	0.93	0.41	0.96	无	1.04

在轨道的任一点位置进行运输车的上行、下行，任一点制动和紧急停止的检验。随着负载增大，油压升高，柴油机需要加大油门，运行速度保持匀速前进。经过检验，运输机实现了频繁换向，小范围无级调速，瞬间制动，更大动力以及自动化程度更高的功能，满足设计目标。

3. 试验结果分析

试验表明，随着负载的不断增大，液压驱动遥控轨道运输机上行时，系统压力逐渐上升，由5.9MPa增长到9.2MPa，运输车运行速度逐渐下降，由0.76m/s减少到0.41/s；液压驱动遥控轨道运输机下行时，系统压力逐渐下降，由 5.3MPa 减少到 4.1MPa，运输车运行速度逐渐上升，由 0.79m/s 增长到 0.96m/s。由此可以看出上行时随着运输车负载重量的不断增大，系统压力逐步升高，运输车运行速度逐步下降；下行时，随着负载的不断增大，果物自身的重力部分转化为运载果物的动力，导致系统压力逐步下降，运输车速度运行速度逐步上升。但是，在负载 800kg 运输时，上行的压力为 10.0MPa，超过了系统保护压力，运输机液压系统中的溢流阀被打开，油液直接由液压泵排除，然后经过系统设定的溢流阀经管道流回油箱，此时运输车上行没有运动，因此得出液压驱动遥控轨道运输机上行最大运载量应 ≤ 600kg；运输车下行时系统压力为 3.7MPa，运输车运行速度为 1.04m/s，符合设计要求。经后面试验所得运输机下行时最大负载可达 1000kg，运行速度为 1.17m/s。

第五章　自走式双轨道山地果园运输机

一、自走式双轨道山地果园运输机的总体设计

(一) 运输机总体方案设计

1. 设计目标

常规轮式运输机械难以在复杂的大坡度山地果园中运行，因此总体上采用固定轨道的运输方案。柑橘、苹果和梨等果树的种植密度一般为每 667m² 种植 80 株左右，株距为 2.9m，树冠间隙一般小于 1.2m，轨道运输机的宽度要小于 0.8m；运输机可完成轨道左右各 100m 范围内的作业，按平均亩产鲜果 2500kg 计算，200m 轨道需运输 150000kg，如 10 天内每天工作 8h 运输完，则运输能力需大于 2000kg/h；平地和小坡度可采用常规轮式运输机械，迫切需要解决的是 35° 至 45° 大坡度果园的运输问题，故最大爬坡角度需要大于 40°。

由此，确定自走式双轨道山地果园运输机的设计目标主要有：

(1) 运输机的宽度小于 0.8m；

(2) 运输能力大于 2000kg/h；

(3) 最大的爬坡角度大于 40°；

(4) 能实现前进、倒退、水平方向转弯、垂直方向转弯和任意点制动等功能。

2. 主要技术参数

根据山地果园地形条件以及果园水果、肥料和农药等的运输承载实际需要等，按最大坡度 45° 载重 300kg 计算，动力采用 15 马力（11kW）柴油机，根据坡度地形需要确定运输机的爬坡角度能够适应 45° 以上的坡度地形，果树的种植生产实际确立运输机行走的道路宽度和运输机的外形尺寸，生产能力和运

输需求提出运输能力及上下坡的载重量。纵向和横向运输要求有一定的拐弯半径，包括垂直上下起伏弯和水平左右的拐弯半径。考虑到运输机的实用性和效率，明确了运输机的上下坡的运输速度和运输能力以及运输机的能耗等。

7YGS-45 型自走式双轨道山地果园运输机的主要技术参数如表5-1所示。

表 5-1　　　　　　　自走式双轨道山地果园运输机主要技术参数

参数名称指标值	
配套动力/kW	11.0
主机外形尺寸/mm×mm×mm	1500×700×1100
运行速度/ m·s⁻¹	≤1.5
运输车重量/kg	≤300
上坡承载重量/kg	≤300
下坡承载重量/kg	≤1000
爬坡角度/（°）	≤45
水平转弯半径/mm	≥8000
垂直转弯半径/mm	≥10000
燃料消耗量/kg.h⁻¹	≤1.8
上行运输能力/kg.h⁻¹	≥2000
下行运输能力/kg.h⁻¹	≥8000

（二）运输机总体结构设计

7YGS-45 型自走式双轨道山地果园运输机总体上主要由运输车（运输机主机）、自适应坡度拖车、双轨轨道和驱动钢丝绳等四部分组成。运输车由机架、柴油机、减速传动机构、离合机构、驱动机构、手动液压碟片式制动机构（简称碟刹）、抱轨道式刹车制动机构（简称抱轨刹）、行走机构和钢丝绳下压导向组件等组成；拖车通过万向节与运输车连接；双轨轨道由 2 根外径为 48mm 的镀锌钢管依地形条件水平铺设，轨道上安装钢丝绳垂直弯自动回位钩桩和钢丝绳水平弯限位桩等装置；钢丝绳上端固定在轨道的上端，钢丝绳下端通过定滑轮吊装配重块以提供钢丝绳张紧力。自走式双轨道山地果园运输机的结构如图5-1所示。

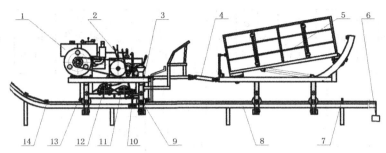

1. 柴油机；2. 减速传动机构；3. 机架；4. 万向节；5. 拖车；6. 钢丝绳与配重块；7. 水平弯钢丝绳限位桩；8. 轨道；9. 行走机构；10. 抱轨刹；11. 从动轮；12. 驱动卷轮、碟刹；13. 钢丝绳下压导向组件；14. 垂直弯钢丝绳自动回位钩桩

图 5-1　自走式双轨道山地果园运输机的总体结构图

自走式双轨道山地果园运输机主机的机架上布置有柴油机、具有前进退和空挡功能的变速箱、离合装置、使钢丝绳绕"8"字双驱动卷轮、碟片式和两套抱轨式刹车制动装置、挡桩式坡度停车防下滑安全装置、前后装有钢丝绳的限位和导向装置、前后装有 4 个防侧滑承重轮和防上跳钩轮；由 2 根圆钢管构成双轨道可以实现水平弯和上、下垂直弯，在轨道垂直下弯处装有自动回位钢丝绳钩桩装置，在轨道水平弯出装有钢丝绳限位桩；配有自适应坡度拖车，通过万向节机构与主机的机架相连接。

(三) 运输机动力传递流程和工作原理

自走式双轨道山地果园运输机的动力传递流程图如图 5-2 所示。

运输机运行时，柴油机动力通过皮带、减速传动机构、链轮等传递给钢丝绳呈"8"字形交错缠绕的驱动卷轮对，钢丝绳两端分别固定在轨道两端，由安装在运输机机架前后两端的导向轮和下压轮完成钢丝绳在驱动卷轮对的绳槽内顺利导入和导出，通过钢丝绳与驱动卷轮对间的摩擦实现运输车的驱动，并带动拖车实现运输。通过调节减速传动机构中的滑动齿轮位置，实现前进、后退和空挡切换；通过操纵碟刹和抱轨刹，实现减速和临时停车；通过操纵防下滑安全装置，实现在斜坡位置长时间停车；通过调整防侧滑承重轮和防上跳轮与轨道间的间隙，实现运输机的转弯。

(四) 运输机工作过程

运输机工作时，柴油机动力通过皮带传到离合器，通过操纵离合器轴上的

189

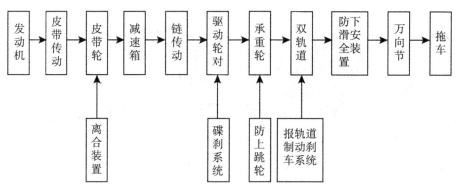

图 5-2　自走式双轨道山地果园运输机的动力传递流程图

滑动齿轮分别实现前进、后退和空挡，在前进与后退时，动力通过滑动齿轮与其他大小齿轮啮合将动力传给变速箱输出轴，其上的小链轮通过链传动将动力传给钢丝绳绕"8"字形的主动驱动卷轮和被动驱动卷轮，钢丝绳上下端分别固定在轨道的上下端，通过钢丝绳与双绕"8"字形驱动卷轮的摩擦实现整机的驱动，并带动拖车实现运输。机架的前后两端分别装有钢丝绳的下压导向轮，完成钢丝绳在双驱动卷轮的顺利导入和导出；防侧滑承重轮成喇叭形，小头对装，且防侧滑承重轮与防上跳轮与轨道配合并预留间隙，实现双轨运输机的防左右侧滑和上下跳动且可以拐90°弯。双轨道的垂直下弯处装有钢丝绳自动回位钩装，防止钢丝绳上抬和拉直，双轨水平弯处装有钢丝绳限位桩，实现钢丝绳紧贴双轨道的中心位置。当需要停车和减速时，通过操纵手动液压碟片刹车装置和抱轨道刹车装置，实现减速和停车。当停车在斜坡位置且操作人员长期离开运输机时，通过操纵防下滑安全装置，实现可靠防止运输机自动下滑。配有自适应坡度的拖车，完成装载和根据坡度变化自动调节货箱的倾斜角度，保证货物不翻倒。

（五）运输机关键性技术

（1）自走式双轨道山地果园运输机采用钢丝绳驱动技术：柴油机提供动力，通过变速箱将动力传递给主动驱动卷轮，主动驱动卷轮与被动驱动卷轮上分别有 5 个钢丝绳缠绕槽，双驱动卷轮平行并错开一槽距安装，钢丝绳绕"8"字形缠绕两轮，钢丝绳与双驱动卷轮间产生足够大的摩擦力，实现钢丝绳驱动。

（2）变速箱前进、倒退和空挡集成技术：变速箱装有滑动换向齿轮，分别与换向大齿轮、换向小齿轮啮合实现前进、倒退，处于中间位置为空挡，实现双轨道果园运输机作业。

（3）双保险刹车制动技术：采用一套碟片式制动装置，通过手动液压完成对主动驱动卷轮的制动，同时采用另一套抱轨道式刹车制动系统，大大提高了双轨果园运输机的制动安全性。

（4）坡度停车防下滑安全技术：采用挡杆与锁杆组成的防下滑安全装置，克服了坡度停车时当人长时间离开而运输机出现下滑现象，提高了运输机坡度停车的安全性和可靠性。

（5）防侧滑、防上跳与行走拐弯集成技术：采用防侧滑承重轮和防上跳轮组成的行走装置，防侧滑承重轮成喇叭形，小头对装，且防侧滑承重轮与防上跳轮与轨道配合并预留间隙，保证了双轨运输机的防左右侧滑和上下跳动且可以拐最小半径为8m的90°弯。

（6）防钢丝绳上抬和拉直技术，在双轨道的垂直下弯处装有钢丝绳自动回位钩装，在双轨水平弯处装有钢丝绳限位桩，有效地保证了钢丝绳紧贴双轨道的中心位置，克服钢丝绳的松动保证双轨运输机的顺利作业。

（7）拖车货箱自适应坡度调节技术：拖车车架中装有弧形的滑轨，货箱底部装有滑轮，两者配合滑动，同时装有缓冲。

二、自走式双轨道山地果园运输机的主要参数计算

（一）动力能耗

动力选择包括选择动力类型、功率、转速，并确定型号。

相比较柴油机、汽油机与电机，在密集坡度果园中从山下到山上拉电缆对于有些地区不方便且价格昂贵，不易采用电机，汽油机与柴油机相比，在爬大坡度的情况下柴油机提供动力略胜一筹，因此选用柴油机作为该自走式双轨道山地果园运输机的动力源。现市场上有提供节能环保型柴油机，因此选用节能环保型柴油机提供该运输机的动力。

计算所需动力，根据山地果园的坡度陡峭的梯田地形，以及实际的运输需求，估算运输机整机以及载货物的总重量为 $M = 750\text{kg}$，以 $V = 1.5\text{m/s}$ 的速度爬上 $\theta = 45°$ 的坡，取行走装置与轨道间的摩擦系数为铸铁与钢之间的动摩擦因数 $f = 0.16 \sim 0.18$。

所需要的牵引力：

$$F = Mg\sin\theta + fMg\cos\theta \tag{5-1}$$

估算功率：

$$P = FV \approx 10Kw \tag{5-2}$$

所以选用功率为 11kW（15 马力）、额定转速为 2200r/min 的节能环保型柴油机为动力。

（二）运行速度

计算得出运输机所需动力为 10kW，选择 11kW（15 马力）的柴油机为动力。此运输机采用皮带传动、齿轮传动和链传动 3 种传动方式，传动效率分别为 η_1、η_2、η_3、η_4、η_5；有一级是等齿轮传动，共有 4 级减速，减速比分别为 i_1、i_2、i_3、i_4；柴油机的输出功率 W，柴油机的输出转速为 n_0，驱动卷轮的有效直径 D，驱动卷轮的功率 P，驱动卷轮的转速 r，运输机的运行速度 V。

$$P = W\eta_1\eta_2\eta_3\eta_4\eta_5 \tag{5-3}$$

$$r = n_0 i_1 i_2 i_3 i_4 \tag{5-4}$$

$$V = \frac{\pi D r}{60000} \tag{5-5}$$

已知：$\eta_1 = 0.95$，$\eta_2 = 0.97$，$\eta_3 = 0.95$，$\eta_4 = 0.97$，$\eta_5 = 0.97$，$i_1 = 0.614$，$i_2 = 0.354$，$i_3 = 0.405$，$i_4 = 0.714$，$W = 11$kW，$n_0 = 2200$r/min，$D = 152$mm。

代入公式解得：$P = 9.15$kW，$r = 138.24$r/min，$V = 1.1$m/s。

理论计算得到的速度和实际需要的运行速度相符，在密集的丛林运输果实，而且坡度较大，必须保证运输机工作的稳定性，规定此运输机的运行速度在 1.5m/s 以内。

（三）爬坡角度

由于运输机的主机行走机构和拖车的行走机构类似，因此将双轨运输机的整机和载货物重量一起简化为一整体受力分析。当爬坡时，运输机起初要加速，牵引力减小，当达到一定速度，牵引力克服重力与摩擦力而平衡。此时速度最大，且爬坡的角度达到极限。由此可得：运输机为 400kg，载重货物为 300kg，以最大速度 1.5m/s 在角度为 θ 的坡度上匀速行驶，分析受力所得的角度 θ 值即为最大的爬坡角度。

运输机的质量为 m_0，货物质量为 m，载重状态下运输机的重力为 G，爬坡时的受力分析如图 5-3 所示，列平衡方程有：

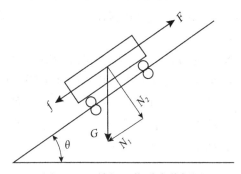

图 5-3　运输机工作受力分析图

$$G = (m_0 + m)g \tag{5-6}$$

$$N_1 = G\sin\theta \tag{5-7}$$

$$N_2 = G\cos\theta \tag{5-8}$$

运输机的驱动力为 F，行走装置与轨道间的摩擦力为 f，坡度为 θ，轨道与行走装置间的滚动摩擦系数为 μ，驱动功率为 P，运行速度为 V，列平衡方程有：

$$f = \mu N_2 \tag{5-9}$$

$$F = f + N_1 \tag{5-10}$$

$$P = FV \tag{5-11}$$

已知 $m_0 = 400\text{kg}$，$\mu = 0.17$，$P = 9.15\text{kW}$，$V = 1.5\text{m/s}$；当载重 $m = 300\text{kg}$，联合上述公式得：

$$\sin\theta + 0.17\cos\theta = 0.871 \tag{5-12}$$

解得：$\theta = 49.6°$。因此该运输机在载重为 300kg 的情况下可以爬上 49.6° 的坡。在实际轨道的铺设过程中考虑安全性，轨道角度不大于 45°。

三、自走式双轨道山地果园运输机关键部件的设计

（一）传动系统的设计

自走式双轨道山地果园运输机采用动力为 11kW 柴油机，输出的转速为 2200r/min，通过皮带传动、齿轮传动和链传动三种传动方式，共分为四级减速，将驱动卷轮对轴的主动动力轴的转速降为 138.2r/min。变速箱内装有花键

齿轮与花键轴，通过拨叉的拨动，使花键齿轮在花键轴上左右滑动，通过与两同轴齿轮的分别啮合，从而改变变速箱输出轴的转向，实现双轨运输机前进、后退的功能。

运输机由柴油机提供动力，实现在山地果园中适应大坡度地形的行走。根据爬坡的角度和承载的重量，该自走式双轨道山地果园运输机选择 11kW 柴油机为动力。根据输出的动力设计确定传动系统的总体方案：柴油机与离合器通过皮带连接，减速并将动力传递给变速箱，变速箱输出轴通过链以 1.4 的减速比将动力传递给主动驱动轴。变速箱采用 2 级直齿轮减速，如图 5-4 所示。

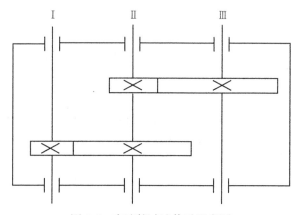

图 5-4　变速箱减速传递示意图

柴油机转速 $n_0 = 2200r/min$，最终主动驱动轴的转速为 $n_{IV} = 138.24r/min$，总的传动比为 15.9。采用的皮带传动比为 1.63，同时所用的链传动比为 1.4，则变速箱的传动比 $i = 6.97$。对于两级卧式圆柱齿轮减速器，为使两级的大齿轮有相近的浸油深度，展开式的高级传动比 i_1 与低级传动比 i_2 分配关系为：$i_1 = (1.1 \sim 1.5) i_2$。经设计与计算得到变速箱的减速参数如表 5-2 所示。

表 5-2　　　　　　　　　　　　　变速箱的减速参数

名称	齿形齿数		模数	实际传动比
第 1 级减速	小直齿圆柱齿轮	17	8	2.82
	大直齿圆柱齿轮	48		
第 2 级减速	小直齿圆柱齿轮	17	9	2.47
	大直齿圆柱齿轮	42		

由动力参数计算得出 5 根动力传动轴的转速、转矩和功率，如表 5-3 所示。

表 5-3   动力传动轴的动力参数

名称	功率/kW	转矩/N·m	转速/r·min⁻¹
柴油机输出轴	11	47.75	2200.00
轴Ⅰ	10.56	72.72	1349.73
轴Ⅱ	10.24	204.53	478.13
轴Ⅲ	9.93	490.01	193.53
主动驱动轴	9.63	665.27	138.24

(二) 驱动总成的设计

1. 设计思路和驱动原理

自走式双轨道山地果园运输机的驱动部件是整套运输机的核心部件，是运输机实现运输的可靠保障。需要实现动力的可靠传递和平稳运行，必须根据运行道路的现实条件和载重量的实际需求，选择合理的驱动形式。综合考虑 4 种驱动形式：牵引驱动、链条驱动、齿轮驱动、摩擦力驱动，根据设计要求和双轨道运输机的应用条件，绳轮配合摩擦驱动的方式较为合适。此驱动方式是牵引驱动和摩擦驱动的结合，双轨道运输机的运输地形是大坡度的山地地形，有较大的坡度，所以必须借助牵引驱动提供驱动力，利用钢丝绳作为牵引的介质。再则考虑节约成本要克服钢丝绳的累计缠绕现象，实现钢丝绳从一端输入和从另一端输出。这就需要一对驱动卷轮水平安装，与钢丝绳呈交叉缠绕，保证有足够的摩擦力，这样就借助钢丝绳的牵引实现绳轮配合的摩擦驱动，将运输机顺利地完成大坡度的上下运输。

双轨道运输机的驱动总成克服了现有的技术缺陷，针对卷扬机钢丝绳传递动力时钢丝绳在卷筒上累积缠绕的问题，提供一种性能稳定、功能实用的非卷筒钢丝绳释放式传递动力装置（驱动总成）。驱动总成由卷轮、主动轴、被动轴、钢丝绳、套筒、轴承、轴承座、支撑架等组成。卷轮上有与钢丝绳配合的槽子，钢丝绳以"8"字形与两个平行固定的卷轮缠绕，钢丝绳从主动轴相配合的卷轮一端输入，从被动轴相配合的卷轮另一端输出。钢丝绳两端同时承受一定的张力,动力从主动轴端输入并带动卷轮转动,钢丝绳与卷轮上的槽子相互配合产生摩擦力,实现钢丝绳一端输入另一端输出以释放式完成动力传递。当主动轴反向转动,钢丝绳实现反向动力传递,达到钢丝绳非卷筒以释放式正反向动力传递的目的。

驱动总成安装与缠绕具体如下:主动轴上的卷轮和被动轴上的卷轮分别开有 5 个槽,主动轴上的卷轮和被动轴上的卷轮错开一个槽安装。钢丝绳从主动轴上的卷轮的第一槽进入通过交叉呈"8"字形进入被动轴上的卷轮的第一槽,再由被动轴上的卷轮绕"8"字形返回主动轴上的卷轮的第二槽,依次绕"8"字方式进行缠绕连接,直至从被动轴上的卷轮的最后一槽穿出钢丝绳。主动轴和被动轴之间的距离保证钢丝绳缠绕后相互之间接触摩擦。采用钢丝绳与两个卷轮以"8"字形缠绕,克服钢丝绳在卷轮上的累积缠绕,节约成本,实现钢丝绳以释放式传递动力。动力传递给主动轴,主动轴带动两个卷轮转动,两端承受张力的钢丝绳与卷轮配合产生摩擦力实现钢丝绳释放式传递动力。主动轴的正反向转动实现钢丝绳的正反向动力传递。

2. 驱动总成的结构设计

柴油机的动力通过驱动卷轮和从动轮(简称驱动卷轮对)与钢丝绳配合实现摩擦驱动(简称绳轮配合驱动),实现自走。具体的驱动卷轮设计以及轮槽的结构如图 5-5 所示。

根据载重和爬坡的最大角度计算牵引力,采用直径为 12mm 的钢丝绳。通过对钢丝绳在驱动卷轮对上的包角及两者间的摩擦系数分析计算,确定驱动卷轮对的直径为 152mm,中心距为 300mm,驱动卷轮对上 5 个绳槽的间距为23.5mm。

绳轮配合驱动机构如图 5-6 所示:驱动总成主要由驱动卷轮对、主动轴、被动轴、钢丝绳、导向轮、下压轮、链轮、支架等组成。钢丝绳的导入和导出由安装在前后两端的钢丝绳下压导向组件控制,钢丝绳下压导向组件由导向轮和下压轮组成,确保钢丝绳在轨道中央且不脱离驱动卷轮对上的绳槽;钢丝绳在驱动卷轮和从动轮上呈"8"字形交错缠绕,通过使钢丝绳在驱动卷轮对间进行伸长与收缩,最终驱动运输机在轨道上运行。

钢丝绳与第一驱动卷轮和第二驱动卷轮通过以绕"8"字方式缠绕连接,不仅可克服钢丝绳在驱动卷轮上的累积缠绕问题,而且可使钢丝绳以释放式进行动力传递,实现驱动和传递双重功能。具有结构简单、节约成本、性能稳定的特点。

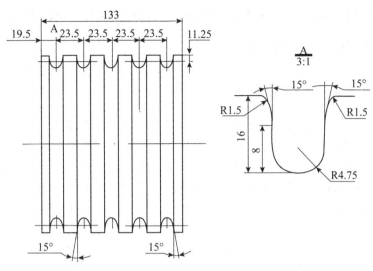

图 5-5　驱动卷轮结构构图

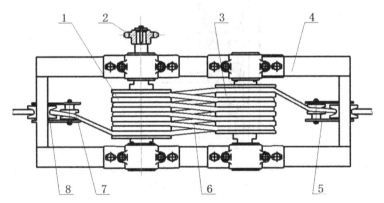

1. 驱动卷轮；2. 链轮；3. 从动轮；4. 驱动支撑架；5. 钢丝绳下压导向轮组件；
6. 钢丝绳；7. 导向轮；8. 下压轮

图 5-6　钢丝绳与驱动卷轮对配合驱动机构图

　　工作时，主动轴的链轮与动力源连接，即动力从主动轴的一端输入，主动轴带动第一驱动卷轮转动，两端承受张力的钢丝绳与第一环形连通槽配合产生摩擦力，进而带动被动轴上的第二驱动卷轮转动，完成钢丝绳从一端输入的同时从另一端输出，实现钢丝绳以释放式进行动力传递。通过调整钢丝绳与第一环形连通槽和第二环形连通槽呈"8"字形交叉配合缠绕的数量可对钢丝绳与

197

驱动卷轮对之间的摩擦力进行调节，避免因长时间运行而产生的钢丝绳打滑现象，通过控制主动轴的正向或反向转动可控制钢丝绳的正向或反向动力传递。

（三）行走机构的设计

1. 行走机构的结构和原理

行走机构主要由防侧滑承重轮和防上跳轮组成，如图 5-7 所示。防侧滑承重轮的外形为喇叭形，4 个喇叭形承重轮均小头朝向双轨道内侧对装，可以支撑整个运输车，并可防止运输车向轨道外侧滑动；防上跳轮为圆柱形，安装在轨道的下方，防止运输车向上跳动和翻倒。按水平方向转弯半径 8m 和垂直方向转弯半径 10m 计算，防侧滑承重轮和防上跳轮与双轨道之间预留 4mm 间隙。

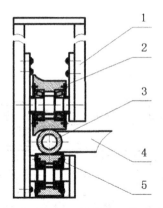

1. 连接钢板；2. 防侧滑承重轮；3. 轨道；4. 轨道连接方钢；5. 防上跳轮

图 5-7 行走装置结构图

运输机行走时，防侧滑承重轮和防上跳轮组成的行走机构与镀锌钢管构成的轨道相互配合，防侧滑承重轮不仅起到承重的作用，而且自身的结构是喇叭形，因此还起到防止侧滑的作用。防上跳轮与轨道配合防止在坡度行走过程中运输机的上下跳动。行走装置与轨道之间预留的间隙，保证在运输机垂直上下弯道和水平左右弯道处的顺利转弯。实现运输机在山地坡度地形中顺利行走。

2. 行走装置的转弯半径

行走装置的喇叭形承重轮与防上跳轮之间的中心距为定值，轨道与两个轮子配合，之间留有 4mm 的间隙，靠间隙完成拐弯动作，间隙调整的极限位置为图 5-8 所示的虚线位置，承重轮的喇叭形圆弧段的水平距离是 25mm（不包括外檐厚度），承重轮的喇叭形边的极限位置点（图中与虚线圆相接处的位置）与实线圆的中心点之间的垂直距离为 4mm，几何关系计算得到轨道的单边水平移动距离为 4.82mm。计算关系如下：

$$25 - \sqrt{(24^2 - 8^2)} + 3 = 4.82$$

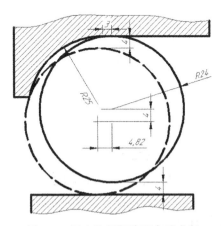

图 5-8　行走装置间隙配合示意图

由于动力传递给钢丝绳，钢丝绳牵引双轨运输机自走，拐弯时凭借行走装置与轨道之间的间隙调整来完成。运输机牵引主机的行走部分和拖车的行走部分完全相近，主机与拖车之间采用万向节装置相连接，因此只要运输机的主机能通过的弯道，拖车也能顺利通过。于是只分析主机行走过程中能够通过的最小转弯半径即可。

图 5-8 中，R 表示拐弯半径，l 表示圆心到运输机的距离，a 表示两轨道间中心距，b 表示两行走装置在极限位置的中心距，c 表示前后行走装置的中心距。

运输机主机的 4 个行走装置在机架的固定下成矩形，拐弯的极限位置为如图 5-9 所示，矩形对角的 2 个点在拐弯轨道的圆弧上，且每个点的实际状态如图 5-9 所示，当达到间隙配合的极限位置，此时的拐弯半径为最小。

由图 5-9 可知：

$$l^2 + \left(\frac{c}{2}\right)^2 = R^2 \tag{5-13}$$

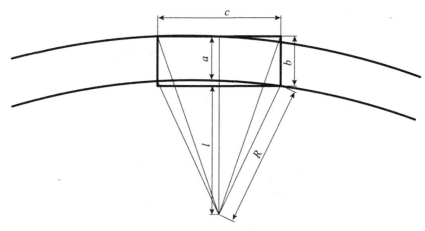

图 5-9　转弯极限位置示意图

$$R - l \approx b - a \qquad\qquad (5\text{-}14)$$
$$b = a + 4.82 + 4.82 \qquad\qquad (5\text{-}15)$$

设计已知：$a = 442\text{mm}$，$b = 452\text{mm}$，$c = 740\text{mm}$。

代入公式解得：$R = 7105\text{mm}$。

所以轨道的拐弯半径应大于 7.105m，考虑到实际运行过程中的灵活性和可靠性，以及有效地防止轨道的磨损，设计的轨道转弯半径应大于 8m。

(四) 制动机构的设计

1. 液压制动减速

为保证运输机在大坡度山地果园中安全可靠运行，运输机配备三套制动机构，分别是安装在驱动卷轮轴上手动液压碟片式制动机构、抱轨道式刹车制动和挡杆与锁杆组成的防下滑安全机构。

其中，手动液压碟片式制动机构由一个与车轮相连的刹车圆盘和圆盘边缘的刹车钳组成，刹车时，高压刹车油推动刹车钳使之夹紧刹车盘，从而产生制动效果；抱轨道刹车制动机构由反撑轮、撑杆及摩擦片构成，通过摩擦片与轨道之间的摩擦力实现制动；挡杆和锁杆组成的防下滑安全机构主要目的是防止在坡度停车时货箱的自动下滑。

液压碟片刹车制动装置，将液压碟片刹车盘装在驱动总成的主动驱动卷轮上，刹车圆盘和圆盘边缘的刹车钳配合完成刹车动作。当运输机在行驶过程的换挡减速、短时停车等用此液压碟片式刹车制动装置。通过操作液压碟片刹车制动，使得刹车钳与刹车盘配合，阻止驱动卷轮的运动，实现减速和停车，从而完成换挡与换向以及停车等操作。

2. 抱轨刹车制动

适用于 35°~ 45°山地果园的运输机，一个重要的性能指标就是其制动的安全性和可靠性。为了保证运输机在运输过程中的安全性和可靠性，增加了一套提高安全性能的抱轨道刹车制动装置。由刹车杆、抱轨道的摩擦片、反撑轮、自锁部件、撑杆等构成。

当操作抱轨道刹车装置的刹车杆时，反撑轮就会将两个摩擦片紧紧的与轨道压紧，通过摩擦片与轨道之间的摩擦实现制动。抱轨道刹车制动杆在操作过程中会被自锁部件锁住。当大坡度位置上实现停车或是在发生紧急情况（钢丝绳断裂等）时实现快速有效的停车制动。

3. 坡度长时停车安全制度

在坡度位置长时间停车，防止运输机在载重状态下由于自重而导致下滑。设计坡度长时间停车防下滑安全机构，该机构主要由防下滑挡杆、锁杆、拉簧组成。当在坡度位置长时间停车，抬起防下滑的挡杆并锁住锁杆。挡杆与轨道之间的连接方钢相互配合实现防止运输机的下滑。

如图 5-10 所示锁紧和解除两种状态位置。

当运输机在坡度地形停车后且长时间离开运输车时，为了防止其他因素导致的运输机下滑，要启用坡度长时停车的安全制动装置，将防下滑挡杆竖起，并将锁杆锁紧，此防下滑挡杆与双轨道的连接方钢相互配合实现运输车的安全制动防止下滑；当启动时解开锁杆即可，在拉簧的作用下防下滑的挡杆自动由垂直位置还原为水平位置，运输机顺利启动行走。保证了运输机在坡度位置长时间的停车的安全性。

（五）限位机构的设计

为保证运输机运行过程中钢丝绳水平方向靠近轨道中央，垂直方向尽可能靠近轨道平面，在双轨道的垂直方向弯道处安装钢丝绳垂直弯钢丝绳自动回位钩桩防止钢丝绳抬高，在双轨水平方向弯道处安装水平弯钢丝绳限位桩防止钢丝绳拉直。其中垂直弯钢丝绳自动回位钩桩装置结构如图 5-11 所示，采用上、

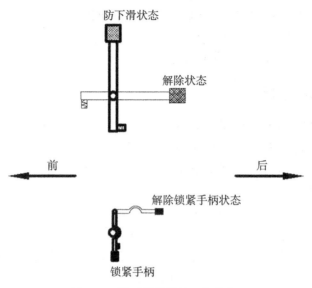

图 5-10　防下滑装置的工作状态

下各一个扭转弹簧，分别有一个脚固定在中分台阶上，另一个脚伸出在套筒上90°的空行程槽内，当一个扭转弹簧受力时，另一个扭转弹簧空行程。其在运输车通过时能被导向轮组件推向侧边，通过后能够自动回位，保证钢丝绳处在合适位置。

应用两个弹簧的空间位置以及旋向，满足了自动回位钩桩的横杆能够左右转动90°。在弹簧的扭矩作用下自动弹回平衡位置，保证了运输机无论在前进或倒退过程中都能实现钢丝绳的自动回位并且限位，防止钢丝绳的上台和绷直。使得钢丝绳始终处于轨道的中间位置并贴近轨道，防止了钢丝绳的松紧不一致，受力不均匀，起到了对钢丝绳的限位作用，实现运输机的平稳运输。

（六）拖车自适应坡度调节机构

拖车由弧形轨道与货箱组成，如图 5-12 所示的货箱底部滑轮可在弧形轨道内滑动，通过货箱底部的拉伸弹簧，货箱前端的扭转弹簧和压缩弹簧，弧形轨道末端的压缩弹簧等配合，使得货箱在滑动过程中有缓冲的作用，滑轮不仅有支撑作用还可以在固定的滑动轨道内自由滑动，因此运输机在山地行驶中，拖车可根据坡度变化自动调节货箱的倾斜角度，保证运输机在45°以内坡度上运行时货物不掉落。

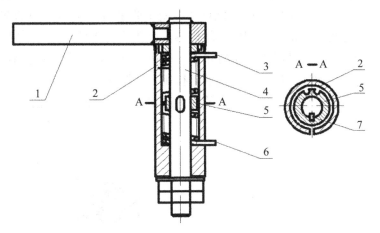

1. 下压横杆；2. 固定套筒；3. 上扭转弹簧；4. 旋转轴；5. 中分台阶；

6. 下扭转弹簧；7. 键

图 5-11　垂直弯钢丝绳自动回位钩桩装置结构图

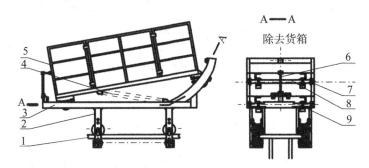

1. 轨道；2. 行走装置；3. 拖车车架；4. 拉伸缓冲弹簧；5. 货箱；

6. 扭转缓冲装置；7. 螺栓；8. 直形滑轮装置；9. 锥形滑轮装置

图 5-12　拖车结构图

四、自走式双轨道山地果园运输机的优化研究

（一）基于 PLC 的变频试验平台控制系统构建

为解决自走式双轨道山地果园运输机的运行参数和结构参数的优化问题，

搭建了运输机自动控制试验平台。试验平台主要由机架部分、自动控制系统部分和测试系统部分等组成，运输机自动控制试验平台结构示意图如图 5-13 所示，可用于分析运输机的不同轮对结构参数在载重、预紧力、运行速度和坡度角度等运行参数不同情况下，主轴扭矩、转速、驱动轮槽磨损率、钢丝绳打滑率等指标的变化情况，以及运输机的运行速度和振动情况。该平台还可用于测试其他小型轨道运输机整体性能参数，为运输机运行性能的优化提供试验条件和理论分析依据。

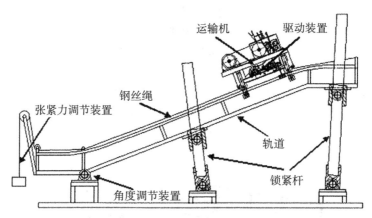

图 5-13　试验平台结构示意图

1. 试验平台的硬件设计

试验平台采用 PLC 和变频器调节变频电机转速的方法。给定的速度与 PLC 高速计数模块反馈来的实际速度差值产生速度误差，经 PLC 运算可得控制量，再由 RS-485 接口输出到变频器以驱动交流电机，从而达到调节电机转速的目的。由于 PLC 与变频器之间没有采用 D/A 进行转换，而是借用了 RS-485 进行数字通信，有效地提高了系统的抗干扰能力。测速装置采用编码器克服了过去调速系统中采用测速发电机输出特性存在死区和非线性区、体积大、误差大等缺点。变频调速系统控制策略框图如图 5-14 所示。

（1）变频电机选择

由于试验平台采用柴油机或者汽油机不方便试验操作和自动控制系统的实现，因此选择电动机作为试验平台的动力。普通三相异步电动机是根据市电的频率和相应的功率设计的，设计时主要考虑的性能参数是过载能力、启动性

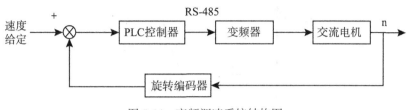

图 5-14　变频调速系统结构图

能、效率和功率因数，只有在额定的情况下才能稳定运行。要克服低频时的过热与振动，则必须要选择变频电机，由于临界转差率反比于电源频率，可以在临界转差率接近 1 时直接启动，过载能力和启动性能不再需要过多考虑，主要考虑改善电动机对非正弦波电源的适应能力，因此根据实际需要选择了上海富田生产的 VFG132M-1500-7.5 型变频电机，其基准转速 1500rpm，额定电压三相 380V，额定功率 7.5kW，额定电流 15.5A，额定转矩 48Nm，恒扭矩输出范围 60~1500rpm，恒扭矩输出范围 1500~4500rpm，最高转速 6000rpm。

（2）变频器原理与变频器的选择

变频器是利用电力半导体器件的通断作用将工频电源变换为另一频率的电能控制装置。我们现在使用的变频器主要采用交—直—交方式，先把工频交流电源通过整流器转换成直流电源，然后再把直流电源转换成频率、电压均可控制的交流电源以供给电动机。变频器的电路一般由整流、中间直流环节、逆变和控制 4 个部分组成。整流部分为三相桥式不可控整流器，逆变部分为 IGBT 三相桥式逆变器，且输出为 PWM 波形，中间直流环节为滤波、直流储能和缓冲无功功率。变频器具备启动功能，电磁设计减少了定子和转子的阻值，适应不同工况条件下的频繁变速，在一定程度上节能。

变频器调速与机械变速具有本质上的区别，不能将某电机使用机械变速改为相同功率的变频器变速。机械变速时（例如齿轮变速、皮带变速），若变速比为 K，在电机功率不变时，忽略变速器效率，则有转速下降 K 倍，会造成转矩可升高 K 倍，它属于恒功率负载，其如图 5-15 中曲线 1 所示。变频器的转矩–转速曲线如图 5-16 曲线 3 所示，低于额定频率时，恒转矩运行，电机不能提高输出转矩；高于额定频率时，转速升高转矩下降，这种负载在电机低于额定频率运行时，负载力矩没有增加，所以当在额定频率以下时，可以按电机功率大小配置变频器功率。

变频器低于电机额定频率时电流被限制，力矩不能增加，所以变频器调低

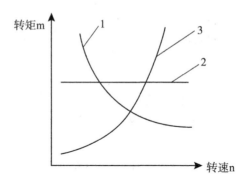

1. 恒功率负载（例如，卷绕机）；2. 恒转矩负载（例如，传送带）；3. 平方率负载（例如，风机水泵）

图 5-15　机械变速不同负载的机械特性

电机转速有可能会造成电机带不动负载，选用时要根据减速造成力矩增加的比例，选用比原电机功率大的电机和变频器。异步电机变频调速恒转矩和恒功率区域状态的特性如图 5-16 所示，在频率低于供电的额定电源频率时属于恒转矩调速；在频率高于定子供电的额定电源频率时属于恒功率调速。

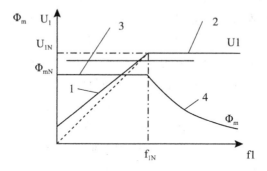

1. 恒转矩时的电压曲线　　2. 恒功率时的电压曲线

3. 恒转矩时的转矩曲线　　4. 恒功率时的转矩曲线

Φ_m 的大小表征电机转矩大小，因此，Φ_m 曲线可看作转矩曲线

图 5-16　异步电机变频调速特性

由于变频的过载能力没有电机过载能力强，一旦电机有过载，损坏的首先是变频器；如果设备上已选用的电机功率大于实际机械负载功率，但是有可能

用户会将机械功率调节到电机输出功率，此时，变频器一定要可以胜任，也就是说变频器的功率选用一定要等于或大于电机功率。

根据实际需要，试验平台选用了西门子 MM440 变频器，其能适应于要求较高的场合，产品中不仅有 V/F 开环和闭环模式，而且有无速度传感器矢量控制模式和 PG 速度传感器矢量控制模式，还可以利用 RS-485 接口同上位机通讯。

（3）PLC 的选择

可编程逻辑控制器（programmable logic controller）简称 PLC，早期它主要用来代替继电器实现继电接触器的逻辑控制。随着控制技术的发展及微处理器的出现，大规模、超大规模集成电路技术迅速发展和数据通信技术的不断进步，它的发展十分迅速，其功能已经大大超过了逻辑控制范围，使得 PLC 迅速渗透到工业控制的各个领域，包括从单机自动化到工厂自动化，从机器人、柔性机械制造系统到工业局部网络。新一代的各类 PLC 都具有通讯功能，它既可以对远程 I/O 进行控制，又能实现 PLC 和 PLC、PLC 和计算机之间的通信。

本书 PLC 选择西门子 S7-200，其是一种高效的数字运算操作的电子系统，专门为恶劣的工业生产环境而设计，抗干扰能力强，模块化组装，功能非常强大实用很简洁。S7-200 系列 PLC 是西门子公司近期推出的小型 PLC，性价比很高。体积小巧，运算速度快，方便扩展，型号非常多，便于选择。

根据调控系统的功能要求和复杂程度，同时也考虑到经济，可靠等方面考虑，选择西门子 S7-200 系列 PLC 作为调速系统的控制器。由于调控系统需要实现复杂的控制算法，需要占用很大的程序存储空间，所以选用 CPU224 作为控制系统的控制器。调控系统需要的数字量 I/O 端口比较少，因此 PLC 本身自带的数字量 I/O 口就够用了。但 PLC 需要对温度传感器的模拟量进行测量，也需要一个端口进行模拟量输出，以驱动 IGBT 的触发模块。在本方案中，采用 EM235 模拟量输入输出模块进行扩展，EM235 为 12 位精度的，带有 4 路模拟量输入和一路模拟量输出的单元。模拟量输入采用差分输入模式，抗干扰能力强，输入电压范围为 0~10V、0~5V、-5~5V、-2.5~2.5V，一路模拟量输出，12 位分辨率，具有 ±10V 的电压输出模式，以及 0-20mA 的电流输出模式。

（4）控制电路设计

由上述主要硬件可以构建如图 5-17 所示的控制电路。

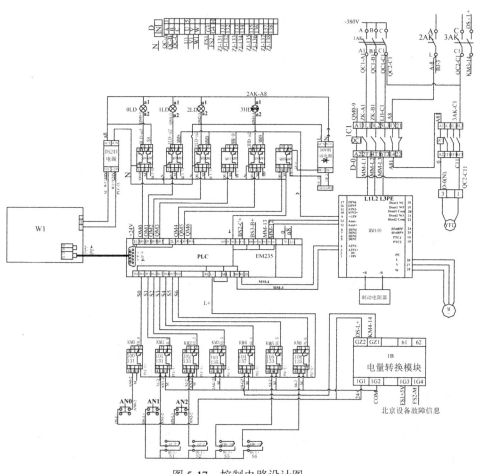

图 5-17 控制电路设计图

2. 系统的软件设计

模糊控制思想,合理的生产方法需要硬件支撑才能发挥效用。任何功能的实现都需要对程序进行合理的编写,硬件是系统的框架,软件是系统的策略。本系统的程序设计采用西门子 Step-7 编写环境编译,Step-7 的编程语言非常丰富,基本语言有 LAD(梯形图)、STL(语句表)、FBD(功能块图),用户可以选择一种或几种语言混合编程,这些语言都是面向用户的,使得程序的开发、输入、调试和修改都极为方便。

系统的 PLC 控制设计主要包括硬件的组态,I/O 地址的分配,程序流程的设计及梯形图的编写等。所有的工作的实现，主要使用 Step-7 软件来实现，Step-7 是用于 SIMATIC PLC 组态和编程的标准软件包，它是 SIMATIC 工业软件的组成部分。Step-7 中集成的 SIMATIC 编程语言和语言表达方式。标准软件包运行在操作系统 95/98/NT/2000 下，并与 Windows 的图形和面向对象的操作原理相匹配。

（1）PLC I/O 地址分配

根据调节系统的功能要求，对 PLC 的 I/O 及其他资源进行分配，具体如下：

①数字量输入部分，在这个调节系统中，要求有输入的开机按钮、停机按钮、增加负荷按钮、减小负荷按钮等，各地址对应的功能如表 5-4 和图 5-18 所示。

表 5-4　　　　　　　　　数字量输入部分 I/O 地址分配表

输入地址	输入设备功能
I0.0	主接触器合闸
I0.1	正向运行
I0.2	反向运行
I0.3	允许信号
I0.4	故障信号
I0.5	限位开关1
I0.6	限位开关2

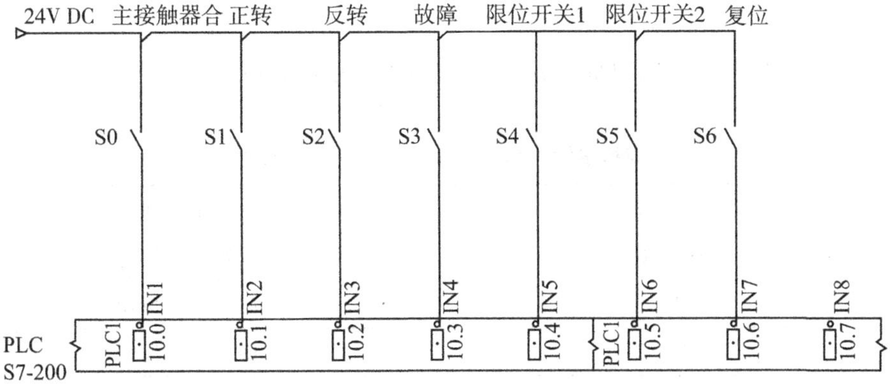

图 5-18　数字量输入部分电气图

209

②数字量输出部分各地址对应的功能如表 5-5 和图 5-19 所示。

表 5-5 数字量输出部分 I/O 地址分配表

输出地址	输出设备功能
Q0.0	主接触器合闸
Q0.1	正向输出信号
Q0.2	反向输出信号
Q0.3	允许信号
Q0.4	故障信号
Q0.5	空
Q0.6	空

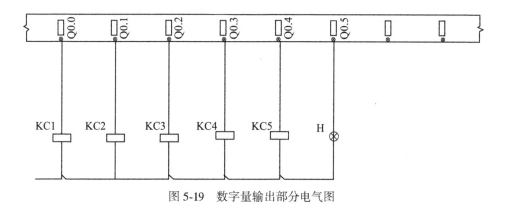

图 5-19 数字量输出部分电气图

③模拟量输入和输出部分各地址对应的功能如表 5-6 所示。

表 5-6 模拟量输入和输出部分 I/O 地址分配表

输入地址	输入设备功能
MB10.0	"开始" 按钮
MB10.1	"正向运行" 按钮
MB10.2	"反向运行" 按钮
MB10.4	"停止" 按钮

输入地址	输入设备功能
QB0. 0	电源指示
QB0. 1	正向指示
QB0. 2	反向指示
QB0. 4	故障指示

（2）PLC 程序设计

本系统的 PLC 程序设计由模糊决策程序和功率驱动程序以及二次回路程序三部分组成，系统的主要工作原理如图 5-20 所示。

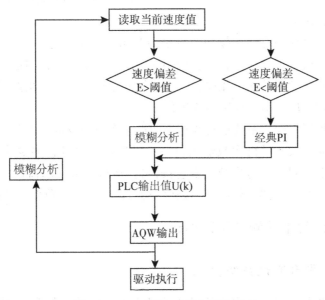

图 5-20 PLC 模糊-PI 控制工作原理

（3）显示部分人机界面

触控屏（Touch panel）又称为触控面板，是个可接收触头等输入信号的感应式液晶显示装置。本系统采用 Eviews 工业级触摸屏作为人机界面，具有功能强大、性能稳定、简单易用、全中文显示等优点。该触摸屏屏幕尺寸为6.0 吋，彩色，320×240 分辨率。它符合工业环境的电磁兼容要求 CISPR（EN55011）Group1，A 级电磁辐射符合 EN50081-2 和 US FCC CLASS A 工业标准。本系统在接触屏幕上做了各种功能的图形按钮，用以取代机械式的按钮面板，并借由液晶显示画面制造出生动的影音效果。方便试验人员进行相关操作和实时观察。

触摸屏中可以设置各个参数的具体数值，可以方便的发出各种运行状态的指令。MT4300C 触摸屏采取 RS485 方式与 PLC 通信，通信距离长，稳定高速。相比于信号线要控制相关按钮，要简约的多。触摸屏界面上的按钮开关所有的功能。

系统实现的功能主要有如下几个方面：

①频率调节界面中有频率给定数值和输出窗口。"给定"窗口，可以直接输入实际数值 0.0~50.0Hz。同时按加、减键也可以调节输出频率，每按一次输出值变化 0.1Hz。频率"输出"窗口，实时以数值形式显示实际输出值。"停止"按钮，随时停止变频器的输出。"频率时间"趋势图，以曲线形式实时显示频率输出值。

②运行控制界面有四个按钮，分别为开始、正向运行、反向运行和停止。开始按钮触动后，主接触器合闸，变频器一次回路带电。正向运行和反向运行按钮分别控制变频器的输出相序，改变电机的运行方向。停止按钮是在需要停车情况下，按下停止键，变频器立即停止。

③计数控制界面，主要进行小车来回运行次数的设定。小车从下往上，再返回起点，为一次。运行次数输入窗口可以根据需要设置多少次（输入数值前需要先按下"设置运行次数"黄色按钮）。运行次数显示窗口及时反映运行到第多少次。"运行计数器复位"按钮将运行次数清零，重新开始计数。

（二）试验平台测试系统构建

1. 试验平台测试系统概况

本试验平台测试系统构建的目的就是为运输机的质量和性能提供客观评价，为相关技术参数的合理改进提供基础数据，其不仅在果园运输车设计中有极其重要的作用，在推广应用过程中，测试也是保证品质、提高性能必不可少的环节。

本测试系统是在不破坏原车体结构或尽可能少的增加部件的原则下，在运输机上加装多种测试部件，对主动轴的转矩、转速，驱动轮对轮槽磨损量和整车振动加速度等多种物理量进行测量，分别用不同的传感器转换为电信号并用数模转换器转换为计算机所能处理的信号，由接在 PC 机外的 A/D 数据采集卡及相应的数据采集软件组成采集系统获取信号，最后由 PC 机处理后显示出来，同时对测量数据的进行可追溯的存储，采集与处理软件保证了数据采集可以以多种方便、实用的方法进行，同时可以实时或者历史地保存数据文件以及离线处理数据。

系统测试的主要指标包括主动轴的转矩和转速、被动轴的转矩和转速、导向轮转速、主动轴驱动轮对轮槽磨损量、被动轴驱动轮对轮槽磨损量、整车振动加速度。系统测试主要指标具体如图 5-21 所示。

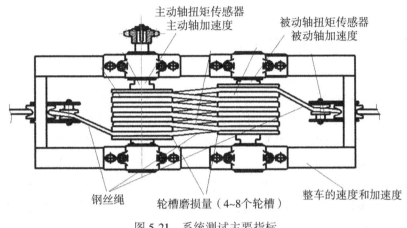

图 5-21　系统测试主要指标

2. 试验平台测试系统的总体设计方案

测试系统主要包括果园运输车、转矩转速传感器、电涡流传感器、旋转编码器、加速度传感器和位移传感器等测试元件，以及数据采集仪器、计算机和测试软件等。本测试系统以计算机为基础，外接多通道数据采集仪器，在软件支持下，进行测试系统的数据采集、数据处理，结果显示都在计算机控制下完成，采集数据的过程由测试系统软件模块部分通过外接于 PC 机上的多通道数据采集仪进行控制，采集到的信号经过计算机消偏后进行数据处理，并显示于图像中。

从传感器获取的测试信号大多数为模拟信号，进行数字信号处理之前一般先要对信号做预处理和数字化处理。而数字式传感器则可以直接通过接口与计算机连接，将数字信号送给计算机或处理器，以便进一步的处理，本测试系统中的数据采集和处理过程就是依照这个模式建立起来的。

数据采集与处理的主要内容应当包含以下几个方面：

（1）数据的采集：主要是解决非电量转换为电量的问题，以及数据的模拟形式与数字形式之间的转换问题。

（2）数据的记录：数据的存储，包括实时数据存储和历史数据存储。

（3）数据处理：包括数据预处理，检验及对所采集的数据进行信号分析。

（4）数据的图形显示：对所采集数据进行实时波形显示以及各种分析运算等。

（5）数据结果的输出：数据的模拟或者数字输出及数据的屏幕显示、打印输出等。

3. 主要测试系统硬件选型

（1）电涡流位移传感器的选型与标定

电涡流位移传感器是基于高频磁场在金属表面的"涡流效应"而成，通过金属导体中的磁通发生变化时，就会在导体中产生感生电流，这样电流的流线在金属体内自行闭合，通常称之为涡电流，涡电流的产生必然要消耗一部分磁场能量，从而使产生磁场线圈阻抗发生变化，电涡流式传感器是将非电量转换为阻抗的变化，利用这个涡流效应把距离的变化转换为电量的变化而进行测量，是对金属物体的位移、振动、转速等机械量进行检测和控制的理想传感器。电涡流传感器测量基础理论如图 5-22 所示。

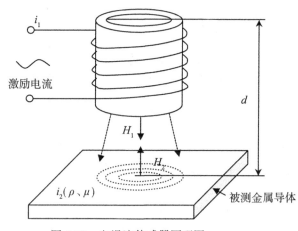

图 5-22　电涡流传感器原理图

根据楞次定律，H_2 的作用将反抗原磁场 H_1，导致此线圈的等效阻抗发生变化。线圈阻抗的变化取决于被测金属导体的电涡流效应，而电涡流效应既与被测体的电阻率 ρ、磁导率 μ 以及几何形状有关，又与线圈几何参数、线圈激励电流 i 频率有关，还与线圈与导体间的距离 d 有关。如果控制上述参数中的一个参数改变，而其余参数恒定不变，则阻抗就成为这个变化参数的单值函数。如其他参数不变，阻抗的变化就可以反映线圈到被测金属导体间的距离 d 大小变化。由于上述变化可线性衰减，因此可根据这个变化计算出被测物体距离变化。

电涡流传感器具有非接触测量、线性范围宽、灵敏度高、抗干扰能力强、无介质影响、稳定可靠、易于处理等明显优点，但不足的是它有频率响应较低，不宜快速动态测控等缺点。本系统中传感器工作在比较低的工作频率下，即磨损量不是个高频率变化量，故完全能满足工况。

一般电涡流传感器都是向前圆柱形探测工作方式，但由于本系统所测量位置特殊，测量位置是伸入 U 形沟槽去探测槽壁因磨损造成的距离变化，故我们订制了侧向探测的矩形电涡流传感器，矩形电涡流传感器与标准的电涡流传感器的测量原理如图 5-23 所示，外观比较如图 5-24 所示。

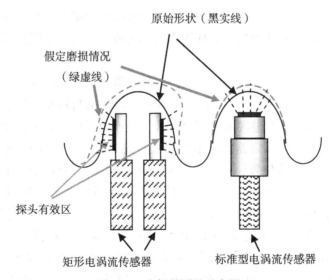

图 5-23　磨损量测量示意图

根据国标《JJG644-2003 振动位移传感器检定规程》，通常情况下，振动

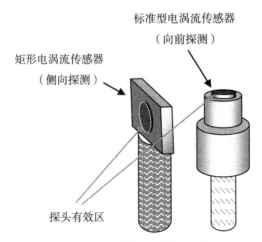

图 5-24　特制矩形和标准型外观比较

位移传感器的实际静态特性输出是条曲线而非直线，在实际工作中，为使仪表具有均匀线性的读数，常用一条拟合直线近似地代表实际的特性曲线、线性度（非线性误差）就是这个近似程度的一个性能指标。拟合直线的选取有多种方法。如将零输入和满量程输出点相连的理论直线作为拟合直线；或将与特性曲线上各点偏差的平方和为最小的理论直线作为拟合直线，此拟合直线称为最小二乘法拟合直线。

　　电涡流传感器的实际标定过程是：将传感器置于静态标定器的夹头上，把试件安置在试件支架上，试件必须根据实际被测体的材料和形状来选择，把前置变换器的四芯接头与电源和数字万用表正确连接，打开电源，使前置变换器正常工作。改变静态标定器的调节螺母使传感器与试件稍稍接触，调节"满度"电位器到较小的位置，再根据每只传感器的输出特性表中所提供的线性范围段的下限点，调整千分尺，改变传感器与试件的距离，然后，调整"零位"电位器，使变换器的下限点输出读数为 0V，（如是 ±5V 输出，则调为 −5V）再改变千分尺，到线性段的上限点调整"满度"电位器，使变换器的上限点输出读数为 5V。改变千分尺到线性段的中点，查看输出读数是否是"2.5V"（或者是 0V）。如果正好，则表明传感器基本校正。如发现中点的电压读数大于 2.5V（或者小于 2.5V），而对于 ±5V 输出则要看是否大于 0V（或者小于 0V），则将下限点的位置向试件靠近些（或者离远些）。然后重复上述方法，继续校正。直至下限点 δ_1，中点 δ_0 和上限点 δ_2 这三点对应的输出读数成直线状，符合精度为止。一旦校正以后，它的"零位"和"满度"电位器就不宜再动了，以保证精确测量。"零位"与"满度"电位器是须反复调整几次，才能达到最佳状态。

将检定数据中10%到90%量程的上、下行程各9个检测点的数据取为1组，共取3组，采用最小二乘法计算，最小二乘法拟合直线方程为：

$$Ui = 3.434 \times Di - 1.94 \tag{5-16}$$

式中 Ui 为输出电压，V，Di 为探头与试件间距，mm。

拟合曲线如图 5-25 所示。

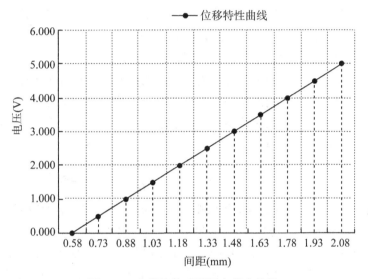

图 5-25　电涡流传感器标定拟合曲线

（2）转矩传感器的选型

目前扭矩传感器使用较多的是扭转角相位差式和应变式两大类。而以往使用较多的是扭转角相位差式传感器，该方法是在弹性轴的两端安装着两组齿数、形状及安装角度完全相同的齿轮，在齿轮的外侧各安装着一只接近（磁或光）传感器。当弹性轴旋转时，这两组传感器就可以测量出两组脉冲波，比较这两组脉冲波的前后沿相位差就可以计算出弹性轴所承受的扭矩量。该方法的优点是实现了转矩信号的非接触传递，但存在着信号畸变而导致重复性精度不高的情况，在低转速时由于脉冲波的前后沿较缓不易比较，因此低速性能不理想，不能精确测量扭矩大小。而在本系统中，主要的工作环境就是在10~

150r/min 工况下运行，存在应用计算机进行信号采集处理过程需要硬件支持程度比较高的问题。

应变式扭矩传感器是将专用的测扭应变片用应变胶粘贴在被测弹性轴上并组成应变桥，向应变桥提供电源即可测得该弹性轴受扭的电信号，该方式传感器采用两组电磁耦合器，其中一组是为电源送入变压器，另一组是为信号送出变送器。做到了扭矩信号的传递与是否旋转无关，与转速大小无关，与旋转方向无关。因此需要选择应变式扭矩传感器，理想情况下的转矩测量表达式为：

$$T = \frac{\pi G d^3}{16i}\varepsilon^{45°} = -\frac{\pi G d^3}{16i}\varepsilon^{135°} \tag{5-17}$$

式中，T 为待测转矩，$\varepsilon^{45°}$ 为扭转扭轴表面上与母线成 45°夹角螺旋线上的应变值受剪切力，d 为扭轴直径，G 为其扭轴材料的切变弹性模量。所产生的应变可以引起贴在表面的电阻应变片阻值的变化。

但由于在本系统中测量位置和连接方式的特殊性，在链轮传递动力工作的条件下，传感器轴要受到齿轮啮合产生的啮合力作用，致使传感器轴弯曲，并非是理想转矩传感器的工作状态。弯曲的轴首先是使电阻应变片产生纵向应变使输出信号增加，带来测量误差，因此转矩测量应该修正为：

$$T_0 = \frac{\pi G d^3}{16i}(\varepsilon^{45°} + \Delta\varepsilon_拉) = -\frac{\pi G d^3}{16i}(\varepsilon^{135°} + \Delta\varepsilon_压) \tag{5-18}$$

式中，T_0 为有测量误差的转矩测量值，$\Delta\varepsilon_拉$、$\Delta\varepsilon_压$ 分别为传感器轴受啮合力作用下在 45°和 135°方向上产生的附加应变。可见弯曲的轴首先是使电阻应变片产生纵向应变，使输出信号增加，带来测量误差，再因为由于轴的纵向弯曲致使码盘产生倾斜，使光束不能准确通过测速光栅码盘通透的格子照射到光敏元件上，从引起转速测量误差。一般来说在传感器轴同轴度误差小于 φ0.05mm 时，基本上可以保证绝大多数测量要求。

为此必须通过特殊机械结构的设计制造来满足试验要求。但在实际实施方案时由于受已经制造成型的车体结构限制，不能安装在理想的位置，因此必须要在扭矩传感器的制造上想办法。故我们订制了适用于本系统抗弯矩、宽测量范围、可测量低转速的 HLD09-1000AT 型扭矩传感器。

由于目前对于转矩转速传感器的出厂检定标准国家没有强制的计量规范。大多制造商依据的是借用《JJG391-1985 负荷传感器计量检定规程》。根据《JJG391-1985 负荷传感器计量检定规程》中的要求，出于检定条件的限值，暂不能满足本条要求时，计量部门至少应检定灵敏度 S、直线度 L、滞后 H、重复性 R 和零点 Z 等五项指标。因此本系统中所使用的转矩转速传感器出厂所提供主要技术指标就是基于这五个指标给出的。

转矩转速传感器出厂标定时采用的是静标，就是在规定时间内通过定长杠杆加载定标砝码，国外的制造商同样也是采用相同的标定方法——杠杆-砝码式，目前只有德国 HBM 公司有动态（旋转加载）标定数据报告，但只是作为参考值，而非作为或是输入仪表或虚拟仪表标准值。

（3）直线位移传感器的选型

直线位移传感器在本系统中是用于测量驱动轮对轮槽 U 形槽壁磨损量，与电涡流传感器共同参与对轮轴 U 形槽壁的磨损量进行测量。直线位移传感器就是一精密电子尺，它可对平面位移进行精确的测量，是以直线机械运动方式反映为电量大小的一种传感器。

由于被测量点空间狭小，无法直接安装直线位移传感器，且初始估计 U 型槽壁的磨损量比较小，一般通用型量程的直线位移传感器不能够精确反映磨损状况，故采用用加杠杆方式将测量位置移出，并由于加了杠杆后放大了磨损量的行程，最后在后处理软件中再按比例计算出实际位移量（磨损量），从而精确地分辨出微小磨损量的大小。

考虑到若是 U 形槽壁被磨损掉 3cm 的情况下该驱动卷筒基本上就不能再使用了。也就是说直线位移传感器的机械行程只要大于 3cm 便可，故选用电气行程 10mm、阻值为 1KΩ 的直线位移传感器就能满足测量要求。在后处理软件中对直线位移传感器的初始位置有设置选项，以方便观察和计算。

（4）激光位移传感器的选型

激光位移传感器可精确非接触测量被测物体的位置、位移等变化，主要应用于检测物的位移、厚度、振动、距离、直径等几何量的测量，本书中采用激光位移传感器测量磨损量。

按照测量原理，激光位移传感器原理分为激光三角测量法和激光回波分析法，激光三角测量法一般适用于高精度、短距离的测量，而激光回波分析法则用于远距离测量。激光发射器通过镜头将可见红色激光射向被测物体表面，经物体反射的激光通过接收器镜头，被内部的 CCD 线性相机接收，根据不同的距离，CCD 线性相机可以依照光学漫反射原理。根据这个角度及已知的激光和相机之间的距离，数字信号处理器就能计算出传感器和被测物体之间的距离。同时，光束在接收元件的位置通过模拟和数字电路处理，并通过微处理器分析，计算出相应的输出值，按比例输出标准数据信号。

按照被测物体要求，激光位移传感器可以分为单点、两维和三维测量。平面扫描（点扫）仅仅就是一个点投射在被测物体表面，测量数据只有深度

（距离）参数。两维（线扫）就可以向被测物体投射一条线，可以覆盖被测物体的一个面，测量数据同时就有了深度和宽度的两个参数。三维测量由于本系统不涉及使用，故在本文中未列出使用示意说明。激光位移传感器与电涡流位移传感器相比具有测量速度高，可适用高速运动物体测量，由于是扫描被测物体的外形轮廓，故不易受震动、旋转跳动等因素的影响，测量重复性好，但价格上要比使用电涡流测量方式增加更多。

综上，由于本系统要测量的参数涉及工件表面形状的改变（深度和宽度两个方向形状的改变），故只能采用线扫方式的传感器，综合考虑安装条件和实际精度要求，选择吉恩士公式的 LJ-80 型激光位移传感器。其在一次闪烁中 4ms 内同时测量高度/宽度；高速取样速度，0.1%F.S 的高精度；可在 X 及 Z 方向上精确测量物体表面的轮廓。测量表面轮廓上的高度、宽度及间隙；可跟随高速生产线或移动物体；分辨率达到 0.01~0.5mm；Z 轴线性度 ±0.1%~0.15%；X 轴线性度 ±0.2%；重复性 ±0.01mm。

（5）编码器的选型

在转速测量方面，单纯测量转速已有各种手段，如机械测速仪、闪光测速仪等。但对于全封闭形式的机械如潜水电泵、压缩机或正在运转着而又不便现场装设测速传感器的机器来说，就难以进行。这种情况一般采用旋转振动分析或光电透射（反射）测量法。旋转振动分析法是考虑到机器转动时总有一定的不平衡，利用高灵敏的振动传感器，可检测出振动频率，经过信号频谱分析，就可间接测量出机器的转速；光电透射（反射）测量法是通过一组光电发射接收被高精度光栅切割（阻隔）后采集到的不间断的脉冲得到通过两个光电门时光被遮盖可以精确测定两者的时间差（测周期），或在单位时间内计数通过设定采集门通过脉冲的个数（等间隔定时计数法）。这两种方法技术上没有问题，但应用成本太高，限制其实际使用范围，不适合本系统。

由于在本系统中类如多路电涡流传感器和直线位移传感器等输出信号都是模拟量，故在测速数据处理前只能采用频率积分法（也就是 F/V 转换法）来统一信号格式，因此选择采用编码器来进行转速测量。本系统工作速度范围约为 10~150r/min，选 1024 线编码器即可。

（6）A/D 转换器和 F/V 转换器的选型

A/D 转换器是将模拟电压或电流转换成数字量的器件或设备，是模拟系统与数字系统之间的接口。A/D 转换的实现方法有很多种，常用的有积分式、逐次比较式、并行比较式和二进制斜坡式（又称计数式）、量化反馈式等。

本测试系统选用 USB2085S 型 USB 数据采集仪作为 A/D 转换器。该数据采集仪产品使用 USB 接口 1.1 版本规范，采集速度可接近机内插卡同等水平。产品中还使用了自动通道扫描技术和 FIFO 缓冲存储器，因而具有自动数据块采集能力和极高的数据传输效率，可圆满地实现实时数据处理、连续快速采集存盘等高级数采功能。

一方面，由于多数数据采集卡、数据采集仪的工作方式采用一个 A/D 模数转换芯片，所以多通道采集是顺序进行的，那么，各通道之间都有一定的相位移，相位移的大小与采集卡最高采样频率成反比的关系。当相位移不能满足试验要求时，可选用采样保持器（采保），即在采集仪器上加配采样保持器，这样就可以使多通道采集完全同步。本系统所用采集仪最高采样频率为 200KHz，对应的相位移为 5 微秒。其内部已经加配采样保持器，因此多通道采集时的相位移可以避免。

另一方面，由于转矩转速传感器原始输出信号为频率信号，但本系统其他的传感器输出的都是模拟信号。为了能适应整个系统对测量采样要求，保证整个系统信号采集的一致性，还需将传感器原本输出的频率信号转换为模拟信号，因此需要增加 F/V 转换器（但所得信号要延迟 200ms 左右）。

4. 间接参数测算方法

本系统中主动轴的转矩和转速、被动轴的转矩和转速、导向轮转速、主动轴驱动轮对轮槽磨损量、被动轴驱动轮对轮槽磨损量、整车振动加速度等参数可以直接通过上述传感器直接测量得到，但整个运输车的线速度和驱动轮对与钢丝绳之间的打滑率这两个关键指标不能直接得出，因此需要采用间接变换的方法获得。

（1）运输车速度测算

关于钢丝绳相对于运输车的速度可以有多种测量方法：通过测距的方法，如红外或者激光测距仪可以间接得到相邻两次测距时的距离变化量 ΔS，而后通过对时间 t 的求导运算，可以得到钢丝绳在该时间段内的速度值。但这种方法对测量设备的安装要求较高，不仅需要保证运输车在水平运行时的测距要求，同时还要保证运输车在上坡或下坡，以及运行路线的角度发生变化时的测距传感器实时位置的调整要求，因此实现难度较大，测量精度也难以保证。

另外一种间接测速的方法是通过测量钢丝绳驱动轮主轴的转角角度变化量实现。通过运输车主轴上的编码器可以测量每个采样时间内运输车主轴的旋转角度，该旋转角度同样是钢丝绳滚筒的收放线转动角度，由该角度变化量可以得到钢丝绳在相邻两次采样时的收放线长度，并通过长度差 ΔS 并对时间 t 的求导运算间接得到钢丝绳驱动下的运输车相对于轨道的速度。

但是由于车轮是在比较光滑的导轨上滑行，可能会产生车轮与导轨摩擦力不够，发生打滑情况，故用车轮测速不准确，故运输车速度采用由运输车驱动轮直径及其串接在该同轴上的扭矩传感器里的编码器的数据推算出来。具体算法是：运输车的运行速度并非通过直接测量得到，而是通过测量运输车驱动轮在每个采样时间内的旋转角度，并通过运动学关系计算间接得到。

由于传感器内集成的编码器精度很高，由编码器可以得到运输车驱动轮主轴在每个采样时间间隔内非常精确的旋转角度，若采样时间间隔为 Δt，在该时间间隔内旋转角度为 $\Delta\theta$，则可以计算此采样时间的运输车主轴的旋转角速度 $\omega = \Delta\theta / \Delta t$。

由于运输车驱动轮主轴与驱动钢丝的套筒刚性连接，因此运输车驱动轮主轴与缠绕钢丝绳的驱动轮对具有相同的旋转角速度 ω。当钢丝套筒的直径为 D 时，在 Δt 采样时间间隔的时间段内缠绕钢丝的平均输送速度 $v = \omega D / 2$。此速度 v 就是在钢丝绳带动下运输车的运动速度。将此公式导入后处理软件中，软件就可以自动计算出运输车的运动速度。

影响运输车速度精度的因素包括：①运输车主轴上编码器的测量精度。②编码器的采样间隔时间精度。由于编码器的线数在 1000 线以上，因此编码器的理论精度误差小于 1‰；采样间隔时间精度一般由控制卡决定，采样间隔时间越大，在该时间段内的平均速度计算值就越接近实际。因此，采样时间间隔 200ms 时，综合两种误差累计，可以把测量并计算得到的速度误差限制在 0.005ms 以内。③钢丝绳的弹性变形。由于钢丝绳是弹塑性体，因此在较大张力存在的情况下，钢丝绳会产生一定变形量，该变形量在一定程度上会影响速度测量的精度。但是由于编码器采样位置位于运输车上，钢丝绳的绝大部分变形量都在运输车主轴之外且会被编码器测得，而且运输车的位移量不受到钢丝绳弹性影响效果，因此无论钢丝绳弹性变形有多大，对速度测量的影响可以忽略不计。④钢丝绳滚筒的磨损。由于磨损量非常有限，而且不在钢丝绳运动导路上，因此该部分对速度测量的影响可以忽略不计。当滚动外径的变形量超过自身直径 1% 时，系统开始调用激光位移传感器返回的磨损数据（用数据后处理程序实现），参与滚筒外径变化量以及速度的运算，以保证滚筒磨损对测速精度的影响控制在 1% 以内。

（2）打滑率的测算

由于设计原因，钢丝绳在实际运转过程中都存在一定的打滑量，而且不同工况条件下的打滑量不同：运输车在爬坡阶段或者负载较大时钢丝绳与滚筒之间的打滑量较大；运输车水平运行或下坡时的打滑量较小。因此有必要对钢丝绳与两个滚筒之间的打滑量进行实时监测。

打滑量的测量方法：在运输车导向轮轴、驱动轮轴、从动轮轴上各安装一个编码器，通过记录在同一时间段内三者的转角 θ_1、θ_2、θ_3。而后计算各轮缠绕钢丝绳的半径 R_1、R_2、R_3（此半径是原零件钢丝绳缠绕的设计半径与滚筒实时的磨损量的差值）。由 $\theta_i \times R_i$ 得到钢丝绳的缠绕输送长度 L_i；其中 L_1 为导向轮输送的钢丝绳长度；L_2 为驱动轮输送的钢丝绳长度；L_3 为从动轮输送的钢丝绳长度。而后在一个较短时间段内（如 1 秒钟内），以导向轮输送的钢丝绳长度 L_1 为参照值，主动轮与被动轮输送的钢丝绳长度与之作比较，则可得到在 1 秒钟内主动轮和被动轮的打滑量。

驱动轮相对于从动论的打滑率为（$L_2 - L_3$）／L_3；导向轮相对于从动轮的打滑率为（$L_3 - L_1$）／L_1。

此过程中编码器的数据实时采集反馈，打滑量的数据实时计算并根据反馈数据实时更新。

此方法的测量精度说明：此方法的测量精度由编码器的精度和电涡流传感器的精度决定。一般来讲，编码器的精度由编码器的采样时间精度和编码器测量误差决定。1024 线的编码器精度误差在千分之一以下，打滑量的计算时间间隔较大，为 0.5 秒至 1 秒，而编码器的采样时间间隔由 AD 卡决定，一般能保证 0.02 秒的均匀采样时间间隔。电涡流传感器具备较高的测量精度，一般能够保证 0.5% 的误差。因此综合以上几种测量误差，打滑量的精度理论上可以保证在误差 1% 以内。

5. 基于 C++ Builder 的测试系统的软件设计

测试系统的软件设计的主要任务是通过数据总线将 AD 采集卡的数据读入计算机，并进行相应的数值计算后还原传感器的实时数据，同时实时将各个传感器的数据描绘出来，并且具有数据存储清空及报警功能等。AD 卡变换的信号还需要处理为可读显示并方便实时控制。为此编制一个图形软件显示到计算机屏幕上并存储到计算机硬盘上。为便于后续数据处理，数据存储是其中的重要环节，采用 C++ Builder 编制本测试系统的计算和执行程序，主要好处是不受制于采集卡的限制、源代码公开化、成本低廉。

（1）软件主要功能实现

软件的运行平台是 Windows XP，采用数字式面板和坐标式两种图形界面。数字式面板有 3~4 种类传感器选择按钮，并以数字方式分别地实时显示全部传感器运行测量数据，单击某个传感器选择按钮便可出现该种类传感器的名称、量程和所设定的原始参数。坐标式界面以时间为横轴，实时测量大小为纵轴的坐标系方式显示在计算机屏幕上，坐标连续记录该传感器测量数据曲线。可以手动切换数字式或面板式显示方式。

采集系统软件界面主要分为五个部分：①控制区；②传感器数据监视区；③数据列表区；④实时数据描绘区；⑤状态指示区。

控制区主要用于控制程序的运行，包括开始检测、停止检测、参数设置、保存数据、清除数据和关闭等功能。通过点击相应的按钮实现对应的功能。程序运行后，会在程序当前目录下新建一个名为"DATA"的文件夹用于存放数据 EXCEL 文件，文件以当前时间为文件名。当点击开始检测按钮后，同时会打开 Excel 程序用于保存数据，采集线程开始启动，并且用户可以通过点击两个面板中间的分隔符可以隐藏控制区，放大绘图区以方便观看。当点击停止检测后，采集线程挂起，可以进行数据保存及局部数据查看。

传感器数据监视区主要用于实时的显示当前各个传感器的数值、用户指定数据量及 IO 口监控等。

数据列表区主要用于实时的记录各个数据量在列表中，并在后期存放在 EXCEL 文件中。

实时数据描绘区主要用于实时的把采集的传感器数据描绘在画布上，可以通过下方的绘图控制区调整绘图的通道，也可同时将所有通道绘制出来。可以通过下方的选项卡切换到不同的传感器绘图区。在结束采集后，用户可以对绘图区的数据进行局部放大、缩小查看，并且可以点击绘图区右上角保存图标，将绘图保存成图片。

状态显示区中，当程序开始采集后，运行状态处会变为绿灯，其他时刻则为红灯。当加速度传感器及力矩传感器超过报警阈值后，相应的报警灯会亮起。

（2）软件主要参数设置

参数设置主要用于一些用户数据的设置，例如预警值、采样频率等，若无需更改可以按照默认的参数运行。同时为了方便用户使用，传感器的接口对应的 AD 端口可以由用户自行设定，设定后会写入配置文件以后无需重新设置。

(三) 运行参数影响主轴扭矩的单因素试验研究

1. 运行参数影响主轴扭矩的方差分析

对运输机的运行参数影响主轴扭矩的单因素试验，分别为电机速度、负载、坡度以及预紧力对主轴扭矩的影响试验。在电机速度对主轴扭矩影响试验中，坡度、负载和预紧力分别为25°、53kg、300kg；在负载对电机速度与主轴扭矩的影响试验中，坡度、预紧力和电机速度分别为25°、53kg、20Hz；在分析坡度对主轴扭矩影响试验中，电机速度、预紧力和负载分别为20Hz、53kg、300kg；在预紧力对主轴扭矩影响试验中，坡度、负载和电机速度分别为25°、300kg、20Hz。分别对四个因素各个水平做单因素方差分析，单因素方差分析主要用来判断某一因素对试验结果是否有显著影响，主要步骤如下：

①计算平均值

如果将每种水平看成一组，令 $\bar{x}_i$ 为第 i 种水平上所有试验值的算术平均值，有：

组内平均值
$$\bar{x}_i = \frac{1}{n_i} \sum_{j=1}^{n_i} x_{ij} \ (i=1,\ 2,\ \cdots,\ r) \tag{5-19}$$

组内和
$$T_i = \sum_{j=1}^{n_i} x_{ij} = n_i \bar{x}_i \tag{5-20}$$

整体平均值
$$\bar{x} = \frac{1}{n} \sum_{i=1}^{r} \sum_{j=1}^{n_i} x_{ij} \tag{5-21}$$

②计算离差平方和

总离差平方和
$$SS_T = \sum_{i=1}^{r} \sum_{j=1}^{n_j} (x_{ij} - \bar{x})^2 \tag{5-22}$$

组间离差平方和
$$SS_A = \sum_{i=1}^{r} \sum_{j=1}^{n_i} (\bar{x}_i - \bar{x})^2 \tag{5-23}$$

组内离差平方和
$$SS_e = \sum_{i=1}^{r} \sum_{j=1}^{n_i} (x_{ij} - \bar{x}_i)^2 \tag{5-24}$$
$$SS_T = SS_A + SS_e$$

③计算自由度

总自由度
$$df_T = n - 1 \tag{5-25}$$

组间自由度
$$df_A = r - 1 \tag{5-26}$$

组内自由度
$$df_e = n - r \tag{5-27}$$
$$df_T = df_A + df_e \tag{5-28}$$

④计算均方

$$MS_A = \frac{SS_A}{df_A} \tag{5-29}$$

$$MS_e = \frac{SS_e}{df_e} \tag{5-30}$$

⑤F 检验

$$F_A = \frac{组间平方}{组内平方} = \frac{MS_A}{MS_e} \tag{5-31}$$

它服从自由度为（df_A，df_e）的 F 分布，对于给定的显著性水平 α 有临界值 $F_\alpha(df_A, df_e)$，如果 $F_A > F_\alpha(df_A, df_e)$，则认为因素 A 对试验结果有显著影响，否则认为因素 A 对试验结果没有显著影响。

通过对试验数据方差分析，得到如下结论：

①电机速度对主轴扭矩影响的单因素方差分析。由表 5-7、表 5-8 中可以看出电机速度队主轴扭矩有显著影响。

表 5-7　　　　　　　　　电机速度对主轴扭矩影响计算表

组	观测数	求和	平均	方差
5Hz	127	−29763.7	−234.36	23495.15
10Hz	127	−24758.5	−194.949	18147.75
15Hz	127	−24529.0	−193.141	17252.19
20Hz	127	−22079.7	−173.856	15405.71
25Hz	127	−21899.2	−172.435	15343.89
30Hz	127	−23141.1	−182.214	16527.85

表 5-8　　　　　　　　　电机速度对主轴扭矩影响方差分析表

差异源	SS	df	MS	F	P-value	F crit
组间	331717.8	5	66343.56	3.749193	0.002327	2.22595
组内	13377740	756	17695.42			
总计	13709458	761				

②负载对主轴扭矩影响的方差分析

从表 5-9、表 5-10 中可以看出负载对主轴扭矩有非常显著影响。

表 5-9 负载对主轴扭矩影响计算表

组	观测数	求和	平均	方差
0kg	171	-23551.3	-137.727	1741.881
150kg	171	-23438.8	-137.069	8968.289
300kg	171	-31859.3	-186.312	16198.33

表 5-10 负载对主轴扭矩影响方差分析表

差异源	SS	df	MS	F	P-value	F crit
组间	272787.7	2	136393.8	15.2064	3.85E-07	3.013398
组内	4574445	510	8969.5			
总计	4847233	512				

③坡度对主轴扭矩的方差分析

由表 5-11、表 5-12 中可以看出,坡度对主轴扭矩有非常显著影响。

表 5-11 坡度对主轴扭矩影响计算表

组	观测数	求和	平均	方差
5°	166	-1908.77	-11.4986	6042.018
15°	166	-18197.5	-109.624	12660.23
25°	166	-30035.8	-180.939	15691.36
35°	166	-48250	-290.662	20201.85
45°	166	-58279.6	-351.082	27900.11

表 5-12 坡度对主轴扭矩影响方差分析表

差异源	SS	df	MS	F	P-value	F crit
组间	12363306	4	3090826	187.3329	3.4E-114	2.382723
组内	13611768	825	16499.11			
总计	25975073	829				

④预紧力对主轴扭矩的方差分析

由表5-13、表5-14中可以看出预紧力对主轴扭矩的影响不显著。因此无需分析预紧力对主轴扭矩的影响。

表5-13　　　　　　　　　预紧力对主轴扭矩影响计算表

组	观测数	求和	平均	方差
26.5kg	169	−31435.6	−186.009	12514.03
53kg	169	−31151.5	−184.328	16050.75
79.5kg	169	−31340.9	−185.449	21500.48

表5-14　　　　　　　　　预紧力对主轴扭矩影响方差分析表

差异源	SS	df	MS	F	P-value	F crit
组间	247.6878	2	123.8439	0.007421	0.992607	3.013609
组内	8410962	504	16688.42			
总计	8411210	506				

2. 电机速度对主轴扭矩的影响分析

（1）电机速度对主轴扭矩的影响趋势分析

电机是动力来源，电机的速度变化会影响主轴扭矩的变化，从而影响运输机的正常运行，为了分析研究电机速度队对主轴扭矩的影响情况，对运输机做了以电机速度为变量，主轴扭矩为因变量的试验，在试验中，将坡度、负载、预紧力分别定为25°、0kg、53kg，分别测量电机速度为5Hz、10Hz、15Hz、20Hz、25、30Hz时主轴扭矩的变化，将测量得出的数据分别取出一个周期数据，进行绘图分析，为方便观察分析，将电机速度分为低高速两部分，将5Hz、10Hz、15Hz划为低速区，20Hz、25Hz、30Hz电机速度划为高速区，通过matlab绘图分析，电机低速度主轴扭矩图如图5-26所示，电机高速度主轴扭矩图如图5-27所示。

由图5-26可知：

①当电机速度为5Hz、10Hz、15Hz时，主轴扭矩的带宽逐渐变窄，也就是说，当电机速度变小时，主轴扭矩存在的时间逐渐变小。

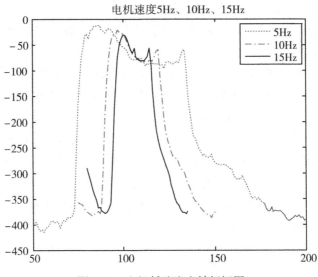

图 5-26　电机低速度主轴扭矩图

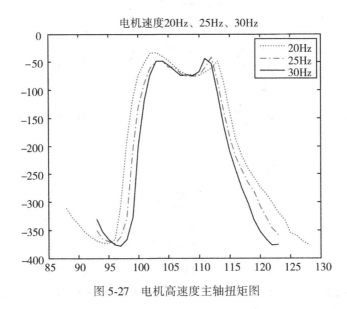

图 5-27　电机高速度主轴扭矩图

②在每种电机速度下的主轴扭矩变化规律基本一致，只是存在周期长短变化。

由图 5-27 可知：

①当电机速度为20Hz、25Hz、30Hz时，主轴扭矩的带宽也逐渐变小，但是变化趋势小，主轴扭矩存在周期逐渐变小。

②在每种电机速度下的主轴扭矩变化趋势基本一致，只是存在周期上得长短变化趋势问题。

对比图5-26和图5-27可知，当电机频率变高时，主轴扭矩的存在周期虽然都变小，但是当电机处于高速区时，这种周期变短的趋势没有低速区明显。

（2）电机速度对主轴扭矩频率的影响分析

由以上电机速度对主轴扭矩影响的分析可以知道，电机速度的高低对主轴扭矩值的变化规律影响不大，但是对主轴扭矩的周期产生了显著影响，为了进一步研究电机速度对主轴扭矩的影响，下面详细分析电机速度对主轴扭矩变化频率的影响，则首先将测得的主轴扭矩进行离散Fourier变换。

①离散Fourier理论分析，离散Fourier变化形式为：

$$x_i = \frac{a_0}{2} + \sum_{k=1}^{m} \left(a_k \cos \frac{2\pi ki}{N} + b_k \sin \frac{2\pi ki}{N} \right) \tag{5-32}$$

式中：

$$a_0 = \frac{1}{\frac{N\Delta t}{2}} \sum_{i=0}^{N-1} x_i \Delta t = \frac{2}{N} \sum_{i=0}^{N-1} x_i \tag{5-33}$$

$$a_k = \frac{1}{\frac{N\Delta t}{2}} \sum_{i=0}^{N-1} x_i \cos \frac{2\pi ki}{N} \Delta t = \frac{2}{N} \sum_{i=0}^{N-1} x_i \cos \frac{2\pi ki}{N} \tag{5-34}$$

$$b_k = \frac{1}{\frac{N\Delta t}{2}} \sum_{i=0}^{N-1} x_i \sin \frac{2\pi ki}{N} \Delta t = \frac{2}{N} \sum_{i=0}^{N-1} x_i \sin \frac{2\pi ki}{N} \quad k = 0,\ 1,\ 2,\ \cdots,\ m \tag{5-35}$$

用复数形式可得到：

$$x_i = \sum_{k=0}^{N-1} c_k e^{\frac{2\pi ki}{N}} \tag{5-36}$$

$$c_k = \frac{1}{N} \sum_{i=0}^{N-1} x_i e^{-j\frac{2\pi ki}{N}} \tag{5-37}$$

②将主轴扭矩进行离散傅里叶变换，得到图5-28和图5-29。

由图5-28可以看出，电机速度为5Hz、10Hz、15Hz时，主轴扭矩呈现出明显的频率变化升高，电机速度为15Hz是主轴扭矩变化频率最高，10Hz时变化频率也较高，5Hz的频率较低，这也验证了前面的分析结论；

由图5-29可以看出，当电机速度处于高速段时，电机速度为20Hz、25Hz、30Hz时，主轴扭矩的变化频率也呈现出增高趋势，但是没有低速区时

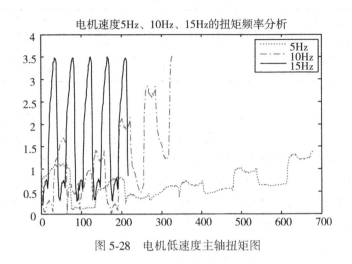

图 5-28　电机低速度主轴扭矩图

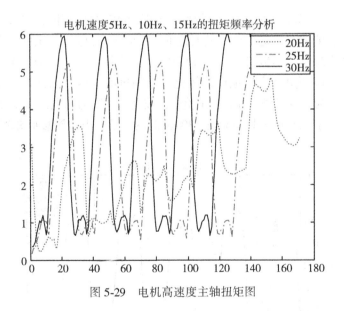

图 5-29　电机高速度主轴扭矩图

明显，也验证了上小节的结论。

　　由图 5-28 和图 5-29 也可以看到当电机速度在 15Hz、25Hz、30Hz 时，主轴扭矩的幅值变化平稳，最大最小值基本保持不变，且当电机速度变大时，主轴扭矩也逐渐变小，如表 5-15 所示。

表 5-15　　　　　　　不同电机速度的主轴扭矩极值表

电机速度（Hz）	5	10	15	20	25	30
最大值（N.m）	414	387	380	380	374	380
最小值（N.m）	12	20	21	29	12	22

由以上分析得知，当电机速度频率增加时，主轴扭矩变化频率也增加，幅值变化也呈递减趋势，但是当电机速度增加到一定值时，主轴扭矩频率变化已不再明显，且幅值变化也不再在明显，因此可适当选取电机速度频率，但是电机速度也不能太大，因为增大到一定程度后，电机速度已不能再影响主轴扭矩的变化。因此可将电机速度设定在25Hz，因为电机该频率下主轴扭矩比其他频率下变化平稳且也能保证足够大的扭矩。

3. 负载对主轴扭矩的影响分析

当山地果园运输机的负载不同对主轴扭矩的影响也不同，研究负载对主轴扭矩的影响，能够确定运输机的最大载重，保证运输机正常使用时不超过该最大载重，也能合理利用运输机，不造成轻载浪费。同时，找出果园运输机负载和主轴扭矩关系，以便更加合理地设计优化该运输机的参数，因此设定负载为自变量，主轴扭矩为因变量做试验，在试验中，坡度、预紧力和电机速度分别为25°、53kg、20Hz，分别测出空载、150kg、300kg 时的主轴扭矩，数据如图5-30所示。

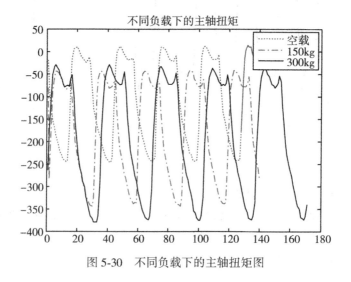

图 5-30　不同负载下的主轴扭矩图

由图 5-30 可知，空载时主轴扭矩最小，其次是 150kg，最后是 300kg，但是 150kg 时的主轴扭矩和 300kg 时相差不大，其极值和平均值如表 5-19 所示。

表 5-16 不同负载下的主轴扭矩极值

负载	空载	150kg	300kg
最大值	248	347	380
最小值	15	38	29
平均值	106	177	180

可以看出当载重增加时主轴扭矩也随着上升，但是载重增加后，主轴扭矩变化会越来越不明显，再增加负载，会出现打滑现象，主轴扭矩不再增加。

4. 坡度对主轴扭矩的影响分析

分析相同负载、预紧力和电机速度，不同坡度下主轴扭矩变化情况。

由于运输机工作地点较为特殊，地形较复杂，在行驶过程中会遇到不同的坡度，为了保证运输机能在特定的环境中正常运行，我们做了一系列的试验。在试验中，以轨道的坡度为因变量，电机频率、预紧力、负载分别为 20Hz、53kg、300kg。通过测量在不同坡度下主轴扭矩的变化来分析坡度对其的影响。这里我们将坡度设定五个值，分别是 5°、15°、25°、35°、45°。通过 matlab 绘制曲线如图 5-31 所示。

通过对上图的分析可以得到如下结论：

（1）在坡度不变的情况下，随着速度的变化，主轴扭矩呈周期性变化，且坡度不同时主轴扭矩的周期不变。

（2）随着坡度的增加，主轴扭矩的幅值也随之增加，不同坡度下主轴扭矩的最大值、最小值、均值如表 5-17 所示。

表 5-17 不同坡度下主轴扭矩极值

主轴扭矩	5°	15°	25°	35°	45°
最大值	80.934	26.697	−29.317	−112.562	−142.995
最小值	−130.462	−271.832	−380.242	−506.082	−602.853
均值	−24.764	−122.567	−204.779	−309.322	−372.924

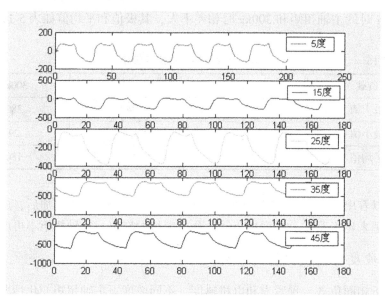

图 5-31 不同坡度下主轴扭矩图

5. 运行参数对主轴扭矩影响的优化组合设计

根据试验数据结果分析可知，主轴扭矩可能受载重、预紧力、坡度和频率等因素的影响，各因素影响程度大小未知，怎么能选取合适的数值才能达到合适的扭矩，选择用正交试验的方法确定各因素主次顺序。

根据正交试验原则，用随机化的方法决定四个因素载重、预紧力、坡度和频率的水平如表 5-18 所示。

表 5-18　　　　　　　　运行参数对主轴扭矩影响因素水平表

水平	载重（kg）	预紧力（kg）	坡度（°）	频率（HZ）
1	0	26.5	15	10
2	150	53	25	20
3	300	79.5	35	30

为了得到较为真实的结果，我们做了大量试验，针对每组都得到了大量的数据。通过初步分析绘制简单的数据曲线图我们发现，每组数据的变化趋势几

乎相同，均呈周期性变化。唯一不同的就是每组数据的均值不同，即每组数据可以近似地看成是由同一条曲线沿着 y 轴上下平移而得到的。因此可以对数据进行简化，每组数据仅取主轴扭矩的均值，利用 4 因素 3 水平的正交表做分析，计算极差 R：

$$R = \max\{K_1, K_2, K_3\} - \min\{K_1, K_2, K_3\} \tag{5-38}$$

其中 K_i 表示任一列上水平号为 i 时，所对应的结果之和，如表 5-19 所示：

表 5-19　　　　　运行参数对主轴扭矩影响正交试验计划表

所在列	1	2	3	4	
因素	载重	预紧力	坡度	频率	试验结果
试验 1	0	1	15	10	−82
试验 2	0	2	35	30	−175
试验 3	0	3	25	20	−105
试验 4	150	1	35	20	−222
试验 5	150	2	25	10	−189
试验 6	150	3	15	30	−86
试验 7	300	1	25	30	−183
试验 8	300	2	15	20	−110
试验 9	300	3	35	10	−215

水平随机分配，利用正交分析软件求出试验的均值和极差，如表 5-20 所示。

表 5-20　　　　运行参数对主轴扭矩影响试验方案及试验结果分析

所在列	1	2	3	4	
因素	载重	预紧力	坡度	频率	试验结果
试验 1	1	1	1	1	−82
试验 2	1	2	2	2	−175
试验 3	1	3	3	3	−105
试验 4	2	1	2	3	−222

续表

所在列	1	2	3	4	
试验5	2	2	3	1	−189
试验6	2	3	2	2	−86
试验7	3	1	3	2	−183
试验8	3	2	1	3	−110
试验9	3	3	2	1	−215
均值1	−120.667	−162.333	−92.667	−162.000	
均值2	−165.667	−158.000	−204.000	−148.000	
均值3	−169.333	−135.333	−159.000	−145.667	
极差	48.666	27.000	111.333	16.333	

以因素水平作为横坐标，以试验指标的平均值作为纵坐标，画出因素与指标的关系图，即趋势图。在画趋势图时，对于数量因素，横坐标上的点不能按水平号顺序排列，而应按水平的实际大小顺序排列，并将各坐标点连成折线图，这样就能从图中很容易地看出指标随因素数值增大时的变化趋势；几个因素的趋势图的纵坐标应该有相同的比例尺，这样就可根据趋势图的平坦或陡峭程度判断因素的主次。结合以上分析，趋势图如图5-32所示。

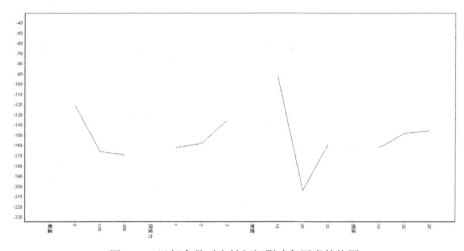

图5-32　运行参数对主轴扭矩影响各因素趋势图

根据试验结果和趋势图可知，各因素对主轴扭矩的影响程度由大到小排序为：坡度、载重、预紧力、频率。依据图 5-32，在载重为 300kg、预紧力为 26.5kg，坡度为 35°、频率为 20Hz 时，主轴扭矩取得最大值。但主轴扭矩并不是越大越好，从趋势图可以看出：当载重低于 150kg 时，随着载重的增加主轴扭矩增加的速度较快，当载重超过 150kg 时，随着载重的增加主轴扭矩也会增加，但是增加的速度比之前要小得多，所以载重应控制在 150～300kg。同理，其余三种因素也可做类似分析，预紧力应在 1～53kg，坡度应在 25～35°，频率应在 20～30Hz，在这些区间中可以得到最优值。因此根据趋势图可以对一些重要的水平做适当的调整，选取更优的水平，通过再次试验以得到更佳的结果。

6. 主轴扭矩的理论分析与试验研究比较

主轴扭矩的理论分析中，主要分析果园运输机的结构参数对主轴扭矩的影响，运输机的主要结构参数主要有驱动轮对槽的个数，中心距 a，驱动轮半径 r 以及包角 α 和预紧力 F 对主轴扭矩的影响，建立结构参数和主轴扭矩的函数关系，并利用遗传算法进行寻优找出最优结构参数组合分别为：预紧力为 130N，驱动轮对槽的个数为 4 个，中心距 0.3058m，驱动轮半径 0.0995m，主轴扭矩 390N·m，包角 $\alpha_1 = 131.237°$。

主轴扭矩的试验研究中主要研究性能参数对主轴扭矩的影响，测试了四个因素及电机速度、负载、坡度、预紧力对主轴扭矩的影响数据，分别采用单一变量法，在分析每个因素对主轴的影响时，分别将另外三个因素设为常值，在分析电机速度对主轴扭矩影响时，坡度、预紧力、负载分别为 25°、53kg、300kg，分别测出电机速度频率为 5Hz、10Hz、15Hz、20Hz、25Hz、30Hz 时的主轴扭矩，得出电机频率在 15Hz 或 30Hz 时主轴扭矩较平稳，且能保证足够的扭矩；在分析负载对主轴扭矩的影响时，坡度、预紧力和电机速度分别为 25°、53kg、20Hz，得到当负载增加时主轴扭矩也会逐渐增加，但是当负载增加到一定程度时主轴扭矩变化已不明显，当负载不能无限增加，否则主轴扭矩不会增加，轮对出现打滑；分析坡度对主轴扭矩影响时，电机速度、负载和预紧力分别为 20Hz、53kg、300kg，当坡度从 5° 到 45° 时，主轴扭矩呈上升趋势；分析预紧力对主轴扭矩的影响时，电机速度、坡度、负载分别为 20Hz、25°、300kg，最大主轴转矩为 405.446N·m，最小主轴转矩为 29.317N·m。

7. 磨损过程对主轴扭矩的影响分析

由于驱动轮对与钢丝绳之间的相对运动以及行走轮与轨道的耦合运动，必然存在着轮对和钢丝绳的磨损，随着磨损的增大，果园运输机的运行性能必然受到影响，为研究磨损过程对主轴扭矩的影响，利用传感器分别测试了运输机使用不同时期的主轴扭矩，试验中测出了7组主轴扭矩，分别在运输机运行一定时间间隔后测的，因此每次测得的数据磨损量依次增大，分析试验所得的主轴扭矩即可分析磨损过程对主轴扭矩的影响。

（1）磨损过程对主轴扭矩的影响分析的单因素方差分析

首先做磨损过程对主轴扭矩的方差分析，结果如表 5-21 和表 5-22 所示。

表 5-21　　　　　　　　　磨损过程对主轴扭矩影响计算表

组	观测数	求和	平均	方差
列 1	5839	−1098762	−188.176	12546.61
列 2	5839	−1284450	−219.978	16558.41
列 3	5839	−1036524	−177.517	9691.431
列 4	5839	−1138483	−194.979	14488.91
列 5	5839	−1053170	−180.368	10421.28
列 6	5839	−1056922	−181.011	11734.05
列 7	5839	−953963	−163.378	15698.86

表 5-22　　　　　　　　　磨损过程对主轴扭矩方差分析表

差异源	SS	df	MS	F	P-value	F crit
组间	10968673	6	1828112	140.4087	7.2E-177	2.098818
组内	5.32E+08	40866	13019.94			
总计	5.43E+08	40872				

从表 5-25 中可以看出，磨损量对主轴扭矩存在非常显著的影响。

（2）磨损过程对主轴扭矩的影响分析

从上述磨损过程对主轴扭矩的单因素方差分析可以看出磨损过程对主轴扭矩存在非常显著的影响，因此分析磨损过程对主轴扭矩的影响是非常必要的。

①首先分析磨损过程对主轴扭矩极值和平均值的影响，将7次试验数据的极值和均值求出如表5-23所示。

表5-23 　　　　　　　　　**磨损对主轴扭矩极值和均值影响**

	1次	2次	3次	4次	5次	6次	7次
最大值	333.665	493.347	331.0500	385.6030	342.9400	351.3460	368.1830
最小值	41.426	35.1360	32.1540	8.8420	39.5580	37.1520	11.1010
平均值	188.176	219.9778	177.5175	194.9792	180.3683	181.0108	163.3778

②对7次主轴扭矩分别绘图如图5-33和图5-34所示，分析磨损对主轴扭矩变化趋势的影响，可以看出，磨损越大，扭矩越小。

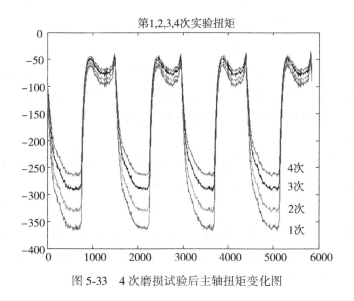

图5-33 　4次磨损试验后主轴扭矩变化图

（四）结构参数和运行参数对打滑率影响的分析与试验研究

1. 驱动轮对打滑率的建模与计算

（1）不打滑情况下钢丝绳传动的紧边松边和应变的关系

钢丝绳绕驱动轮工作时，紧边拉力 F_1 大于松边拉力 F_2，所以当钢丝绳绕

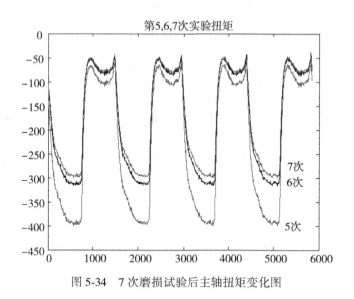

图 5-34　7 次磨损试验后主轴扭矩变化图

过主动驱动轮时，钢丝绳的变形会减少，使钢丝绳的速度小于主动轮的速度，发生钢丝绳与主动轮之间的相对打滑；同样，当钢丝绳绕过从动轮时，钢丝绳的变形会增加，使从动轮的速度小于钢丝绳的速度，发生钢丝绳与从动轮之间的相对滑动。

如图 5-35 所示，钢丝绳与驱动轮的接触弧部分可分为两个部分，钢丝绳进入驱动轮的一侧为静弧（对应圆心角静角 α''），剩下的弧段为滑动弧（圆心角为滑动角 α'），钢丝绳与驱动轮之间的相对滑动一般发生在滑动弧部分。静弧上钢丝绳与驱动轮之间没有相对滑动，静弧对应的钢丝绳段变形是恒定的。

在包角 α 内选取弧段 mm_1 为研究对象，在弧段 mm_1 内任一截面（对应圆心角 α'）取 $d\alpha'$ 所对应的钢丝绳段为受力平衡对象，有 $dF = F_2 f d\alpha'$，在 $[0, \alpha]$ 内积分得到欧拉公式：

$$F = F_2 e^{f\alpha}。 \tag{5-39}$$

令 $\alpha = \alpha'$ 即得到紧边拉力与松边拉力关系式：

$$F_1 = F_2 e^{f\alpha'} \tag{5-40}$$

式中，F_1 为紧边拉力，F_2 为松边拉力，α' 为滑动角，e 为自然底数，f 为钢丝绳与轮对之间的摩擦系数。

由钢丝绳与驱动轮对间的初拉力 F_0 与有效圆周力 F_e 的关系可知：

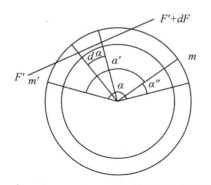

图 5-35　钢丝绳与驱动轮滑动量计算简图

$$F_e = 2F_0 \frac{e^{f\alpha} - 1}{e^{f\alpha} + 1} \tag{5-41}$$

$$F_e(e^{f\alpha} + 1) = 2F_0(e^{f\alpha} - 1) \tag{5-42}$$

$$(2F_0 - F_e)e^{f\alpha} = F_e + 2F_0 \tag{5-43}$$

$$e^{f\alpha} = \frac{F_e + 2F_0}{2F_0 - F_e} \tag{5-44}$$

将左右同时取对数得到：$\alpha = \dfrac{1}{f}\ln\dfrac{F_0 + F_e/2}{F_0 - F_e/2}$ (5-45)

当 $\alpha = \alpha'$ 时即有：

$$\alpha' = \frac{1}{f}\ln\frac{F_0 + F_e/2}{F_0 - F_e/2} \tag{5-46}$$

式中，F_0 为初拉力（即预紧力），F_e 为有效圆周力。

（2）打滑率的建模

钢丝绳的打滑率可以从从动轮相对于主动轮的速度来表示，推导过程如下：

$$\varepsilon = \frac{v_1 - v_2}{v_1} = \frac{\Delta v}{v_1} = \frac{\Delta vt}{v_1 t} = \frac{\Delta L}{l} \tag{5-47}$$

式中，ε 为弹性滑动率，v_1 为主动轮的圆周速度，v_2 为从动轮的圆周速度，ΔL 为钢丝绳的伸长量，l 为钢丝绳与驱动轮接触弧长度。

取钢丝绳的微小段进行研究，可以看成是一个柱段如图 5-36 所示，由拉压杆的胡克定律可知：

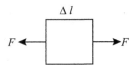

图 5-36 钢丝绳微元受力分析主视图

$$\Delta l = \frac{Fa}{EA} \tag{5-48}$$

式中，F 为钢丝绳承受的拉力，E 为钢丝绳的弹性模量，a 为钢丝绳与驱动轮的接触弧长度，A 为钢丝绳的截面积。

驱动受力情况如图 5-37 所示，其中 $a = r_1 d\alpha$，将 $a = r_1 d\alpha$ 代入式（5-48）得到 $dl = \Delta l = \frac{Fr_1}{EA} d\alpha$，由此推出了 $F = F_2 e^{f\alpha}$，$F_2 = F_0 - \frac{F_e}{2}$。

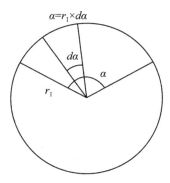

图 5-37 驱动轮受力分析

对 dl 在包角 α_1 范围内积分为：

$$\Delta L = \int_0^{\alpha_1} \frac{Fr_1}{EA} d\alpha = \int_0^{\alpha_1} \frac{F_2 r_1}{EA} e^{f\alpha} d\alpha = \frac{F_2 r_1}{EAf}(e^{f\alpha_1} - 1) \tag{5-49}$$

$$\varepsilon = \frac{\Delta L}{l} = \frac{\Delta L}{\alpha_1 r_1} = \frac{F_2 r_1}{EAf\alpha_1 r_1}(e^{f\alpha_1} - 1) = \frac{F_2}{EAf\alpha_1}(e^{f\alpha_1} - 1) = \frac{2F_0 - F_e}{2EAf\alpha_1}(e^{f\alpha_1} - 1)$$

$$\tag{5-50}$$

式中，F_0 为初拉力，F_e 为有效圆周力，$F_e = 2F_0 \dfrac{e^{f\alpha} - 1}{e^{f\alpha} + 1}$，$\alpha_1 = 2\pi - 2\arccos$

$\dfrac{2r_1}{L_0}$，钢丝绳直径为 11mm。

利用 MATLAB 编程，分别求：

①在预紧力和驱动轮中心距为最优值时（即 $F_0 = 800\text{N}$，$L_0 = 0.3028\text{m}$），驱动轮的半径在 $r_1 = [0.01，0.1]$，（单位：m）变化下的打滑率；

②在驱动轮半径和驱动轮中心距为最优值时（即 $r_1 = 0.0998\text{m}$，$L_0 = 0.3028\text{m}$），初拉力（即预紧力）在 $F_0 = [500，1000]$（单位：N）变化下的打滑率；

③在驱动轮半径和预紧力为最优值时（即 $r_1 = 0.0998\text{m}$，$F_0 = 800\text{N}$），驱动轮中心距在 $L_0 = [0.3，0.5]$（单位：m）变化下的打滑率；

④在预紧力为 800N 时，驱动轮的半径在 $r_1 = [0.01，0.1]$、驱动轮中心距在 $L_0 = [0.3，0.5]$ 变化范围下的打滑率。

其结果分别如表 5-24、表 5-25、表 5-26 和表 5-27 所示。

表 5-24　　　　　　　　　　驱动轮不同半径下弹性打滑率

r_1	0.01	0.02	0.03	0.04	0.05
$\varepsilon\%$	0.0078	0.3877	0.2569	0.1914	0.1521
r_1	0.06	0.07	0.07	0.09	0.1
$\varepsilon\%$	0.1259	0.1071	0.0929	0.0819	0.0730

表 5-25　　　　　　　　　　不同初拉力下弹性打滑率

F_0	500	600	700	800	900	1000
$\varepsilon\% \times 10^3$	0.45	0.549	0.64	0.73	0.82	0.915

表 5-26　　　　　　　　　　不同中心距下弹性打滑率

L_0	0.3	0.4	0.5
$\varepsilon\%$	0.000731	0.000748	0.000756

表 5-27　　　　　　　　不同驱动轮半径和中心距下弹性打滑率 $\varepsilon\% \times 10^2$

L_0	0.01	0.02	0.03	0.04	0.05
0.3	0.78	0.3877	0.2568	0.1914	0.1521
0.4	0.7812	0.3889	0.2581	0.1926	0.1534
0.5	0.7819	0.3896	0.2588	0.1934	0.1541
L_0	0.06	0.07	0.08	0.09	0.1
0.3	0.1258	0.1070	0.0929	0.0818	0.0730
0.4	0.1272	0.1084	0.0944	0.0834	0.0746
0.5	0.1279	0.1092	0.0952	0.0842	0.0755

分析结果如图 5-38 和图 5-39 所示，其表明：

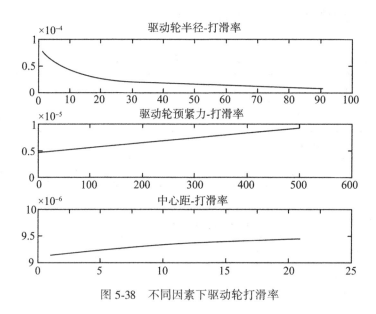

图 5-38　不同因素下驱动轮打滑率

①驱动轮的半径和打滑率呈非线性关系，随着半径增加，轮对打滑率逐渐下降。

②预紧力与打滑率呈线性关系，说明预紧力越大，钢丝绳形变量越大。

③中心距与打滑率呈线性关系，即中心距越大，由于包角增大，打滑率下降，与实际情况相符。

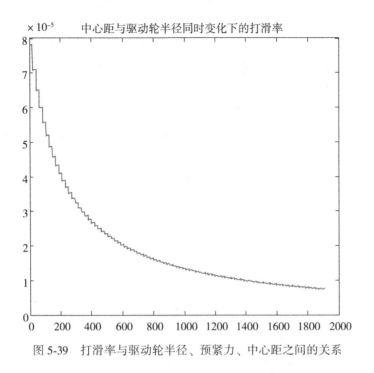

图 5-39 打滑率与驱动轮半径、预紧力、中心距之间的关系

④在 r_1 一定时，L_0 增加，$\varepsilon\%$ 增加；在 L_0 一定时，r_1 增加，$\varepsilon\%$ 减小。

2. 打滑率的仿真分析

(1) 计算机仿真概述

计算机仿真是一种非实物仿真方法，通过建立数学模型，编制计算机程序实现对真实系统的模型。从而了解系统随时间变化的行为和特性，以评价或预测一个系统的行为效果，为决策提供信息和依据。

仿真分为静态仿真和动态仿真。动态仿真可分为连续系统仿真和离散系统仿真。离散系统是指状态变量只在某个离散时间点集合上发生变化的系统。

为了仿真系统必须设置一个仿真时钟将时间从一个时刻向另一个时刻推进，并且可随时反映系统时间的当前值。模拟时间推进方式有两种：时间步长法和事件步长法。模拟离散系统常用事件步长法。连续系统常用时间步长法（也称固定增量推进法或步进式推进）。

(2) 打滑率的仿真分析

考虑到随着运行时间增加，钢丝绳和驱动轮对发生磨损，磨损量与时间密切相关,因此打滑率与运行时间是密切相关的,因此,选用时间步长法对打滑率进行仿真分析。

为了解打滑率的变化过程,该模型主要对打滑率与运行时间的仿真来了解打滑率随着运行工作时间的变化特性,从而了解机构的运行性能,及时更换钢丝绳或者驱动轮对以防打滑。

该模型假定选在最优中心距 L_0,预紧力 F_0,以及轮对半径 r_1 下研究的打滑率 ε 变化趋势。其中 $F_0 = 800\text{N}$,$L_0 = 0.3028\text{m}$,$r_1 = 0.0998\text{m}$,有:

$$\varepsilon = \frac{\Delta l}{l} = \frac{\Delta l}{\alpha_1 r_1} = \frac{F_2 r_1}{EAf\alpha_1 r_1}(e^{f\alpha 1} - 1) = \frac{F_2}{EAf\alpha_1}(e^{f\alpha 1} - 1) = \frac{2F_0 - F_e}{2EAf\alpha_1}(e^{f\alpha 1} - 1)$$

$$(5\text{-}51)$$

为简便分析打滑率变化特性,选用时间步长为个单位时间 $h = 0.1$,并假定每次打滑率在原来基础上是递增的。并在打滑率 $\varepsilon < 0.2$ 时停止。仿真结果如表 5-28 所示。

表 5-28　　　　　　　　　　　　　打滑率仿真结果

打滑率	打滑率	打滑率	打滑率	打滑率
0.0000	0.0000	0.0001	0.0004	0.0035
0.0000	0.0000	0.0001	0.0005	0.0043
0.0000	0.0000	0.0001	0.0006	0.0052
0.0000	0.0000	0.0001	0.0008	0.0063
0.0000	0.0000	0.0001	0.0009	0.0076
0.0000	0.0000	0.0001	0.0011	0.0092
0.0000	0.0000	0.0002	0.0014	0.0111
0.0000	0.0000	0.0002	0.0016	0.0134
0.0000	0.0000	0.0002	0.0020	0.0162
0.0000	0.0000	0.0003	0.0024	0.0197
0.0000	0.0000	0.0004	0.0029	

注:上表每隔一个数取一个数据。

仿真结果表明:

①由结果可知,在起初的一段时间,打滑率为 0,这是因为起初磨损量较

小，钢丝绳与驱动轮对运行可靠性好。

②在运行到 2/5 时间之后，开始出现打滑率，但是变化不大。

③随之运行时间的增长，打滑率逐渐上升，并且在运行后期，打滑率的增长速率越来越快，打滑率的仿真变化曲线如图 5-40 所示。

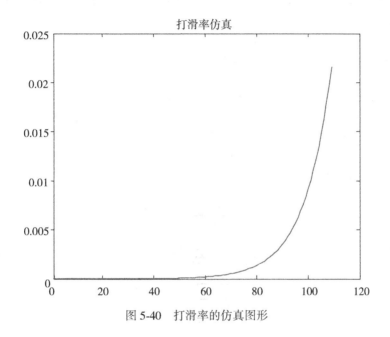

图 5-40　打滑率的仿真图形

④由图可知，打滑率在运行工作后期急剧上升，这与实际情况相符。

3. 运行参数对影响驱动轮对打滑率的单因素试验研究

从前面的理论分析中我们可知，打滑率可以用速度差来表示，打滑率包括电机与驱动轮之间的打滑率 A、驱动轮和从动轮之间的打滑率 B、驱动轮对从动轮与导向轮之间的打滑率 C。

对运输机的运行参数影响打滑率的单因素试验有以下试验，分别为电机速度、负载、坡度以及预紧力对打滑率的影响试验。在电机速度对打滑率的影响试验中，坡度、负载和预紧力分别为 25°、53kg、300kg；在负载对电机速度对打滑率的影响试验中，坡度、预紧力和电机速度分别为 25°、53kg、20Hz；在分析坡度对打滑率的影响试验中，电机速度、预紧力和负载分别为 20Hz、53kg、300kg；在预紧力对打滑率的影响试验中，坡度、预紧力和电机速度分别为25°、20Hz、300kg。首先分别对四个因素各个水平做单因素方差分析，单因素方差分析主要用来判断某一因素对试验结果是否有显著影响，主要步骤如下：

①计算平均值

如果将每种水平看成一组，令$\overline{x_i}$为第i种水平上所有试验值的算术平均值，有：

组内平均值 $$\overline{x_i} = \frac{1}{n_i}\sum_{j=1}^{n_i} x_{ij}(i = 1, 2, \cdots, r) \qquad (5\text{-}52)$$

组内和 $$T_i = \sum_{j=1}^{n_i} x_{ij} = n_i \overline{x_i} \qquad (5\text{-}53)$$

整体平均值 $$\bar{x} = \frac{1}{n}\sum_{i=1}^{r}\sum_{j=1}^{n_i} x_{ij} \qquad (5\text{-}54)$$

②计算离差平方和

总离差平方和 $$SS_T = \sum_{i=1}^{r}\sum_{j=1}^{n_j}(x_{ij} - \bar{x})^2 \qquad (5\text{-}55)$$

组间离差平方和 $$SS_A = \sum_{i=1}^{r}\sum_{j=1}^{n_i}(\overline{x_i} - \bar{x})^2 \qquad (5\text{-}56)$$

组内离差平方和 $$SS_e = \sum_{i=1}^{r}\sum_{j=1}^{n_i}(x_{ij} - \overline{x_i})^2 \qquad (5\text{-}57)$$

$$SS_T = SS_A + SS_e$$

③计算自由度

总自由度 $$df_T = n - 1 \qquad (5\text{-}58)$$

组间自由度 $$df_A = r - 1 \qquad (5\text{-}59)$$

组内自由度 $$df_e = n - r \qquad (5\text{-}60)$$

$$df_T = df_A + df_e \qquad (5\text{-}61)$$

④计算均方

$$MS_A = \frac{SS_A}{df_A} \qquad (5\text{-}62)$$

$$MS_e = \frac{SS_e}{df_e} \qquad (5\text{-}63)$$

⑤F检验

$$F_A = \frac{组间平方}{组内平方} = \frac{MS_A}{MS_e} \qquad (5\text{-}64)$$

它服从自由度为 $(\mathrm{d}f_A, \mathrm{d}f_e)$ 的 F 分布,对于给定的显著性水平 α 有临界值 $F_\alpha(\mathrm{d}f_A, \mathrm{d}f_e)$,如果 $F_A > F_\alpha(\mathrm{d}f_A, \mathrm{d}f_e)$,则认为因素 A 对试验结果有显著影响,否则认为因素 A 对试验结果没有显著影响。

通过对试验数据方差分析,得到如下结论。

(1)运行参数对电机与驱动轮之间的打滑率 A 的影响

①电机速度对打滑率 A 的影响分析

分析相同坡度、负载、预紧力,不同电机速度对打滑率 A 影响的单因素方差分析如表 5-29 和表 5-30 所示。

表 5-29　　　　　　　　电机速度对打滑率 A 影响计算表

组	观测数	求和	平均	方差
5Hz	127	−360. 314	−2. 83712	16474. 25
10Hz	127	−999. 221	−7. 86788	79732. 38
15Hz	127	−2161. 43	−17. 0191	181809. 4
20Hz	127	4314. 45	33. 97208	316616. 8
25Hz	127	6983. 208	54. 9859	480249. 9
30Hz	127	−217. 473	−1. 71239	670727. 6

表 5-30　　　　　　　　电机速度对打滑率 A 影响方差分析表

差异源	SS	df	MS	F	P-value	F crit
组间	3. 0655. 5	1	30655. 53	0. 211649	0. 645544	3. 84757
组内	2. 2E+08	1522	144841. 3			
总计	2. 2E+08	1523				

可以看出电机速度对电机与驱动轮之间的打滑率 A 没有显著影响。

②负载对打滑率 A 的影响分析

分析相同坡度、预紧力和电机速度,不同负载对打滑率 A 影响的方差分析如表 5-31 和表 5-32 所示。

表 5-31　　　　　　　　　负载对打滑率 A 影响计算表

组	观测数	求和	平均	方差
0kg	171	164.2182	0.96034	9.77E-05
150kg	171	160.0294	0.935844	0.001
300kg	171	162.0193	0.947481	8.44E-05

表 5-32　　　　　　　　负载对打滑率 A 影响方差分析表

差异源	SS	df	MS	F	P-value	F crit
组间	0.051348	2	0.025674	65.1455	6.37E-26	3.013398
组内	0.20099	510	0.000394			
总计	0.252338	512				

从方差分析表中可以看出负载对打滑率 A 有非常显著影响。负载对打滑率 A 的影响趋势如图 5-41 所示。

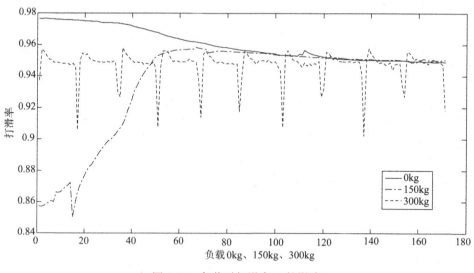

图 5-41　负载对打滑率 A 的影响

由图 5-41 中可知，在不同负载的作用下，打滑率 A 的变化规律不尽相同，呈现出不同趋势；随着负载的增加，打滑率 A 有先减小后增大的趋势。

③坡度对打滑率 A 的影响分析

分析相同负载、预紧力和电机速度，不同坡度对打滑率 A 的方差分析如表 5-33 和表 5-34 所示。

表 5-33　　　　　　　　　坡度对打滑率 A 影响计算表

组	观测数	求和	平均	方差
5°	166	157.2775	0.947455	8.34E-05
15°	166	157.1857	0.946902	8.96E-05
25°	166	157.3065	0.94763	8.18E-05
35°	166	157.3934	0.948153	8.42E-05
45°	166	157.3909	0.948138	7.15E-05

表 5-34　　　　　　　　　坡度对打滑率 A 影响方差分析表

差异源	SS	df	MS	F	P-value	F crit
组间	0.000181	4	4.52E-05	0.550871	0.698442	2.382723
组内	0.067723	825	8.21E-05			
总计	0.067904	829				

由以上方差分析表中可以看出，坡度对打滑率 A 没有显著影响。

④预紧力对打滑率 A 的影响分析

分析相同坡度、负载和电机速度，不同预紧力对打滑率 A 的方差分析如表 5-35 和表 5-36 所示。

表 5-35　　　　　　　　　预紧力对打滑率 A 影响计算表

组	观测数	求和	平均	方差
26.5kg	169	160.1296	0.947513	8.54E-05
53kg	169	160.1536	0.947655	8.03E-05
79.5kg	169	160.089	0.947272	0.000102

表 5-36   预紧力对打滑率 *A* 影响方差分析表

差异源	SS	d*f*	MS	*F*	*P*-value	*F* crit
组间	1.26E-05	2	6.31E-06	0.070657	0.931791	3.013609
组内	0.045021	504	8.93E-05			
总计	0.045034	506				

由表中可以看出预紧力对打滑率 *A* 的影响不显著。

（2）运行参数对驱动轮和从动轮之间的打滑率 *B* 的影响

①电机速度对打滑 *B* 的影响分析

电机速度对打滑率 *B* 影响的单因素方差分析如表 5-37 和表 5-38 所示。

表 5-37   电机速度对打滑率 *B* 影响计算表

组	观测数	求和	平均	方差
5Hz	127	−360.314	−2.83711	16474.25
10Hz	127	−999.221	−7.86788	79732.38
15Hz	127	−2161.43	−17.0191	181809.4
20Hz	127	4314.454	33.97206	316616.8
25Hz	127	6983.208	54.98588	480249.9
30Hz	127	−217.473	−1.71238	670727.6

表 5-38   电机速度对打滑率 *B* 影响方差分析表

差异源	SS	d*f*	MS	*F*	*P*-value	*F* crit
组间	34647.55	1	34647.55	0.23921	0.624848	3.84757
组内	2.2E+08	1522	144841.4			
总计	2.2E+08	1523				

可以看出电机速度对驱动轮和从动轮之间的打滑率 *B* 没有显著影响。

②负载对打滑率 *B* 的影响分析

负载对打滑率 *B* 影响的方差分析如表 5-39 和表 5-40 所示。

表 5-39 　　　　　　　　负载对打滑率 B 影响计算表

组	观测数	求和	平均	方差
空载	171	57.04688	0.333607	0.016809
150kg	171	51.93494	0.303713	0.020529
300kg	171	37.06775	0.21677	0.005303

表 5-40 　　　　　　　　负载对打滑率 B 影响方差分析表

差异源	SS	df	MS	F	P-value	F crit
组间	1.259905	2	0.629952	44.3194	1.79E-18	3.013398
组内	7.249095	510	0.014214			
总计	8.509	512				

　　从方差分析表中可以看出负载对打滑率 B 有非常显著影响。负载对打滑率 B 的影响趋势如图 5-42 所示。

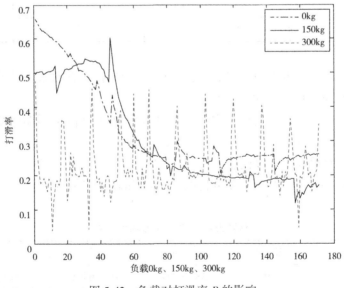

图 5-42　负载对打滑率 B 的影响

　　由图 5-42 可知，在不同负载的作用下，打滑率 B 的变化规律不尽相同，呈现出不同趋势；随着负载的增加，打滑率 B 有逐渐减小的趋势。

③坡度对打滑率 B 的影响分析

坡度对打滑率 B 的方差分析如表 5-41 和表 5-42 所示。

表 5-41　　　　　　　　坡度对打滑率 B 影响计算表

组	观测数	求和	平均	方差
5°	166	36.85168	0.221998	0.004506
15°	166	38.44242	0.231581	0.004714
25°	166	35.95098	0.216572	0.005329
35°	166	34.50631	0.207869	0.004386
45°	166	34.2991	0.206621	0.003906

表 5-42　　　　　　　　坡度对打滑率 B 影响方差分析表

差异源	SS	df	MS	F	P-value	F crit
组间	0.071186	4	0.017796	3.895671	0.003843	2.382723
组内	3.76882	825	0.004568			
总计	3.840006	829				

由以上方差分析表中可以看出，坡度对打滑率 B 有非常显著影响。坡度对打滑率 B 的影响趋势如图 5-43 所示。

由图可知，在不同负载的作用下，打滑率 B 都近似呈周期性变化；随着负载的增加，打滑率 B 有先减小后增加的趋势。

④预紧力对打滑率 B 的影响分析

预紧力对打滑率 B 的方差分析如表 5-43 和表 5-44 所示。

表 5-43　　　　　　　　预紧力对打滑率 B 影响计算表

组	观测数	求和	平均	方差
26.5kg	169	38.26244	0.226405	0.005539
53kg	169	36.50379	0.215999	0.005262
79.5kg	169	38.14068	0.225684	0.006497

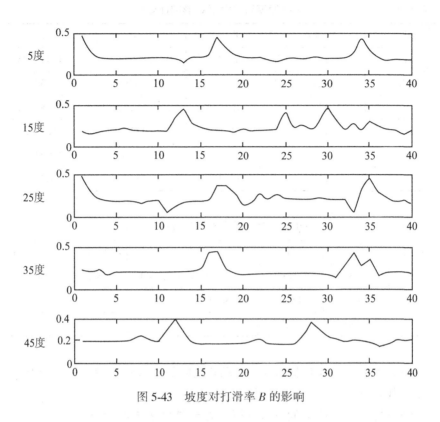

图 5-43　坡度对打滑率 B 的影响

表 5-44　　　　　　　　预紧力对打滑率 B 影响方差分析表

差异源	SS	df	MS	F	P-value	F crit
组间	0.011414	2	0.005707	0.989789	0.372376	3.013609
组内	2.906097	504	0.005766			
总计	2.917511	506				

由表 5-44 中可以看出预紧力对打滑率 B 的影响不显著。

（3）运行参数对从动轮与导向轮之间的打滑率 C 的影响

①电机速度对打滑率 C 的影响分析

电机速度对打滑率 C 影响的单因素方差分析如表 5-45 和表 5-46 所示。

表 5-45　　　　　　　　　　电机速度对打滑率 C 影响计算表

组	观测数	求和	平均	方差
5Hz	127	-360.314	-2.83711	16474.25
10Hz	127	-999.221	-7.86788	79732.38
15Hz	127	-2161.43	-17.0191	181809.4
20Hz	127	4314.454	33.97206	316616.8
25Hz	127	6983.208	54.98588	480249.9
30Hz	127	-217.473	-1.71238	670727.6

表 5-46　　　　　　　　　　电机速度对打滑率 C 影响方差分析表

差异源	SS	df	MS	F	P-value	F crit
组间	31928.4	1	31928.4	0.22044	0.63877	3.84758
组内	2.2E+08	1522	144841			
总计	2.2E+08	1523				

可以看出电机速度对驱动轮和从动轮之间的打滑率 C 没有显著影响。

②负载对打滑率 C 的影响分析

负载对打滑率 C 影响的方差分析如表 5-47 和表 5-48 所示。

表 5-47　　　　　　　　　　负载对打滑率 C 影响计算表

组	观测数	求和	平均	方差
空载	171	136.3069	0.797116	0.00515
150kg	171	125.9418	0.736501	0.001133
300kg	171	119.5737	0.699261	0.000735

表 5-48　　　　　　　　　　负载对打滑率 C 影响方差分析表

差异源	SS	df	MS	F	P-value	F crit
组间	0.834279	2	0.41714	178.320	1.91E-59	3.013398
组内	1.193028	510	0.002339			
总计	2.027307	512				

从方差分析表中可以看出负载对打滑率 C 有非常显著影响。负载对打滑率 C 的影响趋势如图 5-44 所示。

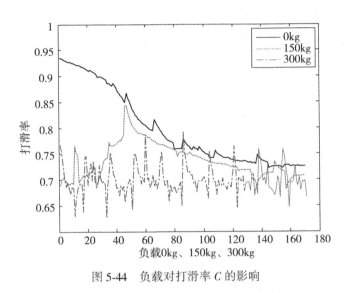

图 5-44　负载对打滑率 C 的影响

由图 5-44 可知，在不同负载的作用下，打滑率 C 的变化规律不尽相同，呈现出不同趋势；随着负载的增加，打滑率 C 有逐渐减小的趋势。

③坡度对打滑率 C 的影响分析

坡度对打滑率 C 的方差分析如表 5-49 和表 5-50 所示。

表 5-49　　　　　　　　　坡度对打滑率 C 影响计算表

组	观测数	求和	平均	方差
5°	166	114.3059	0.68859	0.000675
15°	166	114.343	0.688813	0.000621
25°	166	116.1388	0.699631	0.000748
35°	166	113.8881	0.686073	0.000779
45°	166	113.6574	0.684683	0.000736

表 5-50 坡度对打滑率 *C* 影响方差分析表

差异源	SS	d*f*	MS	*F*	*P*-value	*F* crit
组间	0.023053	4	0.005763	8.095951	2.1E-06	2.382723
组内	0.587296	825	0.000712			
总计	0.61035	829				

由以上方差分析表中可以看出，坡度对打滑率 *C* 有非常显著影响。坡度对打滑率 *C* 的影响趋势如图 5-45 所示。

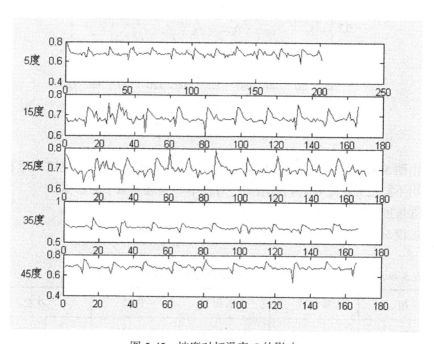

图 5-45 坡度对打滑率 *C* 的影响

由图 5-45 可知，在不同负载的作用下，打滑率 *C* 都近似呈周期性变化；随着负载的增加，打滑率 *C* 有先减小后增加的趋势。

④预紧力对打滑率 *C* 的影响分析

预紧力对打滑率的方差分析如表 5-51 和表 5-52 所示。

表 5-51　　　　　　　　　　预紧力对打滑率 *C* 影响计算表

组	观测数	求和	平均	方差
26.5kg	169	119.256	0.705657	0.000798
53kg	169	118.2098	0.699466	0.000737
79.5kg	169	118.9518	0.703857	0.000778

表 5-52　　　　　　　　　　预紧力对打滑率 *C* 影响方差分析表

差异源	SS	d*f*	MS	*F*	*P*-value	*F* crit
组间	0.003427	2	0.001714	2.222846	0.109361	3.013609
组内	0.388536	504	0.000771			
总计	0.391963	506				

由表中可以看出预紧力对打滑率 *C* 的影响不显著。

4. 驱动轮对打滑率的优化组合试验研究

考虑坡度、速度、负载和电机速度对打滑率 *B* 的综合影响，进行优化组合设计。根据正交试验原则，用随机化的方法决定四个因素载重、预紧力、坡度和频率的水平，如表 5-53 所示。

表 5-53　　　　　　　　　　运行参数对打滑率 *B* 影响的因素水平表

水平	载重（kg）	预紧力（kg）	坡度（°）	频率（Hz）
1	0	26.5	15	10
2	150	53	25	20
3	300	79.5	35	30

为了得到较真实的结果，我们做了大量试验，针对每组都得到了大量的数据。由于轮对打滑会造成两个轮运动的速度不一致，所以我们将驱动轮速度与被动轮速度之差除以驱动轮速度作为打滑率 *B*。然后把每组数据计算出的打滑率 *B* 算出的平均值作为试验结果，利用 4 因素 3 水平的正交表做分析，如表 5-54 和表 5-55 所示。

表 5-54　　　　　　　运行参数对打滑率 B 影响的试验计划表

所在列	1	2	3	4	
因素	载重	预紧力	坡度	频率	试验结果
试验 1	0	1	15	10	0.5993
试验 2	0	2	35	30	0.1456
试验 3	0	3	25	20	0.2998
试验 4	150	1	35	20	0.2791
试验 5	150	2	25	10	0.5453
试验 6	150	3	15	30	0.1751
试验 7	300	1	25	30	0.1469
试验 8	300	2	15	20	0.2316
试验 9	300	3	35	10	0.4876

表 5-55　　　　　运行参数对打滑率 B 影响的试验方案及试验结果分析

所在列	1	2	3	4	
因素	载重	预紧力	坡度	频率	试验结果
试验 1	1	1	1	1	0.5993
试验 2	1	2	2	2	0.1456
试验 3	1	3	3	3	0.2998
试验 4	2	1	2	3	0.2791
试验 5	2	2	3	1	0.5453
试验 6	2	3	2	2	0.1751
试验 7	3	1	3	2	0.1469
试验 8	3	2	1	3	0.2316
试验 9	3	3	2	1	0.4876
均值 1	0.348	0.339	0.334	0.544	
均值 2	0.329	0.308	0.301	0.154	
均值 3	0.298	0.319	0.331	0.267	
极差	0.059	0.031	10.033	0.391	

5. 驱动轮对打滑率的理论分析与试验研究比较

在对驱动轮对打滑率进行理论分析时，我们认为打滑率主要是由钢丝绳的形变使得轮对之间产生速度差引起的，而影响钢丝绳形变的因素主要有包角 α、预紧力 F_0、钢丝绳的弹性模量 E、钢丝绳与驱动轮的接触弧长度 L、钢丝绳的截面积 A、驱动轮半径 r_1、驱动轮中心距 L_0、钢丝绳直径 d，对上述因素综合分析建立了其与打滑率间的函数关系，利用 MATLAB 编程得到不同条件下打滑率的变化，并有如下结论：驱动轮的半径和打滑率呈非线性关系，随着半径增加，轮对打滑率逐渐下降；预紧力与打滑率呈线性关系，说明预紧力越大，钢丝绳形变量越大；中心距与打滑率呈非线性关系，即中心距越大，由于包角增大，打滑率下降，与实际情况相符；在 r_1 一定时，L_0 增加，$\varepsilon\%$ 增加；在 L_0 一定时，r_1 增加，$\varepsilon\%$ 减小。

在对驱动轮对打滑率进行试验研究时，通过初步分析，我们发现电机速度、负载、坡度、预紧力对打滑率影响较大，所以在做试验测试时我们分别对四个因素做了分析。在每次试验时，保持其中三个因素不变，使另一个因素按照某种规律变化，以此来分析每个因素对打滑率的影响。而对于打滑率我们将其分为三种：电机与驱动轮之间的打滑率 A、驱动轮和从动轮之间的打滑率 B、驱动轮对从动轮与导向轮之间的打滑率 C。通过方差分析我们发现，负载对电机与驱动轮之间的打滑率 A 的影响最为显著，其他三个因素虽然对打滑率 A 也有所影响，但作用不明显；负载和坡度对驱动轮和从动轮之间的打滑率 B 的影响较大，其余两个对打滑率 B 没有显著影响；负载和坡度对从动轮与导向轮之间的打滑率 C 的影响较大，另外两个因素对打滑率 C 的影响较小。

6. 磨损过程对打滑率的影响分析

在果园运输机的工作过程中，由于存在主动轮与钢丝绳之间的摩擦，驱动轮与钢丝绳之间的摩擦以及行走轮与轨道的耦合运动使得轮与钢丝绳之间必然存在磨损，当磨损量达到一定程度就会影响到果园运输机的工作性能，对轮与钢丝绳之间的打滑产生影响。在探究磨损过程对打滑率的影响前，利用传感器分别测试了运输机不同工作时间的电机速度、驱动轮速度、导向轮速度和被动轮速度，利用速度差来表示打滑率。试验测的 7 组电机与轮的速度，分别在运输机工作一定时间间隔后测的，因此每次测得的数据其对应的轮的磨损量依次增大，分析试验所得的各速度差即可分析磨损过程对 3 种不

261

同打滑率的影响。

（1）磨损过程对电机与驱动轮之间打滑率 A 的影响分析的单因素方差分析

磨损过程对电机与驱动轮之间的打滑率 A 的影响的方差分析结果如表 5-56 和表 5-57 所示。

表 5-56　　　　　　磨损过程对打滑率 A 的方差计算表

组	观测数	求和	平均	方差
列 1	5831	5538.282	0.9498	6.95E-05
列 2	5831	5545.827	0.951094	0.000137
列 3	5831	5539.42	0.949995	6.75E-05
列 4	5831	5539.563	0.950019	8.77E-05
列 5	5831	5535.875	0.949387	0.000104
列 6	5831	5534.145	0.94909	0.000145
列 7	5831	5538.962	0.949916	7.69E-05

表 5-57　　　　　　磨损过程对打滑率 A 的方差分析表

差异源	SS	df	MS	F	P-value	F crit
组间	0.013862	6	0.00231	23.51131	6.69E-28	2.098819
组内	4.010189	40810	9.83E-05			
总计	4.024051	40816				

从表 5-56 可以看出，磨损过程对电机与驱动轮之间的打滑率有显著的影响。

（2）磨损过程对电机与驱动轮之间的打滑率 A 的影响分析

从上述磨损过程对电机与驱动轮之间的打滑率 A 的单因素方差分析可以看出磨损过程对电机与驱动轮之间的打滑率 A 存在显著的影响，因此需要分析磨损过程对电机与驱动轮之间的打滑率 A 的影响。

对 7 次电机与驱动轮之间的打滑率 A 如图 5-46 所示，由上图分析磨损对电机与驱动轮之间的打滑率 A 变化趋势的影响可知，磨损过程对电机与驱动轮之间的打滑率 A 有显著影响，由于磨损的存在，打滑率 A 呈现不规则的波动变化状态。

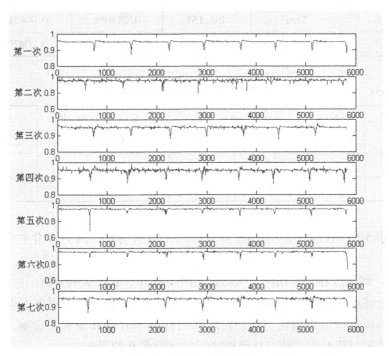

图 5-46　电机与驱动轮之间的打滑率 A 变化趋势图

（3）磨损过程对驱动轮与从动轮之间的打滑率 B 的影响分析的单因素方差分析

做磨损过程对驱动轮与从动轮之间的打滑率 B 的影响的方差分析结果如表 5-58 和表 5-59 所示。

表 5-58　　　　　　　　磨损过程对打滑率 B 的方差计算表

组	观测数	求和	平均	方差
列 1	5831	422.9768	0.072539	0.000725439
列 2	5831	1972.169	0.338221	0.270503504
列 3	5831	550.4612	0.094403	0.005010326
列 4	5831	787.668	0.135083	0.017745445
列 5	5831	26.92946	0.004618	0.000131401

组	观测数	求和	平均	方差
列 6	5831	496.153	0.085089	0.004215434
列 7	5831	612.9286	0.105116	0.004283763

表 5-59 磨损过程对打滑率 B 的方差分析表

差异源	SS	df	MS	F	P-value	F crit
组间	381.9632	6	63.66053	1472.574989	0	2.098819
组内	1764.247	40810	0.043231			
总计	2146.21	40816				

从表 5-59 可以看出,磨损过程对驱动轮与从动轮之间的打滑率有显著的影响。

(4) 磨损过程对驱动轮与从动轮之间的打滑率 B 的影响分析

从上述磨损过程对驱动轮与从动轮之间的打滑率 B 的单因素方差分析可以看出磨损过程对驱动轮与从动轮之间的打滑率 B 存在显著的影响,因此需要分析磨损过程对驱动轮与从动轮之间的打滑率 B 的影响。

7 次驱动轮与从动轮之间的打滑率 B 变化趋势如图 5-47 所示,从中可以看出,磨损过程对驱动轮与从动轮之间的打滑率 B 有显著影响,由于磨损的存在,打滑率 B 呈现不规则的波动变化状态。

(5) 磨损过程对从动轮与导向轮之间的打滑率 C 的影响分析的单因素方差分析

做磨损过程对从动轮与导向轮之间的打滑率 C 的影响的方差分析结果如表 5-60 和表 5-61 所示。

表 5-59 磨损过程对打滑率 C 的方差计算表

组	观测数	求和	平均	方差
列 1	5831	3591.159	0.615874	0.000852
列 2	5831	3293.688	0.564858	0.225545
列 3	5831	3566.742	0.611686	0.002206
列 4	5831	3535.156	0.606269	0.015411

组	观测数	求和	平均	方差
列 5	5831	3576.016	0.613277	0.005053
列 6	5831	3568.709	0.612024	0.002171
列 7	5831	3534.233	0.606111	0.001748

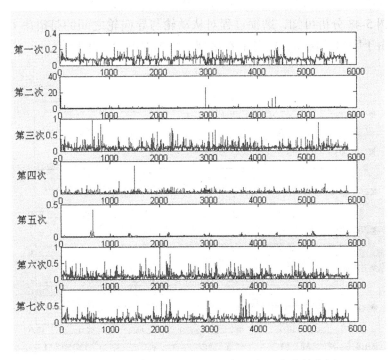

图 5-47　驱动轮与从动轮之间的打滑率 B 变化趋势图

表 5-61　　　　　　　　　　磨损过程对打滑率 C 的方差分析表

差异源	SS	df	MS	F	P-value	F crit
组间	11.02968	6	1.838279	50.8643	1.1E-62	2.098819
组内	1474.908	40810	0.036141			
总计	1485.938	40816				

从表 5-60 可以看出，磨损过程对从动轮与导向轮之间的打滑率 C 有显著

的影响。

（6）磨损过程对从动轮与导向轮之间的打滑率 C 的影响分析

从上述磨损过程对从动轮与导向轮之间的打滑率 C 的单因素方差分析可以看出磨损过程对从动轮与导向轮之间的打滑率 C 存在显著的影响，因此需要分析磨损过程对从动轮与导向轮之间的打滑率 C 的影响。

对 7 次从动轮与导向轮之间的打滑率 C 分别绘图分析，分析磨损对从动轮与导向轮之间的打滑率变化趋势的影响。

由图 5-48 分析可知，磨损过程对从动轮与导向轮之间的打滑率 C 有显著影响，由于磨损的存在，打滑率 C 呈现不规则的波动变化状态。

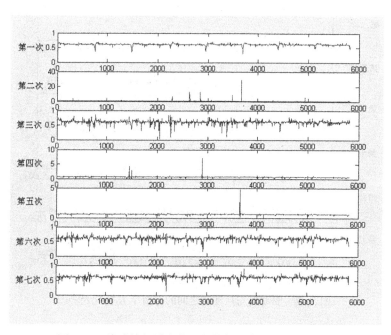

图 5-48　从动轮与导向轮之间的打滑率 C 变化趋势图

（五）驱动轮对的磨损规律研究

1. 激光位移试验的数据采集情况

利用位移传感器测量位移来确定磨损的情况，由于传感器测量的是距轮对的距离，因而位移越大，表明磨损量越大。

用激光位移传感器采集的驱动轮对的磨损数据共有 7 组，这 7 组数据均用激光位移传感器采集的驱动轮对的磨损数据共有 7 组，这 7 组数据均是运输机在试验平台上连续运行 200 个来回后测定的，相当于磨损 1 年，经过初步分析，第 1、2、3、4、7 组试验数据具备良好的规律性，可能是由于运输机的振动或位移传感器安装的位置问题，第 5 和 6 组试验数据不可用，因此总体上拟用第 1、2、3、4 组数据来进行规律探索，用第 7 组数据来验证。注意第 7 组数据是驱动轮对经过 1400 个来回磨损后的数据。

每组数据共计约有 2000 个数据文件，每个数据文件即代表一个驱动轮对轮槽的截面，但考虑数据处理过于复杂，每 100 个中取 1 个数据文件来处理，即每组数据均取 20 来进行分析处理，在研究过程中发现，由于传感器安装的位置问题，每组数据中又有一部分数据误差很大，因此，分别对每组数据进行对比分析，最后每组数据中采取 10 组来进行分析处理。

2. 截面图形特征参数计算

由于驱动轮对的磨损是一个长期的过程，而在同一次试验中，相对时间间隔几乎为 0，所以认为在同一次试验中是不磨损的。首先取每组数据内的平均值，画出其驱动轮对轮槽的截面图；由于传感器测量的是距轮对的距离，因而位移越大，表明磨损量越大，故其面积也会越大，因此将其面积作为截面图形特征参数，然后将每组数据的截面图形特征参数进行比较分析。

先分别画出第 1、2、3、4 组试验数据的驱动轮对轮槽的截面图，直接用 MATLAB 画图，如图 5-49 所示。

再计算第 1、2、3、4、7 组试验数据的驱动轮对轮槽的截面图的截面特征参数。利用积分原理，求其面积如表 5-62 所示。

表 5-62 截面特征参数面积值

试验名	截面特征参数面积值
第 1 组	9960.6759
第 2 组	10249.1016
第 3 组	10359.91266
第 4 组	11252.82512
第 7 组	11292.8546

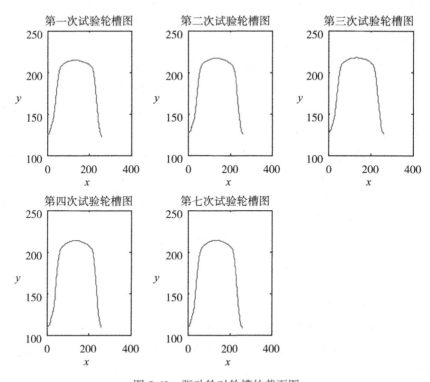

图 5-49 驱动轮对轮槽的截面图

从表 5-61 可以看出随着试验次数的增多，其特征参数值越大，即其磨损量越大。而实际情况中，磨损过程分三个阶段，即磨合阶段、稳定磨损阶段，以及剧烈磨损阶段（葛世荣，2002；屈晓斌，1999；任露泉，2003；温诗铸，2008；严新平，1999；张祖明，1992；赵源，2004）。每个阶段的磨损量如图 5-50 所示。

由表 5-61 可知，在第 1 组、第 2 组、第 3 组试验中，该驱动轮对处于磨合阶段，轮对与钢丝绳正在互相适应，磨损量变化大。第 4 组、第 7 组试验中，磨损量大体上成逐渐上升趋势但变化缓慢，即驱动轮对逐渐进入稳定磨损阶段。一组数据相当于工作一年，故在 7 年内，驱动轮对的磨损都属于正常磨损，说明驱动轮对的磨损比较小，寿命比较长。

3. 电涡流位移传感器的数据处理

（1）试验数据平滑处理

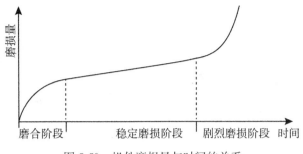

图 5-50　机件磨损量与时间的关系

由于数据量大，处理起来较为不便，所以先对数据进行精简，这里每间隔 40 个数取一个（这样处理并不会改变数据的走势，对结果几乎没有影响）。然后，求出取出数据的标准偏差和平均值，去除与平均值之差小于标准偏差的数据。处理完后发现数据具有一定的周期性，为便于分析，取一个周期。把取出的一个周期的数据曲线图画出来后发现曲线极不平滑，这种数据不利于进行下一步分析，可用插值对其做平滑处理。以上步骤都可以用 MATLAB 实现，绘图如图 5-51 所示。其中第一次为原始数据，第二次为取出的数据，第三次为删除异常数据后剩下的数据，第四次为取出的一个周期。

平滑后的数据如图 5-52 所示。

所有 7 组数据都是通过这个步骤处理的，这里只写一组数据处理的过程。

（2）电涡流数据的截面图形特征参数计算

计算第 1、2、3、4、5、6、7 组试验数据的驱动轮对轮槽的截面图的截面特征参数面积值。利用积分原理，求其面积如表 5-63 所示。

表 5-63　　　　　　　　　　电涡流的截面特征参数面积值

试验名	截面特征参数面积值
第 1 组	73.49659
第 2 组	75.21711
第 3 组	100.27096
第 4 组	54.91783
第 5 组	60.46033
第 6 组	55.25465
第 7 组	74.42151

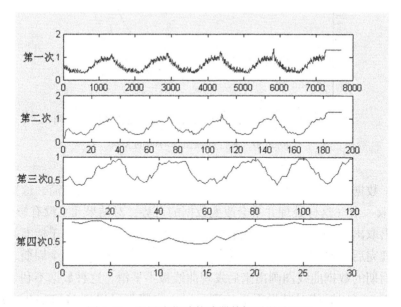

图 5-51　电涡流位移传感器数据平滑处理图

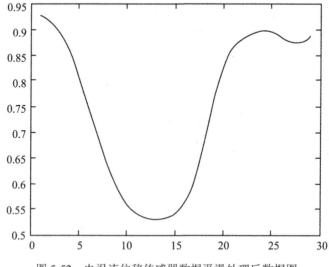

图 5-52　电涡流位移传感器数据平滑处理后数据图

从表 5-63 中可以看出随着试验次数的增多，其特征参数值先增大后减小，即其磨损量先增大后减小。根据前面的分析可知，该试验的磨损可能在第 1 组、第 2 组、第 3 组试验中，该驱动轮对处于磨合阶段，轮对与钢丝绳正在互相适应，磨损量变化大。第 4 组、第 5 组、第 6 组、第 7 组试验中，磨损量变化缓慢，即驱动轮对逐渐进入稳定磨损阶段。一组数据相当于工作一年，故在 7 年内，驱动轮对的磨损都属于正常磨损，说明驱动轮对的磨损比较小，寿命比较长。与前面激光位移传感器得到的结论一致。图 5-91 为经过 7 组试验后的磨损情况，图 5-92 为磨损失效轮对实物图，两者比较来看，图 5-92 明显比图 5-91 磨损情况更为严重。

4. 驱动轮对磨损规律结论

由电涡流与激光位移传感器试验可知，在头三年中，驱动轮对基本处于磨合阶段，驱动轮对与钢丝绳正在互相适应，磨损量变化大。第 4~7 年间，磨损量变化缓慢，即驱动轮对逐渐进入稳定磨损阶段，驱动轮对的磨损都属于正常磨损。说明驱动轮对的磨损比较小，寿命比较长。

（六）钢丝绳磨损规律研究

钢丝绳是自走式双轨道山地果园运输机的重要组成部分，其磨损状况和安全性决定了整个系统的稳定性。钢丝绳的问题主要集中在钢丝绳外表面与驱动轮对之间正压力导致的黏着磨损和磨粒磨损与钢丝绳内部的弯曲疲劳磨损和微动磨损，可能导致的后果主要是钢丝绳表面与轮对摩擦力不够引起打滑和钢丝绳内部断丝引起钢丝绳拉断失效，打滑会使运输车不能正常运行或运行效率低，问题尚不严重，但断丝引起拉断就可能带来灾难性事故，因此，对钢丝绳的运行状况进行检测是必要的，检测钢丝绳的断丝是本课题的重要方面。传统的钢丝绳检测方法是人工目视检查，由专职检测人员定期对使用中的钢丝绳进行观察，采用卡尺测量绳径，手摸或肉眼寻找缺陷，人工目视检查只能发现钢丝绳中露在外部的缺陷（如断丝），对于内部缺陷则无能为力，对于人眼看不到的钢丝绳或钢丝绳段也将不能检查，且受人为因素的影响较大，检查结果的可靠性差。钢丝绳无损检测就是在不破坏钢丝绳使用状态的情况下，应用一定的检测技术和分析方法，对钢丝绳的状态特性加以测定，并按一定的准则对其评价，常用的钢丝绳无损检测原理如表 5-64 所示。

表 5-64　　　　　　　　　钢丝绳无损检测原理

方法	测量原理	表现方式	优点	缺点	备注
固体声测法	在断丝发生的瞬间记录下纵向脉冲分量	图线	能连续自动记录断丝	目前仅用于试验室，仪器费用高	只能在断丝时采用
空气声学法	在断丝时记录下所产生的声学信号	图线	仪器费用低，能连续自动记录断丝	难以防止其他干扰声的影响，目前只用于试验室	只能在断丝时采用
人工目视法	以低于 0.3m/s 的速度缓慢检测钢丝绳表面	无自动记录，直接分析结果	一种简易方法，能确定表面损伤	耗费时间，人为因素影响大，油泥等影响结果准确性	至今仍被广泛应用
光学法	CCD 摄像头检测钢丝绳表面	图像	检测精度高	设备费用高，受油泥影响	成功用于测量钢丝绳直径
声学法	敲击钢丝绳	无自动记录，直接分析结果	一种简易方法	测量片面，表达力差	主要用于评定钢丝绳锈蚀
机械法	通过加载和长度测量来测定钢丝绳的弹性	数据		施加应力和长度均难准确掌握	
磁性法	测定漏磁场	图线	能测定断丝，锈蚀，坑点，畸变	锈蚀，磨损，断丝同时存在时难以区分	目前较成熟，并广泛应用
	测量主磁通量	图线	测定钢丝绳金属截面积变化	不宜用于检测断丝	目前较成熟，并广泛应用
	磁性成像	图像	能精确定位断丝，锈蚀区	结构复杂，图像解释不唯一	目前只用于试验室
X-射线	用强 X 或 γ 射线垂直于绳轴照射	拍摄照片	能确知断丝	仪器和射线的防护装置费用高，长时间曝光，不能连续测量	

方法	测量原理	表现方式	优点	缺点	备注
声发射法	测定钢丝绳结构在发生变化时发射出的超声波	传声分析		仪器费用高，只能在静载部分使用	
超声法	超声波在介质中传播	回波图		不能详尽地反映钢丝绳状况，因每根钢丝都有反射	
磁致伸缩法	磁致收缩效应	图线	非穿过式测量，可一次测量 100m 内的钢丝绳缺陷	对小的断口和缺陷变化的分辨力，检出力不够	
电涡流法	电涡流效应	图线	可检测出断丝断口，锈蚀	集肤效应影响断丝检测，信号信噪比低	
电流法	测定固定钢丝绳长的欧姆电阻	图线或数据	能确知断面状况	要掌握移动的钢丝绳端部应力，温度和伸长均有困难	
振动检测法	横向激励振动波在绳中传播	图线	可检测出钢丝绳截面积变化区	缺陷分辨力不够	

综合考虑经济性和操作便利性，选择了 MTC 钢丝绳电脑探伤仪，其原理图如图 5-53 所示，其硬件部分是应用国内外先进的 MTC 磁传感器与自主研发的采集模块相结合，通过 RS232（或 USB）总线驱动，直接将数据存储到计算机中；系统软件部分是在小波变换分析的基础上，运用 Visual Basic 6.0 编写，可以实现数据采集与控制、数据分析、数据显示与数据存储等功能，借助其特有的动态连续跟踪方式，可以连续、动态地观察数据信号及其变化情况，并实时显示所得的结果和发出报警信号。

在国家标准 GB/T21837—2008《铁磁性钢丝绳电磁检测方法》中，对钢丝绳的损伤作了如下定义：

局部损伤（local flaw，LF）：是指钢丝绳中的不连续，诸如断丝、钢丝的蚀坑、较深的钢丝磨损或其他钢丝绳局部物理状态的退化等。

金属横截面积损失（loss of metallic cross-sectional area，LMA）：是指钢丝

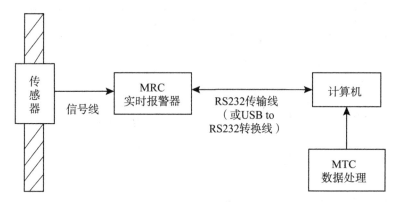

图 5-53 钢丝绳探伤原理图

绳上特定区域中材料（质量）缺损的相对度量，它是用仪器进行检测，并通过比较检测点与钢丝绳上象征最大金属横截面积的基准点来测定的。

该传感器具有将断丝检测和截面积检测一体化的功能，断丝试验和截面积检测试验可是一次性完成。其检测原理为：对被测钢丝绳进行磁化，用敏感元件检测钢丝绳断丝处的泄漏磁场，以此判断有无断丝；通过计算机以及相应的软件，对此漏磁场的波形进行分析，进一步判断断丝的数量，通过光电编码器确定相应断丝的位置；通过对钢丝绳中磁通量变化的测试，检测钢丝绳的截面积变化，对钢丝绳截面积进行标定后实现钢丝绳截面积的定量检测，同时，将检测出的信号输入计算机进行分析，将经过计算机分析后打印出的结果（包括钢丝绳断丝的位置以及断丝数量）与实际情况进行核对，并以此为依据计算出钢丝绳检测仪断丝定量准判率、断丝位置判别误差。

1. 钢丝绳磨损检测参数的设置和标定

正确地使用钢丝绳探伤仪，首先需了解检测参数的意义及如何设置参数是关键，MTC 安全检测仪在完成对被检测对象信号采样后，计算机中的缺陷分析软件就根据设置的参数为计算依据，对采样数据进行分析、处理。如果参数设置不合理，就会造成钢丝绳缺陷定量判断误差，影响钢丝绳的缺陷检测精度。

使用 MTC 钢丝绳探伤仪，需设置的参数一共有九个，其中直径、金属截面积、捻距、采样间隔、波形放大率、截面灵敏度均可通过查表、计算以及商家提供技术数据中得到。最关键是第一门限、第二门限和截面基准值设置。

软件参数设置中的每个小项均有着不同的意义，对测试和分析结果起着决定性影响，各项的意义如下：

序号是软件设置并存储参数的名称与信息，按不同受测钢丝绳设置和选定。

钢丝绳直径是被测钢丝绳的公称直径，单位为 mm，设定为 12mm。

捻距是被测钢丝绳的单位捻距长度，单位 mm。是软件自动扫描和累计捻距内的断丝数总和的依据，一般取钢丝绳直径的 6 倍，设定为 72mm。

采样间隔是位置测量装置的导轮在钢丝绳上滚动时，光电编码器发出采样脉冲的距离间隔，单位为 mm。它的间隔大小由滚轮的直径和光电编码器的分辨力决定，经计算设定为 1.92mm。

金属截面积是指被测钢丝绳未磨损时的钢丝绳金属截面积，单位 mm^2。在钢丝绳的使用手册中可以查到，经查设定为 $43.57mm^2$。

第一门限值是获取局部缺陷（如断丝）引起的异常信号时定性设置的阈值，是软件对检测信号数据的自动扫描的参数。正确地设置第一门限值是对检测信号进行准确无误的判别分析的关键。如果第一门限值设置过大，则许多断丝缺陷会从我们的眼皮底下溜过。反之，第一门限值太小，则钢丝绳上许多正常的（非缺陷性的）采样点也会被红点标中，给操作者制造多余的麻烦。为了不让断丝缺陷漏掉，第一门限值的数字量大小应设置为略小于 1 根断丝漏磁信号计算机输出量的值，一般将第一门限值设置 VPP 两峰值中小者的 85% 左右。从比对试验的检测数据中，我们根据已知的断丝位置进行分析，断丝点的断丝数为 1 根，其漏磁信号的 VPP 分别为 75 和 60，我们把第一门限值设置为 60 的 85% 左右，设定为 50。

第二门限值是判定局部缺陷的程度（如断丝根数）时定量设置的阈值，软件将根据该值对所确认的缺陷进行计算，断丝定量的误差大小则完全取决于参数第二门限值设置水平如何。一般第二门限值取第一门限值的 80% 左右，经过对多根断丝检测反复试验和调整将第二门限值设置为 40。

波形放大率是在局部缺陷评估时，用于缩小或放大检测信号波形的幅度比例，其值是实数值，可任意输入；其值越大，显示的信号波形幅度越大，反之越小，其不影响数据分析。

截面基准值是新钢丝绳检测时金属截面积的计算机输出量，重复进行多次试验后，得到截面积基准值为 12200。在后续波形分析中，根据相对于新绳的截面积变化率 LMA% 可求得每一段钢丝绳的绝对截面积大小。

截面灵敏度是传感器的性能参数，是单位 mm^2 的金属截面积对应检测信号值的变化量，经过多次重复试验几次上述操作，排除操作或偶然误差后，确定其值设定为8。

单丝直径是所测钢丝绳的一根钢丝的直径，一般选择是钢丝绳的外层粗丝的直径，经查为0.5mm。

2. 钢丝绳磨损检测结果分析

试验所用钢丝绳为普通的6*37的纤维绳芯的直径12mm的钢丝绳，没有采取润滑措施。假定运输机在实际果园应用过程中，轨道长度200m、辐射左右各100m，每亩果园产水果2500kg，则果园需要年运输水果量为75000kg，考虑运输机还可以运输肥料和农药等农资，按年运输量为25000kg计，则果园年运输量共计100000kg；运输机一趟运输量按500kg计，则年运输机运行趟数为200趟。因此，在前述运输机自动控制试验平台上进行磨损试验时，以运输机在试验平台上运行200个来回为一个周期，相当于1年的运输量。

磨损试验开始时，更换新的钢丝绳，然后开始让运输机在试验平台上连续工作200个来回，直到钢丝绳出现明显的损失或者运输机不能再持续运行为止，更换新钢丝绳后开始新一轮试验。因为试验周期很长，试验过程中共计进行了3根钢丝绳的磨损试验，实际只采集了前两根钢丝绳的磨损数据，第三根钢丝绳在试验过程中出现以外损伤，未进行其磨损的相关检测。利用上述所设定的参数，将采集到的数据在MTC软件中进行分析，进行结果分析。

（1）测试结果重复性分析

为避免钢丝绳检测可能出现人为误差，每次钢丝绳的检测均重复检测5次以上，经过初步分析，试验具有良好的重复性，说明该检测方法和检测设备能够较好的说明实际磨损情况。在此以第一根钢丝绳的第一次试验的3三个重复试验说明其具备良好的重复性。

三个重复试验检测结果分别如表5-65、表5-66和表5-67所示。

表5-65　　　　　　　　钢丝绳断丝重复试验第一次试验结果

序号	断丝位置（m）	断丝（根数）	捻距内累计根数
1	4.120	1	2
2	4.155	1	2
3	4.308	1	1
4	4.401	1	2

序号	断丝位置（m）	断丝（根数）	捻距内累计根数
5	4.445	1	2
6	4.477	1	1

表 5-66　　　　　　　　　钢丝绳断丝重复试验第二次试验结果

序号	断丝位置（m）	断丝（根数）	捻距内累计根数
1	4.044	1	2
2	4.109	1	2
3	4.143	1	1
4	4.293	1	1
5	4.393	1	1
6	4.466	1	1

表 5-67　　　　　　　　　钢丝绳断丝重复试验第三次试验结果

序号	断丝位置（m）	断丝（根数）	捻距内累计根数
1	4.111	1	2
2	4.143	1	2
3	4.297	1	1
4	4.393	1	2
5	4.435	1	2
6	4.466	2	2
7	4.539	1	—

从上述数据分析可以看出，采用此方法进行的测量具有良好的重复行，试验数据可信。

（2）测试结果变化分析

在进行钢丝绳磨损试验中，共进行了 7 组试验，每组均是运输机在试验平台上连续运行 200 个来回，钢丝绳每经过 200 个来回的运行后，测定其磨损情况。在试验前，重新更换新钢丝绳，第一根钢丝绳经过 3 组试验，严重破坏，导致运输机不能运行；第二根钢丝绳经过 4 组试验后，严重破坏，导致运输机不能运行。因此，估算钢丝绳循环使用 500~800 来回，按照前述分析，相当于一根钢丝绳大约可以使用 3~4 年。

为分析钢丝绳在磨损过程中的变化情况，选取第二根钢丝绳的 LF 和 LMA 数据和曲线分别进行比较分析。

①钢丝绳断丝分析

钢丝绳在 4 组磨损试验后，其检测结果分别如表 5-68、表 5-69、表 5-70 和表 5-71 所示。

表 5-68　　　　　　　　　　钢丝绳断丝第一次试验结果

序号	断丝位置（m）	断丝（根数）	捻距内累计根数
1	4.596	1	1

表 5-69　　　　　　　　　　钢丝绳断丝第二次试验结果

序号	断丝位置（m）	断丝（根数）	捻距内累计根数
1	2.661	1	2
2	2.707	1	2
3	3.633	1	2
4	3.644	1	2
5	4.481	1	2
6	4.535	1	2
7	4.577	1	1

表 5-70　　　　　　　　　　钢丝绳断丝第三次试验结果

序号	断丝位置（m）	断丝（根数）	捻距内累计根数
1	0.042	1	1
2	1.133	1	1
3	1.832	1	1
4	2.511	1	1
5	2.650	1	3

序号	断丝位置（m）	断丝（根数）	捻距内累计根数
6	2.696	1	3
7	2.703	1	3
8	2.903	1	1
9	3.337	1	1
10	3.621	1	2
11	3.660	1	2
12	3.794	1	2
13	3.817	1	2
14	3.890	1	4
15	3.913	1	4
16	3.940	1	4
17	3.959	1	4
18	3.990	2	4
19	4.005	1	4
20	4.028	1	4
21	4.067	1	1
22	4.170	1	3
23	4.205	1	3
24	4.239	1	3
25	4.262	1	2
26	4.274	1	2
27	4.339	1	1
28	4.470	1	6
29	4.493	1	6
30	4.520	2	6
31	4.531	1	6
32	4.539	1	6

表 5-71　　　　　　　　　　　　　钢丝绳断丝第四次试验结果

序号	断丝位置（m）	断丝（根数）	捻距内累计根数
1	1.590	1	1
2	2.565	1	3
3	2.596	1	3
4	2.630	1	3
5	2.673	1	2
6	2.684	1	2
7	3.099	1	1
8	3.322	1	3
9	3.341	1	3
10	3.372	1	3
11	3.433	1	1
12	3.590	1	4
13	3.613	1	4
14	3.648	1	4
15	3.656	1	4
16	3.663	1	2
17	3.709	1	2
18	3.736	2	3
19	3.805	1	3
20	3.828	1	4
21	3.871	1	4
22	3.894	2	4
23	3.905	1	5
24	3.936	2	5
25	3.974	2	5
26	3.984	3	10
27	4.024	4	10

序号	断丝位置（m）	断丝（根数）	捻距内累计根数
28	4.036	1	10
29	4.051	2	10
30	4.059	2	8
31	4.090	1	8
32	4.101	2	8
33	4.124	3	8
34	4.163	3	14
35	4.170	3	14
36	4.189	1	14
37	4.197	3	14
38	4.205	3	14
39	4.228	1	14
40	4.236	1	5
41	4.247	2	5
42	4.266	1	5
43	4.274	1	5
44	4.320	1	3
45	4.335	1	3
46	4.358	1	3
47	4.397	1	5
48	4.420	1	5
49	4.428	1	5
50	4.451	1	5
51	4.458	1	5
52	4.485	1	5
53	4.500	2	5
54	4.512	2	5

通过对上述数据进行分析，得出如表5-72所示的包含对钢丝绳断丝记录数、总断丝数、最大断丝数、捻距内累计最大断丝数和断丝位置等试验结果的分析图表。

表5-72　　　　　　　　　　　钢丝绳断丝试验结果分析表

试验序号	断丝记录（次）	总断丝（根数）	最大断丝（根数）	捻距内累计最大断丝（根数）	断丝位置（m）
1	1	1	1	1	4.596
2	7	7	1	2	4.535
3	32	34	2	6	4.493-4.539
4	54	79	4	14	4.163-4.228

从表5-72中可以看出，随着磨损试验的进行，总断丝数、最大断丝数、捻距内累计最大断丝数都呈现明显的增加趋势，并且逐步加剧。

依据国际标准ISO4309《起重机钢丝绳检验和报废规范》中规定的如表5-73所示的钢丝绳断丝数量的参考标准。

表5-73　　　　　钢滑轮上使用的圆股钢丝绳的断丝数量的参考表

外股承重钢丝数量 n	典型钢丝绳结构	与起重机上钢丝绳的疲劳度相关的可见断丝数量							
		M1、M2、M3和M4机械分类				M5、M6、M7和M8机械分类			
		交互捻		同向捻		交互捻		同向捻	
		6d	30d	6d	30d	6d	30d	6d	30d
$221 \leqslant n \leqslant 240$	6×37（18/12/6/1）	10	19	5	10	19	38	10	19

d为钢丝绳的公称直径，$6d$即为捻距。

本试验选用的钢丝绳是6×37的12mm的交互捻钢丝绳，因此参照上述规范，$6d$也即捻距内最大可见断丝数为10。本试验所用钢丝绳在完成第四次试验后的捻距内最大断丝数达到14，达到了报废标准，与实际情况相符。

②钢丝绳磨损分析

伴随着钢丝绳断丝情况的出现，钢丝绳的内部和外部磨损也同时发生，四次试验的钢丝绳磨损波形图如图5-54所示。

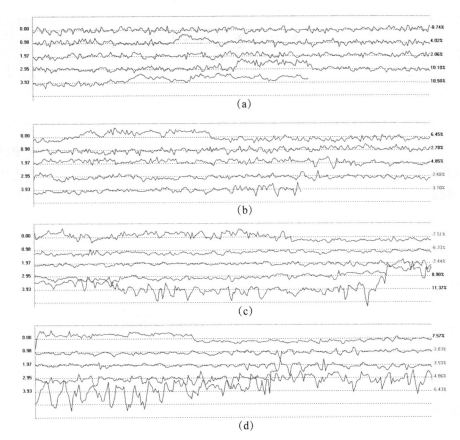

图 5-54　钢丝绳磨损四次试验波形图

钢丝绳的金属横截面积损失率如图 5-55 所示，也如同断丝情况，磨损也呈现逐步加剧的趋势，最大截面积损失达到 16.46%。

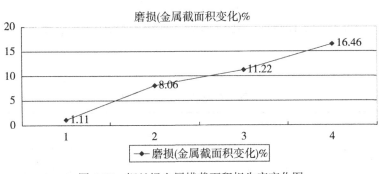

图 5-55　钢丝绳金属横截面积损失率变化图

五、自走式双轨道山地果园运输机的
稳定性仿真与试制运行

（一）基础参数

自走式双轨道山地果园运输机的工作稳定性是最值得关心的问题，期望机器操作方便安全。核心部件就是驱动总成，对驱动总成进行仿真分析，优化结构保证运输的可靠性。据驱动总成的几何结构关系图 5-56 得出驱动卷轮和驱动轴的受力参数如下：

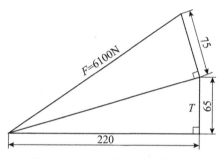

图 5-56　驱动总成的受力关系图

主动轴的功率 $P = 9.15\text{kW}$，$V = 1.5\text{m/s}$，主动轴的转速 $n = 138.24\text{r/min}$，主动轴的扭矩 $W = 9550P/n = 665\text{N} \cdot \text{m}$，牵引力 $F = P/V = 9.15\text{kW}/1.5\text{m/s} = 6100\text{N}$。

根据模型几何关系，牵引力 $F = 6100\text{N}$，正压力 $T = 1906\text{N}$。摩擦系数 $\mu = 0.17$，驱动摩擦力 $f = \mu T = 325\text{N}$。

自走式双轨道山地果园运输机的驱动总成绳轮配合的主要技术参数如表 5-74 所示。

表 5-74　　　　　　　　　绳轮配合驱动主要技术参数

名　　称	参　　数
卷轮的尺寸	Φ168×133mm
卷轮的转速	0~138r/min

名　　称	参　　数
卷轮表面的槽子个数	5
卷轮的个数	2
钢丝绳的直径	Φ12
钢丝绳与卷轮的缠绕方式	"8"字形交错缠绕

由本章所述的自走式双轨道山地果园运输机的驱动总成的结构特点以及靠摩擦驱动原理，并根据绳轮配合驱动的真实结构利用 PRO/E 建立适合于动力学仿真的物理模型，将其导入 ADAMS 软件中，进行多刚体的系统动力学三维可视化仿真，建立驱动总成的虚拟样机，为了仿真的顺利操作，简化模型并在 ADAMS 中建立仿真模型，对驱动过程进行仿真与变形分析。通过有限元分析软件 ANSYS 对运输机的核心机构驱动总成的驱动卷轮和驱动轴进行有限元受力分析，分析驱动卷轮和驱动轴在受到最大载荷的状态下的应力分布与应变。优化参数试制样机并演示运行，测试运行参数，分析自走式双轨道山地果园运输机的运行效果。

(二) 系统动力学仿真分析

把 PRO/E 建立的驱动总成实体模型利用 ADAMS/Exchange 模块转化到 ADAMS 软件里，此时的钢丝绳是一个刚体，不具备拉伸弯曲的力学性能，需要对钢丝绳柔性化。在 ADAMS 中没有直接建立钢丝绳的模块，钢丝绳的空间 "8"字形交错缠绕建模比较困难，考虑到钢丝绳柔性化的困难性，最有效的就是用离散法模拟钢丝绳，钢丝绳用多段圆柱体通过轴套乎相连接。钢丝绳圆柱体单元的长度越短，越接近钢丝绳的实际情况。但是如果模型构件数量过于庞大，仿真分析计算速度将会十分缓慢，甚至计算机的 CPU 速度的要求和内存难以满足。因此对模型进一步简化，只仿真一个槽子和钢丝绳之间的配合运动。于是简化模型建立一根钢丝绳与卷轮的一个槽子配合的运动虚拟模拟样机，再给这些部件添加运动副约束、运动约束以及施加载荷，进行运动学和动力学特性分析。通过测量卷轮的约束来分析卷轮的受力情况。驱动在正常运行时，通过测量小圆柱体之间的约束副受力情况来分析钢丝绳在工作中的振动、受力情况。

1. 驱动总成虚拟模型的建立与简化

PRO/E 与 ADAMS/View 之间的数据交换，驱动总成 PRO/E 模型的导入 ADAMS 中分为三步：

（1）PRO/E 模型的导出。把驱动总成的装配体文件以 PARASOLID 格式完成输出。在 PRO/E 中将装配体保存副本，保存格式为 ".x_t" 格式。强调的是保存的路径中不能含有中文名称。

（2）后缀名的修改。将后缀名修改为 ".xmt_txt" 格式。

（3）将改了后缀名的文件导入 ADAMS 中（导入路径不能含有中文符）。

钢丝绳柔性化的困难和构件数量太多需要简化模型，只仿真钢丝绳和卷轮的一个槽子的缠绕。钢丝绳用离散化的圆柱体来模拟，并简化钢丝绳与槽子的配合包角为 180°。

需要注意的是，导入的模型没有质量，需要自己添加在 defined mass by 里选择材料属性进行定义，或者选择密度进行定义。但是 PRO/E 导入的模型在添加约束和运动副的过程中容易出现错误和不匹配现象，所以在 ADAMS 软件中利用 CMD 语言命令建模更为准确省力。

2. 钢丝绳和卷轮配合的系统动力学仿真

机械系统动力学仿真软件 ADAMS 可以直接建立一些刚性元件和小变形的柔性元件，但是对于大变形的柔性体难以直接建模。例如钢丝绳，由于它的挠性较好所以几何建模具有不确定性，加之其本身的刚度阻尼系数和与其接触的刚度系数和阻尼系数不确定，因此仿真较困难。

在 ADAMS 中分析绳索类物体是一般有三种建立绳索物体的方法：一是 ANSYS 和 ADAMS 结合通过生成柔性体来建立模型。这种方法是分析结果精度高，但是用的仿真时间长，有可能在模态正交化的时候不匹配。二是通过轴套力（bushing）连接多段刚性圆柱体再添加运动副和约束副来模拟绳索类物体。在实际工作中绳索作一定的曲线运动，当各小段圆柱体长度很小时，绳索就可视为连续体，可以较真实地反映绳索的弯曲拉伸等力学性能。这种建模方法仿真精度高、用时少（李海军和杨兆建，2007）。绳索类建模普遍采用，本书也是采用此方法建立钢丝绳模型。三是采用多段的圆柱体通过旋转副连接来模拟绳索。这种方法有自己的局限性只能适用于绳索类物体不发生扭转的情况下。

钢丝绳建模：钢丝绳为柔索类，ADAMS 中无该类单元，本文采用离散化的建模方法，用多段短圆柱之间用轴套力相连接来代替柔索。通过合理设计圆柱体与圆柱体之间的连接关系，合理设置各个圆柱体受力情况、转动惯量等物理参数，以及圆柱体单元质心的位移、速度、加速度等运动学参数和两个圆柱刚体之间的相对位移、转角、相互作用力等动力学参数。尽可能做到运动仿真与实际钢丝绳的运动近似，这样就可以获得等效仿真钢丝绳，从而进行钢丝绳的运动学和动力学仿真分析。

卷轮建模：卷轮简化为圆柱体，在其表面做一个和钢丝绳相配合的槽子，但要考虑到其与钢绳的缠绕问题，考虑钢丝绳与卷轮之间的摩擦，接触类型为实体对实体，需要在卷轮表面添加接触副，即添加与钢丝绳的接触力。

综合考虑钢丝绳总体的几何尺寸和分析仿真时间，本书将钢丝绳划分为50段。用多段小圆柱体通过 bushing 连接来近似表示钢丝绳，输入相应的材料密度值，ADAMS 系统就可以获得钢丝绳的质量、重心位置、转动惯量、惯性矩等物理参数。据实际驱动钢丝绳的尺寸取钢丝绳半径 $R = 6mm$。实际应用中钢丝绳与卷轮的缠绕，卷轮的有效接触直接为 136mm，槽子的接触半径为 4.75mm，为了钢丝绳和卷轮接触建模方便，采用圆柱体旋转 $30°$，六个圆柱体可以和卷轮缠绕接触，包角 $180°$。于是得到圆柱体的长度 L，具有关系式：$L/（2×\tan15）-6 = 68$。为了建模精确和方便，取 $L = 40mm$，卷轮与钢丝绳接触最小半径为 68.64101615mm。

启动 ADAMS 软件，新建模型并改名称为 sl，设置工作环境（工作栅格、重力加速度等）。仿真之前，在 ADAMS/View 里面设置仿真工作环境，同时验证和分析模型，对模型排除隐含的错误，对建模环境进行调整建立正确的初始条件。

钢丝绳的建模采 CMD 语言来完成，由于钢丝绳建模需要多段圆柱体，如果一段一段的建模再采用 bushing 连接，不仅费时费力而且还容易出现错误。故通过 CMD 语言编辑循环命令建模准确方便（新建一个文本修改扩展名为 cmd，编辑写入命令保存，通过 ADAMS 软件的 Read command File F2 来读入 cmd 文件完成操作）。

建立一个半径为 6mm 长度为 40mm 的圆柱体，修改质量属性，并 rename 名称为 . sl. PART_1。复制圆柱体通过以下 CMD 语言编辑命令完成，具体语言程序见附录。

移动圆柱体，$c1$、$c2$、$c3$ 代表的是移动的方向，圆柱体向 y 方向移动，则 CMD 语言中 y = 40，40 为一节圆柱的长度。

调整 working grid 方向为 global yz ，建立一个半径为 74.64101615mm，长度为 40mm 的圆柱体，向 y 方向移动 20mm，调整 working grid 方向为 global xy，建立一个最小半径为 6mm，最大半径为 74.64101615mm 的圆环，通过布尔减运算获得卷轮模型。

移动卷轮，向右移动 74.64101615mm，向上移动 40×15＋20＝620mm，卷轮的槽子和钢丝绳相切并处于第 16 个圆柱体的中间位置。并修改卷轮的质量属性。

施加力：本文研究的对象是驱动过程中的驱动总成模型，驱动卷轮与钢丝绳之间相互摩擦迫使被动驱动卷轮转动。钢丝绳两端都受到拉力，因此在钢丝绳两端添加单向力。

接触力：在 ADAMS 中，模拟运动的物体之间发生碰撞的情况可以通过定义物体之间的接触力来实现。接触力可分为两类：二维接触力和三维接触力。本模型属于三维接触力，实体之间的相互接触作用。接触力关键参数有刚度（Stiffness）、阻尼（Damping）、穿透深度（Penetration Depth）、力指数（Force Exponent）。

施加摩擦力。在驱动轴与驱动卷轮之间、钢丝绳和驱动卷轮对之间的添加库仑摩擦力。添加摩擦约束，修改接触副中的摩擦力设置参数。设定静态系数 $\mu_s=0.23$，动态系数 $\mu_k=0.16$，静滑移速度 $v_s=0.1$，动滑移速度 $v_k=1.0$。

在卷轮质心处添加旋转副，并修改摩擦参数。在旋转副上添加旋转驱动设定旋转速度 12.56rad/s，验证模型无误开始仿真运行。

设置仿真时间 $t=0.04$s，仿真步数 step＝500，运行仿真分析结果。考虑到计算时间和对计算机硬件的要求，设置仿真时间 $t=0.04$s，分析输出结果如图 5-57 所示。

钢丝绳的受力比较复杂，通过取不同的位置来分析钢丝绳的运动受力，建模完成后仿真起初 PART_19 和卷轮槽子的正顶端相接处，分别 PART_16 和 PART_22 的中间位置与卷轮相切，旋转驱动有 PART_22 转向 PART_16，即 PART_16 为输出端，PART_22 为钢丝绳的输入端。

图 5-57 和图 5-58 反映钢丝绳不同位置处的圆柱体单元之间的连接作用力和位移的变化，各个位置处在起初的 0.02 秒内的波动幅度较大，位移变化幅度最大的位置体现在钢丝绳的输入端，其次是正在啮合的部位，再次是输出端，最小是远离啮合部位的两端，最大的位移波动幅值约 0.09mm，各个位置经过波动后位移变化趋于稳定，幅值为 0.04mm，即长度为 40mm 的钢丝绳圆柱体单元在和卷轮配合运动时拉伸量为 0.04mm。所受的力输入位置最大，最

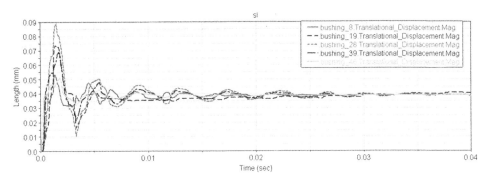

图 5-57　钢丝绳不同位置处的位移变化图

大幅值为 4250N，输出端次之，远离的两端最小，经过波动后达到稳定受力大小约 1900N。受到波动与钢丝绳的建模和震动有关。

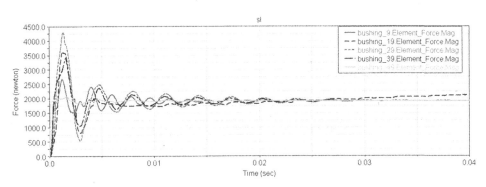

图 5-58　钢丝绳不同单元之间的受力图

图 5-59、图 5-60、图 5-61 仿真数据结果是钢丝绳与卷轮接触运动中的不同位置的圆柱体单元质心位置变化、速度、角加速度。正啮合位置单元 PART_19 的质心位置随时间变化而下降，PART_18 和 PART_20 起初位置对称，PART_18 随时间变化而下降，PART_20 随时间变化而上升。这些数据与实际情况相符，验证了驱动模型仿真的可行性。PART_19 的角速度变化起初 0.01s 内波动最大，与钢丝绳的震动和运动有关，最后达到稳定为 12.9rad/s，钢丝绳的对称两端 PART_9 和 PART_29 的质心速度和质心的角加速度在刚运动过程中受到震动的影响波动较大，0.01s 后达到匀速运动，角加速度为 0，质心速度的大小为 1m/s。

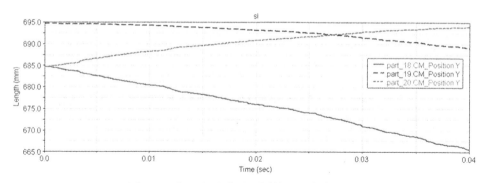

图 5-59　钢丝绳啮合处不同单元 Y 方向位置

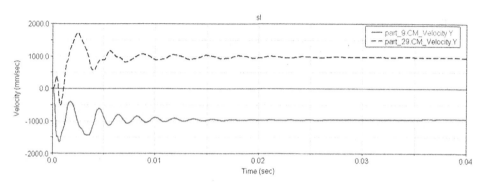

图 5-60　钢丝绳输出端和输入端 Y 方向的速度

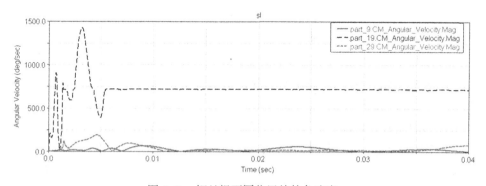

图 5-61　钢丝绳不同位置处的角速度

图 5-62、图 5-63、图 5-64 是钢丝绳和卷轮摩擦运动中的不同位置的接触力变化曲线，CONTACT_17 是钢丝绳与卷轮接触的输出端位置，起初的 0.01s

内收到钢丝绳震动的影响幅值波动较大，最大幅值为2750N，随时间变化逐渐移动接触面减小接触力变小，CONTACT_19为啮合处的正上端位置，波动幅度最大，幅值最大为3100N，CONTACT_22为输入端的刚要啮合的位置，起初受震动而波动，最后接触力逐渐正大。

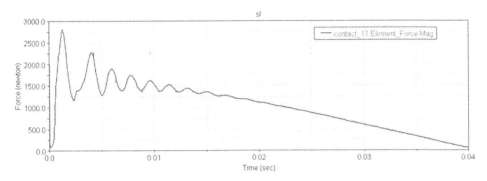

图 5-62　钢丝绳输出位置的接触力变化图

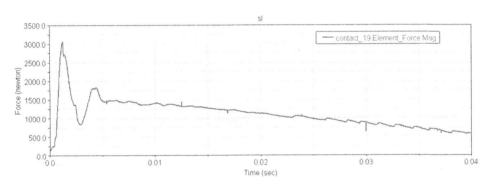

图 5-63　钢丝绳正啮合位置的接触力变化

图5-65、图5-66、图5-67的仿真结果为卷轮旋转驱动受到的角加速度和能量变化曲线、旋转副受的力和转矩。卷轮设定速度为12.56rad/s的运输转动，但是在启动时受到钢丝绳的震动影响，卷轮受力有波动，因此卷轮旋转驱动副所受到的角加速度和能量值有波动，经过0.01s后稳定，角加速度为0变为匀速运动，能量值为3000N·mm。转动副所受的力和扭矩在0.01s内也受到震动而波动，每当经过一个圆柱体单元时有大的波动出现，这与钢丝绳的建模有关。当达到稳定时候卷轮受到的力的大小为4750N，扭矩大小为75000N·mm。

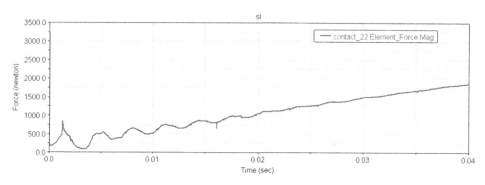

图 5-64　钢丝绳输入位置处的接触力变化

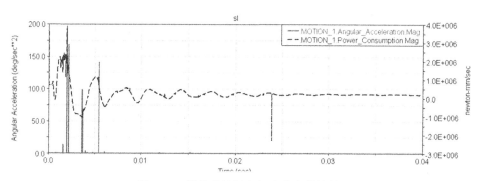

图 5-65　卷轮的旋转角加速度和总能量

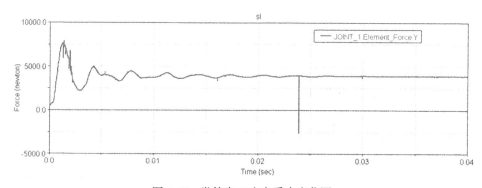

图 5-66　卷轮在 Y 方向受力变化图

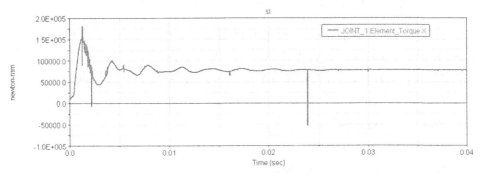

图 5-67　卷轮受到的扭矩图

3. ADAMS 动力学仿真结论

由上述建模和仿真可以发现，钢丝绳用多段圆柱体通过轴套力连接模拟，可以实现钢丝绳在卷轮上的缠绕运动，较真实地反映钢丝绳对卷轮的作用力和钢丝绳的震动敏感性，验证了建模方法的正确性和可行性。

钢丝绳用多短圆柱体通过轴套力相互连接与驱动卷轮配合运动，这样建模方法在保证仿真要求的前提下极大地提高了仿真速度。

钢丝绳各个单元之间的受力与运动参数的分析，得出的变化规律与实际的运动相符。不仅验证了建模方法的正确性，同时为驱动总成机构的动力学分析建模提供依据。

根据钢丝绳与驱动卷轮的配合运动的参数变化曲线，分析得出的结论与实际钢丝绳与驱动卷轮的运动受力和振动情况有关，这与实际的运行规律相符，ADAMS 软件对钢丝绳与驱动卷轮配合摩擦实现驱动的驱动总成机构的机械系统动力学分析，验证了驱动总成机构的运动稳定性和机构运动的可行性。

(三) 驱动总成的有限元分析

在仿真软件 ADAMS 中，综合考虑驱动力、摩擦力等因素，对驱动模型各个部件施加约束和力，建立了驱动总成虚拟样机，进行多刚体的机械系统动力学与运动学仿真分析。现对驱动卷轮和驱动轴在最大载荷作用下利用有限元软件 ANSYS 对其进行受力分析，观察驱动卷轮和驱动轴在受最大载荷作用时的应力分布及应变情况。

1. 驱动卷轮的有限元受力分析

首先导入驱动卷轮的实体模型并网格划分：根据 CAD 图的基本尺寸在 PRO/E 中建立的模型，讲模型实体直接导入 ANSYS 进行分析。

驱动卷轮的网格划分：将建立的模型导入 ANSYS 后，选择可用于实体网格划分的 10 节点的四面体单元（Solid10node 187 单元）。

驱动卷轮的材料属性：

所有刚体材料：HT400

密度：density = 7.8e-3g/mm3

弹性模量：EX = 2.1e11Pa = 2.1e5MPa

泊松比：PRXY = 0.3

ANSYS 中包含很多的网格生成控制选项，可根据需要进行选择。根据选择的单元类型，对导入的模型进行网格划分，Meshing->Mesh Tool，Size Controls->Global->Set，输入单元边长为 8。选择 mesh 点击实体划分网格。

驱动卷轮共计划分单元数量为 39727，节点数为 66842。

施加边界条件：对驱动卷轮施加约束添加边界条件以及固定处施加面约束。

对驱动卷轮施加载荷：驱动卷轮被钢丝绳缠绕，驱动卷轮的变形微小，主要是接触变形。因此，可认为压强均匀分布。同样为了简化模型，认为钢丝绳与驱动卷轮在槽子中缠绕接触面长度是真个槽子周长的一半，因此加载力在槽子曲面的一半面积上加载正压力。

施加载荷为 Fz = -1906N（与理论计算值相同）。

求解：每个节点的自由度值为基本解，求解结果的导出值为单元解。其中 X—驱动卷轮轴向，Y—槽子表面切向，Z—槽子表面方向向外。

表 5-75 为驱动卷轮受最大静载荷作用时节点的最大位移值。

表 5-75　　　　驱动卷轮受最大静载荷时节点的最大位移值（mm）

位移分量	Ux	Uy	Uz	Usum
最大位移值	-0.10339	-0.10026	-0.10803	0.10965

表 5-76 为驱动卷轮受最大静载荷时节点最大应力值。

表 5-76　　　　　驱动卷轮受最大静载荷时节点最大应力值（MPa）

应力分量	Sx	Sy	Sz	Sxy	Syz	Sxz
最大应力值	963.7	2612.7	1448.5	197.86	1412.6	292.7

分析结果：节点平均应力的最大值＝672.746MPa，位移最大的变形量＝0.109683mm。驱动卷轮所受的最大应力值远低于驱动卷轮本身（材料HT400）的最大许用应力值。

驱动卷轮的应力分布和变形情况：变形与应力最大位置集中在驱动卷轮与钢丝绳接触面处；驱动卷轮槽子的接触面附近区域均有应力分布，但与应力集中处相比较小，这与实际规律相符。

2. 驱动轴的应力分析

（1）将 PROE 建立好的驱动轴模型导入 ANSYS 中，完成文件名的修改。

（2）定义单元类型：单元类型选择"Solid Tet 10node 186"，完成对这种单元的定义。另外添加单元类型 Real constants->add->set 1->mass21，在 Mass in x direction 中输入 massx＝1e-009。

（3）指定材料特性：结构线弹性，在 EX 文本框中输入 2.1E5，PRXY 文本框中输入 0.3。定义材料的密度 Density，dens 中输入 0.0078。

（4）网格划分：选取路径 Main Menu ｜ Preprocessor ｜ Modeling｜ Meshing ｜ MeshTool 将弹出 MeshTool 对话框，单击"Mesh"按钮，弹出另一对话框，再次单击"PICK ALL"按钮完成网格划分。驱动轴共计划分单元数为100773，节点数为149423。

（5）施加约束，载荷：选取菜单路径 Main Menu ｜ Preprocessor ｜ Loads ｜ Define Loads ｜ Apply ｜ tructural ｜ Displacement ｜ On Areas，将会弹出拾取对话框，选择轴承位的两圆面，单击对话框中的"OK"按钮。完成施加约束操作。选取菜单路径 Main Menu ｜ Solution ｜ Define Loads 施加扭矩载荷，在弹出的对话框中输入"665N·mm"，单击"OK"按钮完成施加载荷操作。

（6）求解：选取菜单路径 Main Menu ｜ Solution ｜ Solve｜ Current LS 弹出 Solve Current Load Step 对话框，单击"OK"按钮开始求解输出结果。如图所示得到驱动轴的位移变形图、应变图和应力分布图。

（7）结果分析：

由于载荷的作用，轴端与链轮配合的部位明显变形了，这是因为其离轴承就远，没有任何物体与其分担载荷，故其较容易变形甚至折断。这些部位在设计和应用驱动轴的时候应当注意。

同时，主要在键槽和轴肩处出现应力集中，也就是说这些地方所受的应力最大，比较容易出现裂痕。在设计和应用驱动轴的时候，应当注意采取一些设施，以便减缓其应力集中。特别是在施加载荷时，绝对不能够超过轴所能承受载荷的极限，否则必将导致事故的发生。

3. 驱动总成的有限元分析结论

通过对有限元分析软件 ANSYS 对驱动卷轮和驱动轴在受到最大静载荷作用下的受力分析，得出了驱动卷轮和驱动轴的受力变形云图，驱动卷轮的最大应力值小于实际材料的允许最大应力值，最大位移变形值满足要求，结构设计合理满足实际需要。驱动轴的应力变形云图可以看出远离轴承支撑的轴端具有较大的应力变形值，有应力集中现象，容易发生轴的弯曲，需要对轴结构进行改进，具体措施是轴直径加粗并加轴肩减缓应力集中，为轴的结构优化改进提供了理论依据。

（四）性能试验与运行效果分析

为测试运输机的实际运行性能，分别在华中农业大学柑橘示范园和湖北省宜昌市秭归县郭家坝镇烟灯堡村进行了示范工程建设，并进行了演示运行。并对运输机的行走速度进行了测试试验。表 5-77 为自走式双轨道山地果园运输机运行速度试验设计参数数据。

表 5-77　　　　　自走式双轨道山地果园运输机的试验设计参数

运行设计参数	华中农业大学柑橘园	湖北宜昌秭归县郭家坝镇果园
轨道长度（m）	42	210
最大坡度（°）	38	45
最小水平转弯半径（m）	8	10
转弯角度（°）	120	90
最小垂直转弯半径（m）	10	11

在华中农业大学柑橘园和湖北宜昌秭归县郭家坝镇果园对运输机的空载上

坡运行速度和载重为 300kg 的上坡运行速度进行试验测试。测试方法：用秒表记录每次的上坡运行时间，重复 5 次试验测试求时间平均值，根据轨道长度计算出上坡运行的平均速度。

测得的空载上坡速度和载重 300kg 的上坡速度如表 5-78 和表 5-79 所示。

表 5-78　　　　自走式双轨道山地果园运输机的空载上坡速度试验

空载上坡速度试验	华中农业大学柑橘园	湖北宜昌秭归县郭家坝镇果园
轨道长度（m）	42	210
第 1 次时间（s）	31	162
第 2 次时间（s）	33	166
第 3 次时间（s）	34	159
第 4 次时间（s）	29	155
第 5 次时间（s）	33	163
平均运行时间（s）	32	161
空载上坡平均速度（m/s）	1.313	1.304

由上表数据得出两地点试验测试的空载上坡运行速度，计算空载的上坡运行平均速度为：（1.313+1.304）/2＝1.31m/s。

表 5-79　　　　自走式双轨道山地果园运输机的载重 300kg 上坡速度试验

空载上坡速度试验	华中农业大学柑橘园	湖北宜昌秭归县郭家坝镇果园
轨道长度（m）	42	210
第 1 次时间（s）	43	215
第 2 次时间（s）	40	217
第 3 次时间（s）	42	208
第 4 次时间（s）	42	205
第 5 次时间（s）	44	207
平均运行时间（s）	42.2	210.4
空载上坡平均速度（m/s）	0.995	0.998

由上表数据得出两地点试验测试的载重 300kg 上坡运行速度，计算载重 300kg 的上坡运行平均速度为：（0.995+0.998）/2=1.0m/s。

根据两地点的上坡运行测试试验表明，该机空载上坡平均运行速度 1.31m/s，载重 300kg 上坡平均运行速度 1.0m/s。

每次测试的数据有波动，分析原因是柴油机的实际输出转速和油门的大小有关，实际的运行中操作习惯不同，控制油门大小也不尽相同，所以同一个运行状态下得到的运行时间有波动。

运输机其他运行参数的测试，拐弯能力、爬坡能力、载重能力、功耗、轨道磨损、钢丝绳与驱动卷轮的磨损、运行噪音与运输机运输的平稳性等，由于实验条件的限制，进行了简单的实验。

拐弯能力的测试，结合实际行走装置的设计结构和拐弯能力的理论计算，在实际样机试制和轨道制作的过程中对拐弯能力进行了简单试验，试制了转弯弧度不同大小的轨道，测试运输机能否顺利通过，测试结果最小的水平转弯半径 8m，最小的垂直转弯半径为 10m。

爬坡能力和载重能力测试，根据理论计算设计轨道的坡度，运输线上不同位置处的坡度角度不同，测试运输机能否顺利地爬上轨道的不同位置的坡度，并且测试不同载重下的运输机运行状况，保证安全性能的情况下试验测试结果得出运输机最大爬坡角度 45°，上坡载重能力 300kg，下坡载重能力 800kg。

功耗的测试试验，在运输机柴油机内添加一定量的柴油，连续的工作将柴油耗尽，测出工作时间内的功耗为 1.22L/h，即约为 7.5 元/h，比较经济合理。

轨道磨损、钢丝绳与驱动卷轮的磨损、运行噪音与运输机运输的平稳性等参数的测试，由于试验条件的限制，测试主要是通过现场运行的人为判断，两地方的演示运行以及测试运行参数试验中，观察轨道的磨损量较小，卷轮的磨损量较小，钢丝绳的磨损略微明显，实际运行中经过每两年要更换钢丝绳，运行噪音小、运输机在运输过程中振动下，运输平稳。

除了上述运行参数的试验测试，还在秭归县郭家坝村还进行了双轨运输机的搭载喷雾作业。

通过性能试验，分析运行效果得出以下结论：运行过程中运输机运转平稳，噪音小，上下坡跳动小，工作安全可靠，顺利实现爬坡、拐弯，能够有效完成坡度在 35°～45°的山地果园果实和肥料的运输以及搭载喷雾作业。自走式双轨道山地果园运输机的演示运行效果深受果农的喜爱和认可，是山地果园中良好的运输机具。

主要参考文献

[1] 李善军，刘辉，张衍林，陈红，孟亮，等．单轨道山地果园运输机齿条齿形优选［J］．农业工程学报，2018，34（6）：52-57.

[2] 李善军，邢军军，张衍林，孟亮，樊启洲．7YGS-45 型自走式双轨道山地果园运输机［J］．农业机械学报，2011，42（8）：85-88.

[3] 李善军．自走式双轨道果园运输机驱动轮对特性分析与试验研究［D］．华中农业大学，2012.

[4] 李敬亚．山地果园单轨运输机的研制［D］．武汉：华中农业大学，2011.

[5] 李学杰．自走式单轨道山地果园运输机的研制［D］．武汉：华中农业大学，2013.

[6] 刘辉．不同齿形条件下单轨道山地果园运输机性能研究［D］．武汉：华中农业大学，2018.

[7] 汤晓磊．7YGD-45 型单轨果园运输机的设计［D］．武汉：华中农业大学，2012.

[8] 张俊峰．山地果园单轨运输机遥控关键技术与装置的研究［D］．武汉：华中农业大学，2012.

[9] 张利强．遥控牵引式单轨运输机的研制和安装调试［D］．武汉：华中农业大学，2013.

[10] 钟牧原．释放式动力传递装置上坡启动阶段功耗分析与建模［D］．武汉：华中农业大学，2015.

[11] 李家学．橘园液压驱动遥控轨道运输机的研制［D］．武汉：华中农业大学，2017.

[12] 邢军军．自走式大坡度双轨果园运输机的设计及仿真［D］．武汉：华中农业大学，2012.

[13] 张俊峰，李敬亚，张衍林，李善军，孟亮．山地果园遥控单轨运输机设计［J］．农业机械学报，2012，43（2）：90-95.

[14] 刘辉，李善军，张衍林，陈红，孟亮，等．自走式单轨道山地果园运输

机力学仿真与试验 [J]. 华中农业大学学报, 2019, 37 (8): 114-122.

[15] 李家学, 李善军, 张衍林, 曾杨康, 刘明迪, 高志远. 山地果园液压驱动轨道运输机控制系统的设计 [J]. 安徽农业大学学报, 2020, 47 (5): 1061-1067.

[16] 孟亮, 张衍林, 张闻宇, 刘杰, 李善军, 李明震. 遥控牵引式无轨山地果园运输机的设计 [J]. 华中农业大学学报, 2015, 34 (4): 125-129.

[17] 张俊峰, 张衍林, 张唐娟, 等. 自走式山地单轨运输机遥控系统的设计 [J]. 华中农业大学学报, 2012, 31 (6): 792-796.

[18] 张俊峰, 张衍林, 张唐娟. 遥控牵引式单轨运输机的设计与改进 [J]. 华中农业大学学报, 2013, 32 (3): 130-134.

[19] 成大先. 机械设计手册 [M]. 北京: 化学工业出版社, 2010.

[20] 张凯鑫, 张衍林, 梁秀英, 张闻宇, 赵亮, 张瑶. 基于 Abaqus 的果园运输机橡胶辊滚动过程仿真 [J]. 华中农业大学学报, 2014, 33 (4): 124-129.

[21] 张俊峰, 李敬亚, 张衍林, 李善军, 孟亮. 山地果园遥控单轨运输机设计 [J]. 农业机械学报, 2012, 43 (2): 90-95.

[22] 李学杰, 张衍林, 张闻宇, 凌旭平. 自走式山地果园遥控单轨运输机的设计与改进 [J]. 华中农业大学学报, 2014 (5): 117-122.

[23] 孟庆健, 张衍林, 孟亮, 张凯鑫, 夏雄. 大坡度山地果园运输机自适应重力阻尼装置的研制 [J]. 广东农业科学, 2014, 8: 214-217.